Statistik verstehen

Scientific Computing

Peter Zöfel

Statistik verstehen

Ein Begleitbuch zur computergestützten
Anwendung

 **ADDISON-WESLEY**

An imprint of Pearson Education

München • Boston • San Francisco • Harlow, England
Don Mills, Ontario • Sydney • Mexico City
Madrid • Amsterdam

Bibliografische Information Der Deutschen Bibliothek

Die Deutsche Bibliothek verzeichnet diese Publikation in der Deutschen Nationalbibliografie; detaillierte bibliografische Daten sind im Internet über ⟨http://dnb.ddb.de⟩ abrufbar.

10 9 8 7 6 5 4

08   07

ISBN 978-3-8273-1690-5

ⓒ 2002 by Addison-Wesley Verlag,
ein Imprint der Pearson Education Deutschland GmbH
Martin-Kollar-Straße 10–12, D-81829 München/Germany
Alle Rechte vorbehalten
Lektorat: Irmgard Wagner, Planegg, Irmgard.Wagner@munich.netsurf.de
Korrektorat: Simone Burst, Großberghofen
Produktion: TYPisch Müller, San Ginesio, Arcevia, Italien, typmy@freefast.it
Satz: Hilmar Schlegel, Berlin
Einbandgestaltung: Hommer DesignProduction, Haar bei München
Druck und Verarbeitung: MediaPrint, Paderborn
Printed in Germany

Vorwort

Sicherlich kennen Sie, liebe Leserin, lieber Leser, die in bestimmten Abständen veröffent-
lichten Umfragen, welche Berufe als die angesehensten und welche als die unbeliebtesten
gelten. Und mit schöner Regelmäßigkeit sind Pfarrer und Ärzte ganz oben auf der Skala
angesiedelt und Politiker ganz unten. Statistiker tauchen nicht auf — zum Glück, denn
diese würden zweifellos noch hinter den Politikern rangieren.

Zum einen ist nämlich die Meinung weit verbreitet, Statistik sei eine besonders hinterhältige Form der Lüge, und man könne mit ihr alles beweisen, je nachdem, wie man es
gerade gerne hätte. Hier kommen wir Statistiker dem Image der Politiker recht nahe; im
Gegensatz zu diesen kommt aber noch der erschwerende Umstand hinzu, dass wir samt
unserer Wissenschaft als ziemlich trocken und humorlos verschrien sind.

Die bestehenden Statistikbücher unterstützen in ihrer Mehrheit leider diese Vorurteile,
da sie allesamt zwar sehr klug, aber meist doch auch recht unverständlich erscheinen;
zudem sind sie vielfach mit Formeln von so komplizierter Bauart versehen, dass diese
allenfalls noch von mathematisch hochgebildeten Insidern verstanden werden können.
Ferner tragen sie in ihrer Mehrheit nicht dem Umstand Rechnung, dass inzwischen statistische Analysen fast ausnahmslos mit dem Computer durchgeführt werden.

In diesem Buch habe ich versucht, dies entsprechend zu berücksichtigen, wenn auch
ein Statistikbuch ohne Formeln nicht möglich ist. Es gehört nun mal zum Wesen der
Statistik, dass die Rechengänge auf diese Weise beschrieben werden. Ich habe mich aber
bemüht, diese Formeln durch passende Beispiele mit Leben zu erfüllen, und auch darum,
alles nicht allzu verkniffen, sondern möglichst leichtfüßig zu präsentieren. Lediglich in
Kapitel 5 konnte ich mir bei der Darstellung der Prüfverteilungen einige aufwendige
Formeln nicht verkneifen, die Sie aber nicht wirklich zu verstehen brauchen, die aber
ganz einfach „schön" sind.

So sind also die einfacheren statistischen Verfahren stets formelmäßig erfasst, so dass
zum einen diejenigen Anwender zu ihrem Recht kommen, die eine Auswertung eben
mal per Hand vornehmen möchten, zum anderen aber auch die Benutzer von Statistik-
Programmpaketen, die sich genauer über die eingesetzten Verfahren informieren möchten.

Vor allem aber soll dieses Buch sowohl einen Einstieg in die Statistik als auch einen
Überblick über die gängigen statistischen Verfahren bieten. Dabei wird von der häufig
vorkommenden Situation ausgegangen, dass Sie sich mit einer Datenmenge konfrontiert
sehen, die einer statistischen Analyse unterzogen werden soll.

So beginnt das Buch mit einem Kapitel, in dem verschiedene Arten von Datenmengen
vorgestellt werden. Der Aufbau einer Datenmenge aus Fällen und Variablen wird anhand von Beispielen beschrieben. Im zweiten Kapitel werden die Variablen anhand ihres
Skalenniveaus und ihrer Verteilungsform klassifiziert, wobei die Frage von herausge-
hobener Bedeutung ist, ob eine Variable einer Normalverteilung folgt oder nicht. Diese

Variablenklassifikation ist ein wichtiger Schritt, der von keinem Computerprogramm geleistet werden kann und daher von Ihnen selbst vollzogen werden muss.

Kapitel über die rein deskriptive Statistik, die Grundzüge der Wahrscheinlichkeitsrechnung, die Prinzipien der analytischen Statistik, über Streubereiche und Konfidenzintervalle und die Überprüfung auf bestimmte Verteilungsformen führen zum zentralen Kapitel der Beziehung zwischen zwei Variablen. Die meisten statistischen Tests befassen sich mit diesem Problem, so dass es je nach Skalenniveau und Verteilungsform der beteiligten Variablen in der Regel mehrere Testmöglichkeiten gibt. Diese werden eingangs in einer entsprechenden Übersicht aufgezeigt.

Nach einem Kapitel über die Behandlung von mehreren abhängigen Stichproben folgt ein weiteres großes Kapitel, das sich mit den so genannten multivariaten Verfahren befasst. Diese sind Methoden, die das gleichzeitige Zusammenwirken von mehr als zwei Variablen analysieren, wobei zwischen Methoden mit einer klar definierten Zielvariablen und Methoden ohne eine solche Zielvariable unterschieden wird. Diese multivariaten Verfahren werden jeweils anhand passender Beispiele erläutert. Auf die formelmäßige Darstellung wird in der Regel verzichtet, denn wohl niemand mehr kommt auf die Idee, hier noch Berechnungen per Hand vorzunehmen.

Ein eigenes Kapitel beschäftigt sich mit der Reliabilitätsanalyse, einem Verfahren, das bei der Zusammenstellung von Einzelfragen zu einem psychologischen Gesamttest nützlich ist.

In recht kurzer Form wird auf die Präsentation der Ergebnisse in Form von passenden Diagrammen eingegangen. Es werden vor allem einige Hinweise gegeben, was bei der Erstellung von Grafiken zu beachten ist.

Im letzten Kapitel werden die gebräuchlichsten Statistik-Computerprogramme vorgestellt, wobei auf die Marktführer SPSS und SAS sowie das preiswerte Programm Stata etwas ausführlicher eingegangen wird. Es sei aber ausdrücklich darauf hingewiesen, dass dieses Buch die Speziallitteratur über diese Computerprogramme nicht ersetzen kann. Für die Benutzer dieser Programme ist das vorliegende Buch als Begleitbuch zu verstehen, das die statistischen Hintergründe erhellt und einen Wegweiser zu den passenden statistischen Verfahren darstellt.

Der Anhang des Buches beginnt mit einem umfangreichen Tabellenwerk zu den einzelnen Prüfverteilungen, wobei der Autor zugegebenermaßen zunächst gezögert hat, weil solche Tabellen im Computerzeitalter wohl nur noch recht selten benutzt werden. Mit diesem Tabellenteil werden Sie aber in die Lage versetzt, einfachere statistische Tests auch einmal per Hand zu rechnen. Eine Übersetzung der gebräuchlichsten statistischen Fachausdrücke vom Deutschen ins Englische, das Literaturverzeichnis und eine kleine Biografie der bedeutendsten Statistiker folgen.

Bevor ein ausführliches Register das Buch beschließt, erzähle ich Ihnen noch eine kleine amüsant-nachdenkliche Geschichte über die Geheimnisse der Prozentrechnung.

Ein Hinweis zum Layout: Der Beginn eines ausführlichen Beispiels ist jeweils mit einem Pfeil $\Rightarrow$ gekennzeichnet.

Ein wichtiges Detail sei noch erwähnt: Die Daten zu allen Beispielen finden Sie auf der beigefügten CD, wobei in Kapitel 13 beschrieben wird, wie Sie damit umgehen sollten. Dabei sind die betreffenden Dateien in der Regel in drei Versionen enthalten: als einfache ASCII-Datei (mit einem Editor anzusehen), als SPSS-Datei und als Stata-Datei. Ferner sind, soweit in diesen Programmsystemen möglich, die im Buch erwähnten statistischen Verfahren in SPSS, SAS und Stata programmiert; diese Programme sind ebenfalls auf der CD enthalten.

Und schließlich gebe ich mich dem Leichtsinn hin, am Schluss des Vorworts meine Email-Adresse bekannt zu geben — für den Fall, dass Sie eine Frage haben oder mich einfach nur kritisieren wollen (was aber nicht sein muss) oder vielleicht sogar loben (was auch nicht sein muss).

Ich bedanke mich beim Verlag, dass er es auf sich genommen hat, dieses Buch herauszugeben, und bei allen, die bei der Herstellung geholfen haben, vor allem bei meiner Lektorin, Frau Wagner, die mir stets hilfreich und mit aufmunternden Worten zur Seite stand.

Marburg, im Oktober 2000   *Peter Zöfel*

Peter.Zoefel@t-online.de

Inhaltsverzeichnis

1 Datenmengen

In diesem einführenden Kapitel, liebe Leserin und lieber Leser, wollen wir einige Begriffe klären, die mit eigentlicher Statistik weniger zu tun haben, die aber bekannt sein müssen, wenn Sie Datenmengen mit Hilfe eines Computerprogramms auswerten möchten.

Alle Computerprogramme zur statistischen Datenanalyse haben gemeinsam, dass sie die auszuwertenden Daten in Form einer Datenmatrix erwarten. Das einführende Beispiel einer solchen Datenmenge ist einer Befragung von Studierenden der Medizin entnommen.

Von siebzehn Studierenden seien die Angaben zu Geschlecht, Alter, Semesterzahl, bevorzugter Fachrichtung und Beruf des Vaters aufgelistet.

```
maennlich 22  1 Chirurgie         Ingenieur
maennlich 20  5 Allgemeinmedizin  Gastronom
weiblich  25  4 Zahnheilkunde     Steuerberater
maennlich 20  8 Allgemeinmedizin  Schlosser
maennlich 22  7 Augenheilkunde    Schulleiter
maennlich 21  5 Chirurgie         Arzt
maennlich 21  1 Psychiatrie       Manager
maennlich 21 11 Allgemeinmedizin  Dreher
weiblich  20  2 Chirurgie         Diplomingenieur
weiblich  19  9 Chirurgie         Lehrer
weiblich  23  5 Allgemeinmedizin  Beamter
weiblich  21  4 Chirurgie         Zahnarzt
weiblich  21 10 Chirurgie         Arzt
maennlich 20  3 Allgemeinmedizin  Beamter
maennlich 20  3 Allgemeinmedizin  Arzt
weiblich  22  6 Psychiatrie       Jurist
maennlich 23  3 Zahnheilkunde     Baeckermeister
```

Diese Datenmatrix besteht aus siebzehn Zeilen und fünf Kolumnen. Die Zeilen repräsentieren die einzelnen *Fälle* (hier: die Studierenden), die Kolumnen sind die einzelnen *Variablen*. Jede Datenmenge, die Sie mit einem der gängigen Statistikprogramme bearbeiten möchten, muss diesen Aufbau haben.

In den allermeisten Fällen ist diese Struktur bei einer Datenmenge unmittelbar so gegeben. Sollte allerdings eine Überführung in diese Struktur nicht möglich sein, so ist die Datenmenge mit einem der herkömmlichen Statistikprogramme nicht auswertbar.

Damit eine solchermaßen strukturierte Datenmenge mit einem Statistikprogramm bearbeitet werden kann, muss sie in den Computer eingegeben werden. Dazu gibt es im Wesentlichen drei Möglichkeiten:

- Die Daten werden spaltengebunden nach einem vorzugebenden Spaltenplan in eine einfache Textdatei (ASCII-Datei) eingegeben.

- Die Daten werden mit Hilfe der Editormöglichkeiten des betreffenden Statistikprogramms (über ein Spreadsheet) erfasst.

- Die Daten werden mit Hilfe eines Tabellenkalkulationsprogramms eingegeben; am beliebtesten ist in diesem Zusammenhang Excel. Ein Statistikprogramm wie zum Beispiel SPSS (siehe Kap. 13.1) kann die Daten auch aus einer Excel-Datei lesen.

Betrachten Sie die gegebene Datenmenge und hier zunächst die Variable „Geschlecht", so wäre es aus mehreren Gründen töricht, die Texte „maennlich" bzw. „weiblich" in den Computer einzugeben:

- Die Schreibarbeit ist unnötig groß.

- Die Fehlermöglichkeit (Gefahr des Vertippens) ist hoch.

- Ein Statistikprogramm mag keine Texte, da es damit nicht viel anfangen kann.

So sollten Sie eine Verschlüsselung mit Zahlen wählen, also zum Beispiel 1 für männlich und 2 für weiblich. Man spricht in diesem Fall von nominalskalierten Variablen (siehe Kap. 2.2.1). Auch die bevorzugte Fachrichtung ist eine überschaubare Menge von Begriffen, die entsprechend codiert werden kann. Bei den Berufen allerdings scheint eine Codierung nicht möglich zu sein, es sei denn, man führt Berufsklassen ein, was aber zunächst nicht zu empfehlen ist. So kann die gegebene Datenmenge nach den erfolgten Verschlüsselungen etwa folgendermaßen aussehen:

```
1 22   1  3 Ingenieur
1 20   5  1 Gastronom
2 25   4  5 Steuerberater
1 20   8  1 Schlosser
1 22   7  2 Schulleiter
1 21   5  3 Arzt
1 21   1  4 Manager
1 21  11  1 Dreher
2 20   2  3 Diplomingenieur
2 19   9  3 Lehrer
2 23   5  1 Beamter
2 21   4  3 Zahnarzt
2 21  10  3 Arzt
1 20   3  1 Beamter
1 20   3  1 Arzt
2 22   6  4 Jurist
1 23   3  5 Baeckermeister
```

Wir haben nun eine Datenmenge, die aus vier nummerischen Variablen und einer Textvariablen (auch: Stringvariablen) besteht. An Textvariablen kann man dabei im Prinzip nur Häufigkeitsauszählungen vornehmen.

Im Allgemeinen kann man vier verschiedene Arten von Datenmengen unterscheiden:

- Sammlung bereits „herumliegender" Daten

- gezielte Datensammlung

- Auswertung eines Fragebogens

- der kontrollierte Versuch

Diese Einteilung ist völlig unwissenschaftlich und daher auch sonst nirgends zu finden. Die Abgrenzung gelingt zudem nicht immer, so dass die Übergänge zwischen diesen vier Typen durchaus unscharf oder fließend sein können. So erfolgt die Datensammlung zu einem bestimmten Thema häufig mit Hilfe eines Fragebogens, oder bereits vorhandene Daten werden mit einer zusätzlichen Erhebung ergänzt.

Wir wollen also aus dieser Einteilung keine Wissenschaft machen; für die im Einzelnen eingesetzten statistischen Tests ist sie auch völlig unerheblich. Dennoch soll diese Typisierung anhand passender Beispiele noch etwas weiter erläutert werden. Und sollten Sie Ihr Vorhaben darin wiederfinden, so haben Sie zumindest schon mal die Beruhigung, nicht allein zu sein: Andere vor Ihnen hatten schon ein ähnliches Problem.

1.1 Sammlung bereits „herumliegender" Daten

Diese etwas flapsige Bezeichnung einer Datensammlung könnte man noch flapsiger auch „Datenfriedhof" nennen. Professoren tragen zuweilen unter der Direktive „Machen Sie mal" ihren Doktorandinnen oder Doktoranden auf, einige hundert Krankenblätter durchzuforsten und eine Auswahl der darauf befindlichen Krankendaten zu erfassen, um sie dann statistisch auszuwerten. Dabei ist oft nicht klar, was eigentlich dabei herauskommen bzw. welche Fragestellung genau abgeklopft werden soll. Gewöhnlich fehlt auch eine klar definierte Zielvariable, die es unter dem Einfluss anderer Variablen zu betrachten gilt.

Ihnen zum Trost sei gesagt, dass sich die Software-Hersteller einen hübschen Namen für die Analyse solcher Datenmengen ausgedacht haben: „Data Mining"! Mit den betreffenden Data-Mining-Verfahren können Sie gleichsam wie mit Spitzhacke und Grubenhelm in Ihren Daten herumwühlen, bis Sie zwar nicht gerade Gold gefunden, aber irgendwelche Zusammenhänge aufgedeckt haben. Dabei sind Data-Mining-Verfahren teilweise aber nicht etwa neu entwickelte Methoden, sondern in der Regel alte, wenn auch bewährte Hüte wie Clusteranalyse, Faktorenanalyse oder Regressionsanalysen.

Einen Datenfriedhof können Sie beispielsweise in der Datei patient.dat bewundern. Von insgesamt 1958 Krankenblättern der Patienten einer Klinik wurden die folgenden Angaben gespeichert:

- Alter

- Geschlecht

- Körpergröße

- Körpergewicht

- Cholesterin

▦ Triglyzeride

▦ systolischer Blutdruck

▦ diastolischer Blutdruck

▦ Glukose

▦ Harnsäure

Eine Auflistung der Werte der ersten zwölf Patienten ist im Folgenden wiedergegeben. Dabei ist die Angabe in der ersten Spalte eine fortlaufende Nummerierung der Patienten. Eine solche eindeutige Patientennummer ist dringend zu empfehlen, um notfalls das betreffende Krankenblatt wieder heraussuchen zu können.

```
 1 50 2 151  46,1 155  97 110  80  90 5,4
 2 26 2 163  72,0 172  44 120  80  92 4,0
 3 24 2 176  85,2 213 127 140  90  87 3,5
 4 47 2 163  55,0 374 150 120  80  89 2,6
 5 68 1 166  75,7 290 272 130  30  69 5,4
 6 89 1 164  85,3 143 135 110  70 128 5,9
 7 69 1 174  78,2 110 108 140  90 108 7,7
 8 56 1 161  65,4 381 250 150 115  92 8,1
 9 24 2 165  52,0 176 103 120  70  84 4,0
10 41 1 180  81,3 201  49 160  95  91 3,6
11 26 1 172  64,0 142  79 115  90  84 5,5
12 79 1 175  67,7 120  67 145  85  89 4,6
```

In der dritten Spalte ist das Geschlecht angegeben, und zwar in verschlüsselter Form. Im gegebenen Beispiel sind die Männer mit 1 und die Frauen mit 2 codiert. Einleitend wurde schon empfohlen, die Speicherung von Texten zu vermeiden, da damit der Computer wenig anfangen kann. Wählen Sie gegebenenfalls eine Verschlüsselung mit natürlichen, bei 1 beginnenden Zahlen. Nur in Ausnahmefällen, wenn eine solche Codierung wegen der Vielfalt der auftretenden Kategorien nicht möglich erscheint, sollte mit Textvariablen gearbeitet werden.

Haben Sie nun alle Werte in einen Computer eingegeben, beispielsweise in ein Spread-sheet wie bei SPSS, so könnten Sie nun vom Anleiter Ihrer Dissertation mit folgender Bitte konfrontiert werden: „Überprüfen Sie, ob sich Übergewicht schädlich auf die Werte der Blutfette und des Blutdrucks auswirkt."

Die Angabe, ob ein Patient Übergewicht hat oder nicht oder aber er gar als adipös einzustufen ist, fehlt in den Daten. Diese Beurteilung richtet sich nach dem auf die Körpergröße bezogenen Körpergewicht, wobei als bestes Maß der so genannte Body Mass Index (BMI) gilt, der nach folgender Formel berechnet wird:

$$BMI = \frac{\text{Körpergewicht (kg)}}{\text{Körpergröße (m)}^2}$$

Hiernach ergeben sich Werte, die meist zwischen 20 und 30 liegen. Danach kann man folgende Einteilung treffen:

BMI	Einteilung
bis 25	normalgewichtig
25 – 30	übergewichtig
über 30	adipös

Die Berechnung des BMI und die dann erfolgende Einteilung brauchen Sie natürlich nicht selbst vorzunehmen; Sie können dies gern dem Computer überlassen. Der Computer wurde nämlich ursprünglich zum Rechnen erfunden, was im Zeitalter des Internet, der Computerspiele und Multimedia schon fast in Vergessenheit geraten ist; so freut er sich, wenn er wieder einmal etwas tun kann, was seiner eigentlichen Bestimmung entspricht.

Im Programmsystem SPSS etwa werden die Berechnung des BMI und die darauf aufbauende Einteilung in drei Typen mit den folgenden Anweisungen erledigt:

```
compute bmi=gew/(gr/100)**2.
recode bmi (lowest thru 25=1) (25 thru 30=2) (30 thru highest=3) into typ.
execute.
```

Dabei sind gew und gr so genannte Variablennamen für das Körpergewicht bzw. die Körpergröße. Solche Variablennamen sind von Ihnen selbst festzulegen. Sie sehen also: Der Computer ist freundlich zu Ihnen und möchte Ihnen Arbeit abnehmen.

Wenden wir uns nun der zweiten Art einer Datenmenge, der gezielten Datensammlung zu einem bestimmten Thema, zu.

1.2   Gezielte Datensammlung

Zwei Zahnmedizinstudenten fuhren in den Yemen, um dort die Zahngesundheit zu erforschen. Sie ermittelten nach einem vorher festgelegten Plan die Daten stilvollerweise an genau 1 001 Probanden und erstellten daraus eine entsprechende Datei, wobei die Daten eines Probanden in jeweils einer Zeile der Datei eingetragen wurden. Die ersten Zeilen sind im Folgenden aufgelistet.

```
 1 1 1 14 1 1 3    1  2 011143
 2 1 1 12 1 2       1  1 110020
 3 1 1 14 1 1 1    4 1  2 112131
 4 1 1 14 1 1 2    4 1  2 020020
 5 1 1 14 1 2       1  2 212232
 6 1 1 14 1 1 2    4 1  1 013131
 7 1 1 13 1 2       1  4 000202
 8 1 1 14 1 2       1  2 212221
 9 1 1 13 1 1 2 60 2     000000
10 1 1 12 1 1 1  8 2     202211
11 1 1 12 1 2      2     011021
12 1 1 13 1 2      2     110010
```

In den Spalten der Datei sind nacheinander die Werte der folgenden Variablen eingetragen:

▨   laufende Probanden-Nummerierung

▨   Untersuchungsort (1 = Saadah, 2 = Sanaa, 3 = Aden, 4 = Taiz)

▨   Geschlecht (1 = männlich, 2 = weiblich)

▨   Alter in Jahren

▨   Berufsgruppe (1 = Student, 2 = Bauer, 3 = Arbeiter, 4 = Soldat)

▨   Mundhygiene (1 = ja, 2 = nein)

▨   Art der Mundhygiene (1 = Zahnbürste, 2 = Wurzel, 3 = Finger, 4 = Kohle, 5 = Sonstiges)

▨   Häufigkeit der Mundhygiene pro Monat

▨   Kauen von Qat (1 = ja, 2 = nein)

▨   Dauer des Kauens von Qat (in Jahren)

▨   die CPITN-Werte (Behandlungsbedürftigkeitsindex von 0 bis 4) in sechs Sextanten

Neben der allgemeinen Feststellung der Zahngesundheit (über die CPITN-Werte) sollten Gewohnheiten der Mundhygiene und der Einfluss des Qat-Kauens auf die Zahngesundheit erforscht werden. Die Datensammlung erfolgte dabei gezielt nach diesen Vorgaben. Eine Zufallsauswahl von zweihundert Fällen können Sie in der Datei yemen200.dat betrachten.

1.3   Auswertung eines Fragebogens

Überall werden wir bekanntlich von Fragebögen verfolgt, und wer noch nie von irgendeinem Meinungsforschungsinstitut zu irgendetwas befragt wurde, sollte sich wirklich Gedanken machen. In meiner Tageszeitung fand kürzlich eine Umfrage zur Schulzeit statt: „Schulzeit — die schönste Zeit des Lebens?“

Es wurden Fragen gestellt wie „Hatten Sie Angst vor Klassenarbeiten?“, „Haben Sie die Schule geschwänzt?“ oder „Wie viel haben Sie in der Schule fürs Leben gelernt?“ Die gegebenen Antworten wurden verschlüsselt und nach einem bestimmten Spaltenplan in eine einfache Textdatei eingetragen. Die ersten zehn Zeilen dieser Datei sind im Folgenden aufgelistet.

```
 1 2   1 2 9        122212123 23
 2 2   2 312        222112222 23
 3 2   9 1 8        221212111 21
 4 1   113 2        221212221 23
 5 1 1211 1 9       321212221 12
 6 2                231212222 11
 7 2 12 516         131212322 23
 8 1 1416 1         221212322 23
 9 1  511 9         321212111 11
10 2   9 114        122212223 23
```

Der Spaltenplan, also die Bedeutung der einzelnen Spalten, und die Bedeutung sowie die
Codierung der einzelnen Variablen sind dem folgenden SPSS-Programm zu entnehmen.
Dieses spricht für sich und dürfte sich auch dem erschließen, der die Programmsyntax
von SPSS nicht kennt.

```
data list file='c:\statbuch\schule.dat'
  /nr 1-3 f1 5 f2_1 to f2_5 7-16 f3 to f11 18-26
  geschl 28 schule 29.
variable labels f1 'Sind Sie gerne zur Schule gegangen?'/
  f2_1 'Lieblingsfach'/
  f2_2 'Lieblingsfach, 2. Nennung'/
  f2_3 'Lieblingsfach, 3. Nennung'/
  f2_4 'Lieblingsfach, 4. Nennung'/
  f2_5 'Lieblingsfach, 5. Nennung'/
  f3 'Hatten Sie Angst vor Klassenarbeiten?'/
  f4 'Haben Sie abgeschrieben/gemogelt?'/
  f5 'Haben Sie die Schule geschwaenzt?'/
  f6 'Sind Sie von Lehrern gelobt worden?'/
  f7 'Wurden Sie von Ihren Eltern gelobt?'/
  f8 'Wurden Sie von Ihren Eltern bestraft?'/
  f9 'Wie viel haben Sie fuers Leben gelernt?'/
  f10 'Wie haben Sie Ihre Schulzeit erlebt?'/
  f11 'Diese Zeit noch einmal erleben?'/
  geschl 'Geschlecht'/
  schule 'Schulform'.
value labels f1 1 'ja' 2 'teils, teils' 3 'nein'/
  f2_1 to f2_5 1 'Deutsch' 2 'Englisch' 3 'Franzoesisch' 4 'Latein'
               5 'Mathematik' 6 'Physik' 7 'Chemie' 8 'Biologie'
               9 'Geschichte' 10 'Sozialkunde' 11 'Erdkunde' 12 'Sport'
               13 'Kunst' 14 'Musik' 15 'Religion' 16 'Handarbeit'
               17 'Sonstiges'/
  f3 1 'ja' 2 'machmal' 3 'nein'/
  f4 1 'ja' 2 'gelegentlich' 3 'nie'/
  f5 1 'nie' 2 'manchmal' 3 'oft'/
  f6 1 'oft' 2 'manchmal' 3 'nie'/
  f7,f8 1 'ja' 2 'nein'/
  f9 1 'sehr viel' 2 'viel' 3 'etwas' 4 'wenig'/
  f10 1 'sehr positiv' 2 'eher positiv' 3 'eher negativ' 4 'sehr negativ'/
  f11 1 'ja' 2 'unentschieden' 3 'nein'/
  geschl 1 'maennlich' 2 'weiblich'/
  schule 1 'Hauptschule' 2 'Realschule' 3 'Gymnasium'.
execute.
```

Lassen Sie sich hiervon nicht erschrecken. Bei SPSS ist es alternativ möglich, alle diese
Anweisungen auch über Dialogboxen zu realisieren. Vor allem „alte Hasen" gebrauchen
im Umgang mit Statistikprogrammen aber diese althergebrachte Programmsyntax. Das
vorliegende SPSS-Programm besteht aus der Anweisung *data list* zur Angabe des Spal-
tenplans und des Namens der Datendatei sowie zur Definition der Variablennamen, die
Anweisung *variable labels* ordnet den Variablennamen Labels (auch Etiketten genannt)
zu, und die Anweisung *value labels* beschreibt die einzelnen Verschlüsselungen.

Die Vergabe solcher Labels ist wahlfrei und nur für den menschlichen Leser der späteren Ergebnisausdrucke gedacht; den Computer interessieren diese Begleittexte natürlich
nicht.

1.4   Der kontrollierte Versuch

Der kontrollierte (klinische) Versuch wird eingesetzt bei der Prüfung der Wirksamkeit und Unbedenklichkeit eines Arzneimittels. Dabei kann das Arzneimittel gegen ein anderes oder gegen eine Scheinsubstanz (Placebo) getestet werden.

Zur technischen Durchführung gehört ein schriftliches Studienprotokoll mit Angaben zum Prüfziel, Art des Krankengutes, Einschluss- bzw. Ausschlusskriterien, Dosierung, Behandlungsdauer, Untersuchungstermine und Abbruchkriterien. Der eigentliche Prüfplan enthält demografische Daten des Patienten, anamnestische Angaben, genaue Diagnosen, Zielgrößen, Untersuchungszeitpunkte, Begleittherapien, Angaben zur Verträglichkeit und vorzeitigem Therapieabbruch sowie Art, Schwere und Dauer von Nebenwirkungen.

Die Zuteilung der Probanden zu den Behandlungsgruppen erfolgt per Zufall, wobei diese Randomisation nach so genannten Zufallszahlen erfolgt, die entweder aus entsprechenden Tabellen oder von einem Computer stammen.

Insgesamt unterscheidet man beim kontrollierten Versuch drei Verfahren:

- Beim *offenen* Versuch kennen sowohl Versuchsleiter als auch Proband die Prüfsubstanzen.

- Beim *einfach-blinden* Versuch kennt der Versuchsleiter, nicht aber der Proband die Prüfsubstanzen.

- Beim *doppelt-blinden* Versuch kennen weder Versuchsleiter noch Proband die Prüfsubstanzen.

Als Beispiel mag die Überprüfung eines neuen blutdrucksenkenden Medikamentes gelten, das im Vergleich mit einem bereits auf dem Markt befindlichen Arzneimittel getestet wurde. Die Probanden (Patienten mit Bluthochdruck) wurden dem Zufall nach in zwei Gruppen eingeteilt (1 = neues Medikament, 2 = altes Medikament). Dann wurden neben vielen anderen Parametern, die zu einem kontrollierten Versuch gehören, die Ausgangswerte und die Werte nach einem Monat, nach sechs Monaten und nach zwölf Monaten des systolischen und des diastolischen Blutdrucks gemessen.

Diese Blutdruckwerte sind für jeweils 87 Probanden in beiden Gruppen in der Datei hyper.dat enthalten. Einige Datenzeilen sind im Folgenden aufgelistet.

```
1   170 165 145 145  95  90  80  80
1   160 155 160 150 100  95  95  85
1   170 160 155 150 100 100  95  80
1   160 155 155 155 100 100  90  90
1   165 155 150 150 100  95  95  80
2   180 140 160 140 100  75  85  80
2   165 140 150 140 100  80  95  80
2   180 150 150 150 120  80  90  90
2   180 160 140 135 100 100  90  80
2   200 200 190 170 120 140 110  95
```

Die Berechnungen an allen Probanden ergaben, dass sowohl systolischer als auch diastolischer Blutdruck nach einem Monat bei dem neuen Medikament stärker gesenkt werden,
dass sich dieser Unterschied aber im weiteren Verlauf der Beobachtung verflüchtigt.

Zusammenfassung

Wir haben gelernt, dass eine Datenmenge, damit sie mit einem Statistikprogramm bearbeitet werden kann, in Form einer rechteckigen Datenmatrix aufgebaut sein muss. Dabei
repräsentieren die Zeilen die einzelnen Fälle (Personen, Objekte), die Kolumnen die einzelnen Variablen.

Es wurden vier verschiedene Arten von Datenmengen anhand passender Beispiele vorgestellt. Andeutungsweise wurde auf das Statistikprogramm SPSS eingegangen und die
Frage der Codierung von Variablen angeschnitten. Letzteres soll im folgenden Kapitel
vertieft werden.

2 Variablenklassifikation

Statistische Analysen können unter Zugrundelegung der verschiedensten Variablen vorgenommen werden. Da gibt es auf der einen Seite die quantitativen Variablen mit stetigen Messwerten wie z. B. Körpergröße oder Körpergewicht, welche im Prinzip beliebig genau gemessen werden können, und auf der anderen Seite qualitative Variablen wie z. B. Schulnoten oder die Codierung eines Merkmals wie den Familienstand in vier Kategorien. Diese qualitativen Variablen können nur diskrete Werte annehmen.

Eine genauere Einteilung der Variablen als die in qualitativ — quantitativ oder diskret — stetig ist diejenige nach vier verschiedenen Skalenniveaus (auch Messniveaus genannt). Bevor auf diese grundlegend wichtige Einteilung ausführlich eingegangen wird, soll zunächst der Begriff des Messens erläutert werden.

2.1 Das Messen

Der Begriff des „Messens" soll anhand einer in einer Klinik erhobenen Datenmenge erklärt werden. Von einem bestimmten Patientenkollektiv seien die folgenden Angaben erhoben worden:

- Geschlecht (männlich — weiblich)
- Alter
- Familienstand (ledig — verheiratet — verwitwet — geschieden)
- Körpergröße
- Körpergewicht
- systolischer Blutdruck
- diastolischer Blutdruck
- Cholesterin
- Triglyzeride
- Alkoholkonsum (keiner — mäßig — häufig — sehr häufig)
- Nikotinkonsum (Nichtraucher — mäßig — stark — sehr stark)

Die Werte dieser Variablen bei den einzelnen Fällen (hier: Patienten) bezeichnet man als Variablenwerte. Die Zuordnung der aktuellen Variablenwerte bei den einzelnen Fällen erfolgt mit einem Vorgang, den man „Messen" nennt.

Betrachtet man etwa die Variable „Körpergröße", so ist klar, wie diese zu messen ist: Man legt ein Messband an und nimmt die Größe ab, wobei in der Regel eine Messgenauigkeit von 1 cm ausreichend ist. Das Körpergewicht misst man mit einer Waage, den Blutdruck mit einem Blutdruckmessgerät usw.

Etwas anders liegt der Fall bei der Variablen „Alter". Dieses misst man nicht mit Hilfe einer technischen Apparatur; man muss es erfragen oder etwa aus der Geburtsurkunde oder dem Personalausweis erschließen. Trotzdem kann man auch hier von „Messen" reden, wenn man die Definition des Messens wie folgt fasst:

Das Messen einer Variablen ist die Zuordnung von Zahlen zu den einzelnen Fällen.

Mit dieser Definition kann man auch Variablen wie das Geschlecht, den Familienstand oder den Alkohol- und Nikotinkonsum „messen". Beim Geschlecht ordnet man z. B. den Männern die Zahl 1 und den Frauen die Zahl 2 zu; beim Familienstand vergibt man für die gegebenen vier Kategorien die Zahlen 1 bis 4. Ebenso verfährt man beim Alkohol- und Nikotinkonsum:

Geschlecht: 1 = männlich

2 = weiblich

Familienstand: 1 = ledig

2 = verheiratet

3 = verwitwet

4 = geschieden

Alkoholkonsum: 1 = keiner

2 = mäßig

3 = häufig

4 = sehr häufig

Nikotinkonsum: 1 = Nichtraucher

2 = mäßig

3 = stark

4 = sehr stark

Bei diesen Variablen erfolgt das „Messen" per Augenschein (Geschlecht) oder durch eine entsprechende Befragung. Die Zuordnung („Codierung") von Zahlen zu solchen „kategorialen" Variablen ist spätestens dann notwendig, wenn die statistische Analyse nicht per Hand, sondern unter Einsatz eines entsprechenden Statistik-Programmsystems mit Hilfe eines Computers erfolgen soll (siehe Kap. 13).

2.2   Skalenniveaus

Von entscheidender Wichtigkeit für die Auswahl eines korrekten statistischen Verfahrens ist die Feststellung des so genannten *Skalenniveaus* (auch: *Messniveaus*) der beteiligten Variablen. Hier unterscheidet man das Nominal-, Ordinal-, Intervall- und Verhältnisniveau. Dabei werden diese Skalenniveaus gemäß Tabelle 2.1 unterschieden.

Skalenniveau	empirische Relevanz
Nominal	keine
Ordinal	Ordnung der Zahlen
Intervall	Differenzen der Zahlen
Verhältnis	Verhältnisse der Zahlen

Tabelle 2.1: Skalenniveaus

Dies wird in den folgenden Kapiteln näher erläutert.

2.2.1   Nominalniveau

Betrachten wir zunächst das Geschlecht, so stellen wir fest, dass die Zuordnung der beiden Ziffern 1 und 2 willkürlich ist; man hätte sie auch anders herum oder mit anderen Ziffern vornehmen können.

Keinesfalls soll schließlich damit ausgedrückt werden, dass Frauen nach den Männern einzustufen sind; auch soll andererseits nicht die Bedeutung unterlegt werden, dass Frauen mehr wert sind als Männer. Den einzelnen Zahlen kommt also keinerlei empirische Bedeutung zu. Man spricht in diesem Falle von einer nominalskalierten Variablen. In dem hier vorliegenden Spezialfall einer nominalskalierten Variablen mit nur zwei Kategorien spricht man auch von einer dichotomen Variablen.

Eine nominalskalierte Variable ist auch der Familienstand; auch hier hat die Zuordnung der Ziffern zu den Kategorien des Familienstandes keinerlei empirische Relevanz. Im Gegensatz zum Geschlecht ist die Variable aber nicht dichotom; sie beinhaltet vier statt zwei Kategorien.

Nominalskalierte Variablen sind in ihrer Auswertungsmöglichkeit sehr eingeschränkt. Genau genommen können sie nur einer Häufigkeitsauszählung unterzogen werden. Die Berechnung etwa eines Mittelwertes, zumindest bei nicht-dichotomen Variablen, ist sinnlos.

2.2.2   Ordinalniveau

Betrachten wir als Nächstes die Rauchgewohnheit, so kommt den vergebenen Codezahlen insofern eine empirische Bedeutung zu, als sie eine Ordnungsrelation wiedergeben. Die Variable Rauchgewohnheit ist schließlich nach ihrer Wertigkeit aufsteigend geordnet: Ein mäßiger Raucher raucht mehr als ein Nichtraucher, ein starker Raucher mehr als ein mäßiger Raucher und ein sehr starker Raucher mehr als ein starker Raucher. Solche Variablen, bei denen den verwendeten Codezahlen eine empirische Bedeutung hinsichtlich ihrer Ordnung zukommt, nennt man ordinalskaliert.

Die empirische Relevanz dieser Codierung bezieht sich aber nicht auf die Differenz zweier Codezahlen. So ist zwar die Differenz zweier Codezahlen zwischen einem Nichtraucher und einem mäßigen Raucher einerseits und zwischen einem mäßigen Raucher und einem starken Raucher andererseits jeweils 1, man wird aber nicht sagen können, dass der tatsächliche Unterschied zwischen einem Nichtraucher und einem mäßigen Raucher einerseits und einem mäßigen Raucher und einem starken Raucher andererseits gleich ist; dafür sind die Begriffe zu vage. Entsprechendes gilt für den Alkoholkonsum; auch dies ist eine solche ordinalskalierte Variable.

2.2.3   Intervallniveau

Betrachten wir nun etwa die Körpergröße, so geben deren Werte nicht nur eine Rangordnung der beteiligten Personen wieder, auch den Differenzen zweier Werte kommt eine empirische Bedeutung zu. Hat etwa August ein Körpergewicht von 70 kg, Bertram eines von 80 kg und Christian von 90 kg, so kann man sagen, dass Bertram im Vergleich zu August um ebenso viel schwerer ist wie Christian im Vergleich zu Bertram (nämlich um 10 kg). Solche Variablen, bei denen der Differenz (dem Intervall) zwischen zwei Werten eine empirische Bedeutung zukommt, nennt man intervallskaliert. Ihre Bearbeitung unterliegt keinen Einschränkungen; so ist z. B. der Mittelwert ein sinnvoller statistischer Kennwert zur Beschreibung dieser Variablen. Weitere intervallskalierte Variablen im Beispiel der gegebenen Datenmenge sind das Alter, die Körpergröße, systolischer und diastolischer Blutdruck, das Cholesterin und die Triglyzeride.

2.2.4   Verhältnisniveau

Bei allen diesen Variablen kommt nicht nur der Differenz zweier Werte, sondern auch dem Verhältnis zweier Werte empirische Bedeutung zu. Ist etwa Emil 20 Jahre und Fritz 40 Jahre alt, so wird man sagen können, dass Fritz doppelt so alt ist wie Emil. Solche Variablen nennt man verhältnisskaliert. Es sind dies alle intervallskalierten Variablen, die den Wert Null annehmen können und dieser gleichzeitig der niedrigste denkbare Wert ist. Beispiele, bei denen dies nicht der Fall ist, sind etwa die in Grad Celsius gemessene Temperatur (wegen der möglichen Werte kleiner als Null) und der Intelligenzquotient (wegen des nicht möglichen Wertes von Null). Bei den in diesem Buch behandelten statistischen Verfahren kommt der Unterscheidung zwischen intervall- und verhältnisskalierten Variablen keine Bedeutung zu; es gibt nämlich darunter keine Verfahren, die Verhältnisniveau voraussetzen.

2.2.5   Weitere Beispiele für Nominal- und Ordinalniveau

Die Bestimmung des korrekten Skalenniveaus ist eine entscheidende Voraussetzung zur Auswahl des korrekten statistischen Verfahrens. Im folgenden Kapitel wird anhand passender Beispiele noch einmal etwas ausführlicher auf die Unterscheidung von Nominal- und Ordinalniveau eingegangen. Häufig ist es nämlich möglich, nominalskaliert erscheinende Variablen durch geschickte Codierung auf Ordinalniveau zu bringen.

Eine typische nominalskalierte Variable ist die Angabe des Berufs. Hier könnte etwa folgende Codierung gewählt werden, die beim besten Willen nicht in eine sinnvolle Ordnungsrelation gebracht werden kann:

1 = Angestellter

2 = Beamter

3 = Arbeiter

4 = Selbstständiger

5 = Hausfrau

6 = Auszubildender

7 = Rentner

Auch die Frage nach der Religionsgemeinschaft kann nur mit einer nominalskalierten Variablen realisiert werden, etwa mit folgender Codierung:

1 = evangelisch

2 = katholisch

3 = sonstige christliche Gemeinschaft

4 = andere Religionen

5 = ohne Religionsgemeinschaft

In einer Studie über Einschlafprobleme wurden die Gründe für die Schlafstörungen wie folgt codiert:

1 = Probleme

2 = Geräusche

3 = Tagesereignisse

4 = ungewohnte Umgebung

5 = Sonstiges

Auch hier ist eine andere als eine nominale Skalierung nicht denkbar.

Dichotome nominale Skalierungen sind häufig von der Art

    1 = ja

    2 = nein

    1 = richtig

    2 = falsch

    1 = trifft zu

    2 = trifft nicht zu

    1 = stimme ich zu

    2 = stimme ich nicht zu

So wie bekanntlich zwei Punkte eine Gerade bestimmen, die ansteigt oder geneigt ist, kann man bei dichotomen nominalskalierten Variablen stets von einer gegebenen Ordnungsrelation sprechen. So bedeutet etwa im Fall des letzten Beispiels eine niedrige Codierung Zustimmung, eine hohe Codierung Ablehnung. Dichotome nominalskalierte Variablen bilden also sozusagen den Übergang zwischen Nominal- und Ordinalniveau. Diesem wollen wir uns nun zuwenden.

Eine häufig gestellte Frage in einem Fragebogen ist die nach der Schulbildung. Eine ordinale Skalierung liegt etwa bei folgender Codierung vor:

    1 = Volksschule

    2 = Berufsschule

    3 = Mittlere Reife

    4 = Abitur

    5 = Hochschule

Ein typisches Beispiel einer ordinalskalierten Variablen ist die Vorgabe einer Altersklasseneinteilung in einem Fragebogen:

    1 = bis 30 Jahre

    2 = 31 – 50 Jahre

    3 = über 50 Jahre

Ein solches Vorgehen ist eigentlich nicht empfehlenswert. Da jeder sein eigenes Alter sicherlich ohne Mühe exakt (in Jahren) angeben kann, sollte man dies auch so erfassen. Spätere Klasseneinteilungen können von einem Auswertungsprogramm gegebenenfalls immer noch vorgenommen werden; Sie haben dann aber Variationsmöglichkeiten und können bei Bedarf auch auf den genauen Wert zurückgreifen.

Klasseneinteilungen sollte man nur dann vorgeben, wenn die Ermittlung genauer Angaben zu umständlich oder gar nicht möglich ist. So wurde in einer Erhebung zum allgemeinärztlichen Vorgehen bei psychischen Erkrankungen bei den befragten Ärzten die Anzahl der Patienten pro Quartal abgefragt; dabei wurde folgende Codierung vorgegeben:

> 1 = unter 500
>
> 2 = 500 – 1 000
>
> 3 = 1 000 – 1 500
>
> 4 = über 1 500

Diese grobe Einteilung erscheint vernünftig, da genaue Zahlen wegen der Schwankungen von Quartal zu Quartal nicht angebbar sind. Aus diesem Grund stört es auch nicht, dass die Zahl 1000 einmal als Ober- und einmal als Untergrenze einer Klasse auftritt.

Ordinalskalierte Items treten häufig in psychologischen bzw. psychiatrischen Fragebögen auf. Im Freiburger Fragebogen zur Krankheitsverarbeitung z. B. werden 35 Aussagen der folgenden Art vorgegeben:

- Herunterspielen der Bedeutung und Tragweite

- Wunschdenken und Tagträumen nachhängen

- Aktive Anstrengungen zur Lösung des Problems unternehmen

- Stimmungsverbesserung durch Alkohol oder Beruhigungsmittel suchen

- Trost im religiösen Glauben suchen

Die befragten Personen sollen dann über eine Punktzahl zwischen 1 und 5 angeben, wie weit diese Aussagen für sie zutreffen oder nicht:

> 1 = gar nicht
>
> 2 = wenig
>
> 3 = mittelmäßig
>
> 4 = ziemlich
>
> 5 = sehr stark

In einem anderen Fragebogen über Gefühlslagen, wie man sie bezüglich Arbeit und Beruf haben kann (MBI), werden Aussagen wie die folgenden vorgegeben:

- Nach der Arbeit bin ich völlig fertig.

- Wenn ich zur Arbeit muss, bin ich schon morgens beim Aufstehen müde.

- Ich fühle mich energiegeladen.

- Mein Beruf frustriert mich.

- Ich finde, dass ich in meinem Beruf zu viel arbeite.

Hier wird zur Beantwortung eine Siebenerskala verwandt:

    1 = völlig unzutreffend

    2 = weitgehend unzutreffend

    3 = eher unzutreffend

    4 = weder noch bzw. weiß nicht

    5 = eher zutreffend

    6 = weitgehend zutreffend

    7 = völlig zutreffend

Die Codierung bei den beiden letztgenannten Beispielen ist sozusagen um die jeweils mittlere Codierung symmetrisch. Dies ist nicht bei allen solchen Fragebögen der Fall. Betrachten wir etwa einige Aussagen aus dem Trierer Persönlichkeitsfragebogen:

- Ich fühle mich einsam.

- Ich bin unbeschwert und gut aufgelegt.

- Es macht mir Freude, anderen behilflich zu sein.

- Ich bin ein ruhiger, ausgeglichener Mensch.

- Meine Art kommt bei anderen gut an.

Diese Aussagen sind mit Hilfe einer Viererskala zu beantworten:

    1 = immer

    2 = oft

    3 = manchmal

    4 = nie

Überzeugungen in verschiedenen Lebenssituationen werden in einem Fragebogen der folgenden Art abgefragt (FKK):

- Ich komme mir manchmal taten- und ideenlos vor.

- Andere Menschen verhindern oft die Verwirklichung meiner Pläne.

- Ich weiß oft nicht, wie ich meine Wünsche verwirklichen soll.

- Ich kann sehr viel von dem, was in meinem Leben passiert, selbst bestimmen.

- Auch in schwierigen Situationen fallen mir immer viele Handlungsalternativen ein.

Hier ist zur Beantwortung eine symmetrische Sechserskala vorgesehen, die aber keine Codierung für eine unentschiedene Beurteilung enthält:

  1 = völlig falsch

  2 = weitgehend falsch

  3 = eher falsch

  4 = eher richtig

  5 = weitgehend richtig

  6 = völlig richtig

Immer wieder auftretende ordinalskalierte Variablen bei zahnmedizinischen Studien sind z. B. der Plaque-Index und der CPITN-Wert. Letzterer ist ein pro Sextant ermittelter Behandlungsbedürftigkeits-Index mit folgender Codierung:

  0 = gesundes Parodont

  1 = Blutung

  2 = Zahnstein

  3 = Taschenbildung von 3,5 bis 5,5 mm

  4 = Taschenbildung von 6 mm und mehr

Ähnliches gilt für die Codierung des Plaque-Indexes:

  0 = keine Plaque

  1 = vereinzelt Plaque-Inseln

  2 = deutliche Plaque-Linie entlang des Gingiva-Randes

  3 = Plaque-Ausdehnung im zervikalen Drittel des Zahnes

  4 = Plaque-Ausdehnung bis ins zweite Zahndrittel

  5 = Plaque-Ausdehnung bis über das zweite Drittel hinaus

Bei allen bisher genannten Beispielen liegt die ordinale Skalierung unmittelbar auf der Hand. In vielen anderen Fällen kann man eine solche nach etwas Nachdenken erkennen bzw. durch geschickte Codierung erreichen.

In einer Fragebogen-Untersuchung über die Heimatverbundenheit der Marburger Bevölkerung wurde u. a. nach dem Wohnort gefragt, wobei folgende Antwortmöglichkeiten vorgegeben waren:

  1 = Kernstadt

  2 = Stadtteil

  3 = innerhalb des Landkreises

  4 = außerhalb des Landkreises

Diese Variable ist ordinalskaliert, wenn man als Kriterium die Entfernung des Wohnortes vom Stadtzentrum zugrunde legt.

Eine andere Frage lautete „Freuen Sie sich, wenn Sie im Ausland Marburger treffen?" Die vorgegebenen Antwortmöglichkeiten waren

   1 = ja
   2 = nein
   3 = kommt drauf an

Dies ist eine ungeschickte Codierung; besser wäre die folgende:

   1 = ja
   2 = kommt drauf an
   3 = nein

Dies wäre dann eine ordinale Skalierung: je höher die Codierung, desto geringer die Freude.

In einer biologischen Untersuchung über das Auftreten von Schmetterlingen wurden die meteorologischen Gegebenheiten abgefragt:

   1 = Sonne
   2 = leicht bewölkt
   3 = Wolken

Legt man als Kriterium den Bewölkungsgrad zugrunde, so ist dies eine ordinalskalierte Variable: je höher die Codierung, desto größer der Bewölkungsgrad.

Der Übergang von Ordinal- zu Intervallniveau ist fließend und eine Einordnung in eines der beiden Niveaus manchmal durchaus strittig. Während man beispielsweise die zwischen den Zahlen 1 und 6 vergebenen Schulnoten als ordinalskaliert ansieht, ist man bei den in der Oberstufe vergebenen Punktwerten von 0 bis 15 wohl eher geneigt, Intervallniveau anzunehmen. Auch bei Variablen, die bestimmte Anzahlen wiedergeben (z. B. Anzahl der Kinder in einer Familie), kann von Intervallniveau ausgegangen werden.

Der Thematik des Skalenniveaus wurde absichtlich ein breiter Raum eingeräumt, da dessen korrekte Beachtung für die Auswahl des jeweils adäquaten statistischen Verfahrens entscheidend ist.

2.3   Normalverteilung

Eine entscheidende Rolle in der Statistik spielt bei intervallskalierten Variablen die Tatsache, ob deren Werte einer *Normalverteilung* folgen oder nicht. Danach richtet sich, welche statistischen Kennwerte zu ihrer Beschreibung verwendet werden können (siehe

Kap. 3) bzw. welche analytischen Tests gegebenenfalls bei einer Hypothesenprüfung zur Anwendung kommen (siehe Kap. 5.2). Das Wesen der Normalverteilung soll anhand eines Beispiels erläutert werden.

In der Datei iq.dat sind von insgesamt 200 Probanden die Werte des Intelligenzquotienten (IQ) gespeichert. Fasst man die Werte in Klassen der Breite 5 zusammen, so erhält man die Häufigkeiten der Tabelle 2.2.

Klasse	Häufigkeit
$\leqslant 62$	2
63 – 67	5
68 – 72	7
73 – 77	11
78 – 82	14
83 – 87	16
88 – 92	20
93 – 97	22
98 – 102	23
103 – 107	19
108 – 112	18
113 – 117	14
118 – 122	11
123 – 127	9
128 – 132	4
133 – 137	3
$\geqslant 138$	2

Tabelle 2.2: Klassenhäufigkeiten

Die größten Häufigkeiten finden sich in der Mitte, während sie nach beiden Seiten hin recht gleichmäßig abfallen. Diese Häufigkeitsverteilung kann grafisch in Form eines *Histogramms* dargestellt werden (Abbildung 2.1).

Eine solche eingipflige und symmetrische Verteilung nennt man eine *Normalverteilung* bzw. nach ihrem Entdecker, dem deutschen Mathematiker Carl Friedrich Gauß, eine *Gaußsche Normalverteilung*. Diese Verteilung kann man mit einer Kurve beschreiben, die man wegen ihrer Gestalt auch *Glockenkurve* nennt. Diese idealisierte Verteilungskurve kann zu dem gegebenen Histogramm mit eingezeichnet werden (Abbildung 2.2).

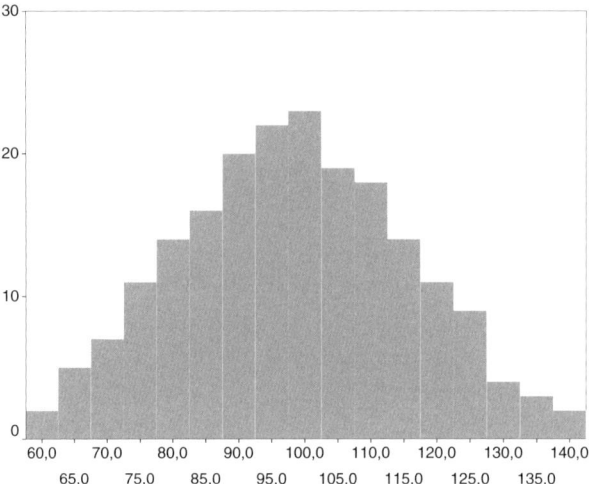

Abbildung 2.1: Histogramm mit normalverteilten Werten

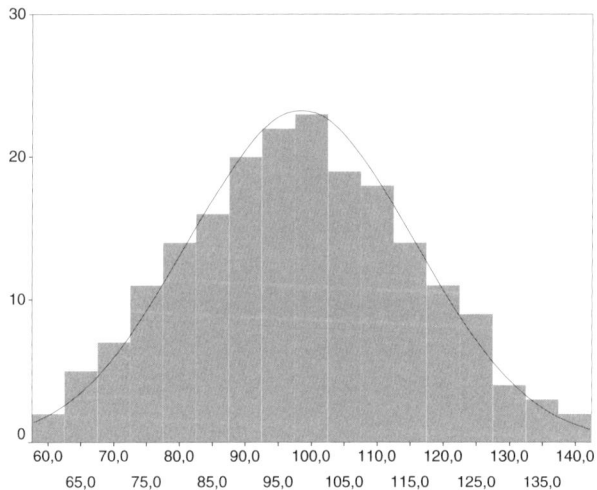

Abbildung 2.2: Histogramm mit Normalverteilungskurve

Den mathematisch Interessierten sei gesagt, dass die Form dieser Glockenkurve durch die folgende *Dichtefunktion* gegeben ist:

$$f(x) = \frac{1}{\sigma \cdot \sqrt{2 \cdot \pi}} \cdot e^{-\frac{1}{2} \cdot \left(\frac{x-\mu}{\sigma}\right)^2}$$

Dabei ist μ der *Mittelwert,* σ die *Standardabweichung* der Verteilung. Diese beiden wichtigen statistischen *Kennwerte* werden ausführlich in Kap. 3 vorgestellt und dort im Zusammenhang mit ihrer Berechnung anhand einer Stichprobe mit $\bar{x}$ bzw. s bezeichnet. Der Mittelwert beschreibt als arithmetisches Mittel der Werte die mittlere Lage der Verteilung, die Standardabweichung anhand der in Kap. 3.3.1 angegebenen Definitionsformel deren Dispersion (Streuung).

Zu jedem Paar von μ und σ gibt es also eine Normalverteilung. Die Kurven haben ihr Maximum bei $x = \mu$ und sind umso schlanker, je kleiner die Standardabweichung σ ist.

Die Fläche unter jeder Normalverteilungskurve ist jeweils gleich 1, als Integralformel ausgedrückt

$$\int_{-\infty}^{\infty} f(t)dt = 1$$

Sollte die Integralrechnung während Ihrer Schulzeit nicht zu Ihren Lieblingsbeschäftigungen gehört haben, können Sie diese Formel auch mit Missachtung strafen; es geht auch ohne sie. Wichtig zu wissen aber ist die Tatsache, dass die Fläche unter der Normalverteilungskurve bis zu einem Wert x die Wahrscheinlichkeit dafür ist, dass die gegebene Variable (hier: der IQ) einen Wert $\leqslant x$ annimmt.

In Integralschreibweise ist diese Fläche

$$F(x) = \int_{-\infty}^{x} f(t)dt$$

und unter Einbeziehung der Formel für $f(x)$

$$F(x) = \frac{1}{\sigma \cdot \sqrt{2 \cdot \pi}} \cdot \int_{-\infty}^{x} e^{-\frac{1}{2} \cdot \left(\frac{t-\mu}{\sigma}\right)^2} dt$$

Während $f(x)$ als *Dichtefunktion* bezeichnet wird, nennt man $F(x)$ die *Verteilungsfunktion*.

Für den Mittelwert $\bar{x}$ und die Standardabweichung s der gegebenen IQ-Werte erhält man

$$\bar{x} = 98,5 \qquad s = 17,1$$

Setzt man diese Werte für μ bzw. σ in die Formel für $F(x)$ ein, so kann man theoretisch zu jedem Variablenwert x den Funktionswert $F(x)$ berechnen, also dasjenige Flächenstück unter der Normalverteilungskurve, das für den relativen Anteil der Werte steht, die $\leqslant x$ sind.

Selbstverständlich ist die Berechnung nicht per Hand, sondern allenfalls mit einem Computer zu leisten. Führt man diese zum Beispiel beim IQ-Wert 102 ($x = 102$) durch, so ergibt sich der Wert

$$F(x) = 0,579$$

Dies bedeutet, dass bei idealer Normalverteilung

$$0,579 \cdot 200 = 116$$

IQ-Werte erwartet werden, die $\leqslant 102$ sind. Eine Auszählung in der eingangs aufgeführten Tabelle ergibt 120 Werte.

Da eine Berechnung von $F(x)$ aus der gegebenen Integralformel ohne Computer bzw. ohne entsprechendes Computerprogramm nicht möglich ist, behilft man sich mit tabellierten Werten, und zwar Werten zu der Normalverteilung, die zu $\mu = 0$ und $\sigma = 1$ gehört. Diese Normalverteilung nennt man die *Standardnormalverteilung*; ihre Verteilungsfunktion ist

$$\Phi(z) = \frac{1}{\sqrt{2 \cdot \pi}} \cdot \int\limits_{-\infty}^{z} e^{-\frac{1}{2} \cdot t^2} dt$$

Die Werte von $\Phi(z)$ und $\Phi(-z)$ sind für z-Werte von 0 bis 3,49 in Schritten von 0,01 in der z-Tabelle aufgelistet. Aus Symmetriegründen ist dabei

$$\Phi(-z) = 1 - \Phi(z)$$

Auf die Bedeutung der in der z-Tabelle aufgeführten p-Werte wird in Kap. 5 eingegangen.

Vor Gebrauch der z-Tabelle sind die Variablenwerte somit einer *z-Transformation* zu unterziehen:

$$z = \frac{x - \bar{x}}{s}$$

Dabei sind, wie bereits erwähnt, $\bar{x}$ und s Mittelwert bzw. Standardabweichung der Stichprobe.

Greifen wir noch einmal das Beispiel auf, die Anzahl der IQ-Werte ermitteln zu wollen, die $\leqslant 102$ sind. Wir nehmen zunächst eine z-Transformation vor:

$$z = \frac{102 - 98{,}5}{17{,}1} = 0{,}20$$

Nach der z-Tabelle gehört hierzu das Flächenstück

$$\Phi(z) = 0{,}579$$

Damit ergibt sich in Übereinstimmung mit obiger Berechnung für die Anzahl der Werte, die $\leqslant 102$ sind:

$$0{,}579 \cdot 200 = 116$$

Die bis zu einem bestimmten Klassenende aufsummierten Häufigkeiten nennt man auch *kumulierte* Häufigkeiten (siehe Kap. 3.1.2). Tabelle 2.3 enthält für alle Klassen des gegebenen Beispiels die beobachteten und die auf die beschriebene Weise bei Normalverteilung zu erwartenden kumulierten Häufigkeiten. Die z-Werte sind dabei auf zwei und die gemäß Tabelle 1 ermittelten $\Phi(z)$-Werte auf drei Nachkommastellen angegeben.

Die Übereinstimmung zwischen den beobachteten und den berechneten kumulierten Häufigkeiten ist gut, was für die Annäherung der gegebenen Verteilung an eine Normalverteilung spricht. Durch entsprechende Differenzbildung zwischen benachbarten

Klasse	Häufigkeit	beobachtete kum. Häufigkeit	z	$\Phi(z)$	berechnete kum. Häufigkeit
$\leqslant 62$	2	2	$-2{,}13$	0,017	3
$63 - 67$	5	7	$-1{,}84$	0,033	7
$68 - 72$	7	14	$-1{,}55$	0,061	12
$73 - 77$	11	25	$-1{,}26$	0,104	21
$78 - 82$	14	39	$-0{,}96$	0,169	34
$83 - 87$	16	55	$-0{,}67$	0,251	50
$88 - 92$	20	75	$-0{,}38$	0,352	70
$93 - 97$	22	97	$-0{,}09$	0,464	93
$98 - 102$	23	120	$0{,}20$	0,579	116
$103 - 107$	19	139	$0{,}50$	0,691	138
$108 - 112$	18	157	$0{,}79$	0,785	157
$113 - 117$	14	171	$1{,}08$	0,860	172
$118 - 122$	11	182	$1{,}37$	0,915	183
$123 - 127$	9	191	$1{,}67$	0,953	191
$128 - 132$	4	195	$1{,}96$	0,975	195
$133 - 137$	3	198	$2{,}25$	0,988	198
$\geqslant 138$	2	200			200

Tabelle 2.3: Beobachtete und berechnete Häufigkeiten

kumulierten Häufigkeiten kann man auch die bei Normalverteilung zu erwartenden Häufigkeiten in den einzelnen Klassen bestimmen.

Entscheidend zur Beantwortung der Frage, ob die gegebene Häufigkeitsverteilung der Werte einer Variablen als normalverteilt angesehen werden kann, ist der Sachverhalt, ob sich diese Verteilung *signifikant* (siehe Kap. 5) von einer Normalverteilung unterscheidet oder nicht. Hierzu werden in Kap. 7 drei passende Tests vorgestellt.

Dass die Werte einer Variablen einer Normalverteilung folgen, ist in der Praxis eher die Ausnahme. Dies mögen abschließend zwei Beispiele zeigen, bei denen jeweils die Verteilung eines Summenscores dargestellt ist. Patienten mit einer bestimmten Krankheit erhielten einen Fragebogen vorgelegt, der über verschiedene Einzelfragen die Art der Krankheitsverarbeitung abfragen sollte. Dabei wurden jeweils fünf solcher Items, die mit Hilfe einer Fünferskala (von 1 = gar nicht bis 5 = sehr stark) beantwortet werden mussten, zu einem Summenscore verarbeitet.

Das Histogramm in Abbildung 2.3 zeigt die Verteilung des Scores „Depressive Verarbeitung". Die Verteilung ist deutlich linksschief, was darauf hinweist, dass die meisten Patienten keine depressive Krankheitsverarbeitung betreiben.

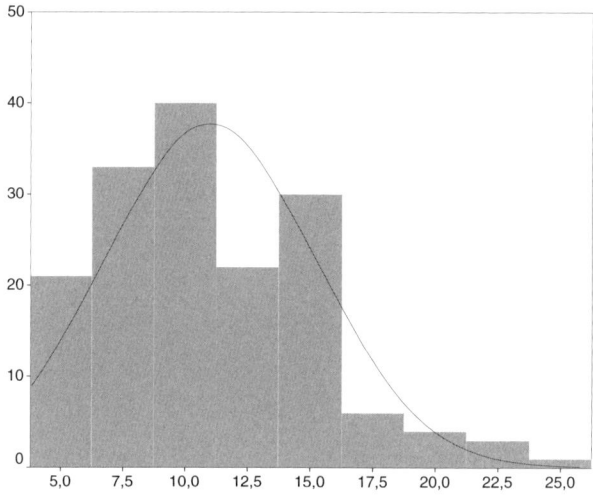

Abbildung 2.3: Linksschiefe Verteilung

Hingegen ist die Verteilung des Scores „Aktives problemorientiertes Coping" deutlich rechtsschief (Abbildung 2.4). Die meisten Patienten bevorzugen also eine aktive Krankheitsverarbeitung.

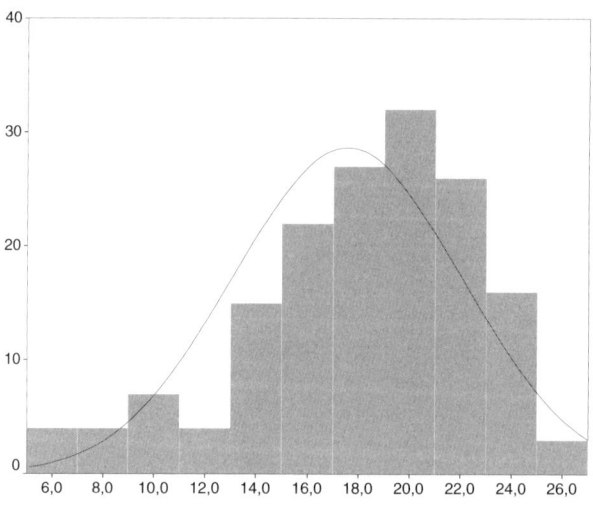

Abbildung 2.4: Rechtsschiefe Verteilung

In solch eindeutigen Fällen genügt die Erstellung eines Histogramms, um zu erkennen, dass keine Normalverteilung der Werte vorliegt. Sonst sollte man sich nicht auf den Augenschein verlassen und einen der in Kap. 7 vorgestellten Tests zur Überprüfung auf Normalverteilung zu Rate ziehen.

2.4   Zusammenfassende Klassifikation

In Kap. 2.2 wurden die einzelnen Skalenniveaus vorgestellt, wobei das Verhältnisniveau in das Intervallniveau integriert werden kann, da die Unterschiede zu diesem zumindest bei den in diesem Buch vorgestellten Verfahren bedeutungslos sind. Ferner wurde darauf hingewiesen, dass dichotome nominalskalierte Variablen eine Ordnungsrelation beinhalten und sozusagen den Übergang zwischen Nominal- und Ordinalniveau bilden.

Auf die Bedeutung der Normalverteilung bei intervallskalierten Variablen wurde in Kap. 2.3 hingewiesen. Je nachdem, ob diese Verteilungsform gegeben ist oder nicht, sind gegebenenfalls verschiedene statistische Kennwerte zu berechnen bzw. verschiedene statistische Verfahren anzuwenden.

Zusammenfassend kann man sagen, dass man Variablen gemäß Tabelle 2.4 in fünf Stufen einteilen kann.

Stufe	Skalenniveau
1	nominalskaliert mit mehr als zwei Kategorien
2	nominalskaliert mit zwei Kategorien
3	ordinalskaliert
4	intervallskaliert und nicht normalverteilt
5	intervallskaliert und normalverteilt

Tabelle 2.4: Variablenklassifikation

Es ist dringend zu empfehlen, am Anfang der statistischen Auswertung einer Datenmenge eine solche Klassifikation aller relevanten Variablen vorzunehmen. Diese gedankliche Arbeit kann Ihnen der Computer nicht abnehmen. Auch die Art der dann jeweils in Frage kommenden Tests müssen Sie selbst bestimmen.

3 Deskriptive Statistik

Deskriptive Statistik ist im Gegensatz zur analytischen Statistik (siehe Kap. 5) die reine Beschreibung der Daten durch Häufigkeitstabellen, passende Kennwerte oder Grafiken. Das vorliegende Kapitel beschäftigt sich mit der Erstellung von Häufigkeitstabellen und mit der Berechnung von Kennwerten, die man in Lokalisations- und Dispersionsparameter einteilen kann. Grafiken werden in einem späteren Kapitel (Kap. 12) behandelt.

3.1 Häufigkeitstabellen

Als einfachstes statistisches Verfahren gilt das Zählen. Im Falle von nominalskalierten Variablen ist dies auch die einzig mögliche statistische Operation.

In einer Bevölkerungsumfrage wurde u. a. nach dem Familienstand der interviewten Personen gefragt. Die Auszählung ergab die Häufigkeiten der Tabelle 3.1.

	Häufigkeit
ledig	777
verheiratet	1761
verwitwet	373
geschieden	141

Tabelle 3.1: Beobachtete Häufigkeiten

Die Berechnung statistischer Kennwerte wie Mittelwert oder Median ist bei solchen nominalskalierten Variablen, denen nicht einmal eine Ordnungsrelation zugrunde liegt, sinnlos. Der einzig sinnvolle Kennwert ist der *Modalwert*; dies ist der am häufigsten vorkommende Wert.

Codiert man im gegebenen Beispiel die auftretenden Kategorien der Reihe nach fortlaufend mit bei 1 beginnenden natürlichen Zahlen, so ist der Modalwert gleich 2 (Verheiratete). Dieser Wert tritt 1761-mal und damit am häufigsten auf. Da der Modalwert alle anderen Werte unberücksichtigt lässt, hat er allerdings nur eine sehr geringe praktische Bedeutung.

3.1.1 Beobachtete und prozentuale Häufigkeiten

Sinnvoller als die Angabe des Modalwertes ist es, bei nominalskalierten Variablen die komplette Häufigkeitstabelle anzugeben und zusätzlich zu den *beobachteten* Häufigkeiten die *prozentualen* Häufigkeiten.

Bezeichnet man die Anzahl der Kategorien mit k und die beobachteten Häufigkeiten mit f_i, so ist die Gesamtsumme der Häufigkeiten

$$n = \sum_{i=1}^{n} f_i$$

Daraus berechnen sich die prozentualen Häufigkeiten zu

$$p_i = \frac{f_i}{n} \cdot 100 \qquad\qquad i = 1, \ldots, k$$

Diese prozentualen Häufigkeiten sind in Tabelle 3.2 mit eingetragen.

	Häufigkeit	Prozent
ledig	777	25,5 %
verheiratet	1761	57,7 %
verwitwet	373	12,2 %
geschieden	141	4,6 %
Summe	3052	

Tabelle 3.2: Prozentuale Häufigkeiten

3.1.2   Kumulierte Häufigkeiten

Auch bei ordinalskalierten Variablen ist neben der Berechnung des Medians (siehe Kap. 3.2.2) meist die Angabe der beobachteten und prozentualen Häufigkeiten empfehlenswert. Sinnvoll ist dann ebenfalls die Bestimmung der kumulierten Häufigkeiten F_i und der kumulierten prozentualen Häufigkeiten P_i. Erstere sind dabei die bis zur betreffenden Kategorie aufsummierten beobachteten Häufigkeiten, die dann wieder auf der Basis der Gesamtsumme der Häufigkeiten prozentuiert werden können.

In derselben Bevölkerungsumfrage wurde auch die Frage gestellt „Wie oft gehen Sie in die Kirche?". Alle anfallenden Häufigkeiten sind in Tabelle 3.3 zusammengestellt.

Den kumulierten prozentualen Häufigkeiten kann man z. B. entnehmen, dass über die Hälfte der Befragten, nämlich 51,6 %, zumindest mehrmals im Jahr in die Kirche gehen.

3.1.3   Klassenbildung

Bei intervallskalierten Variablen liegen meist viele verschiedene Werte vor, so dass eine Häufigkeitstabelle recht unübersichtlich wird. In diesem Falle bietet es sich an, mehrere benachbarte Werte zu *Klassen* zusammenzufassen.

Als Beispiel sei die Häufigkeitstabelle der Altersangaben aus der schon mehrfach zitierten Bevölkerungsumfrage betrachtet (Tabelle 3.4).

	Häufigkeit	Prozent	kumulierte Häufigkeit	kumulierte Prozente
mindestens zweimal pro Woche	73	2,6 %	73	2,6 %
einmal pro Woche	360	13,0 %	433	15,7 %
ein- bis dreimal pro Monat	331	12,0 %	764	27,7 %
mehrmals im Jahr	660	23,9 %	1424	51,6 %
seltener	935	33,9 %	2359	85,5 %
nie	402	14,6 %	2761	100,0 %

Tabelle 3.3: Kumulierte Häufigkeiten

Alter	n	Alter	n	Alter	n	Alter	n
18	60	36	49	54	33	72	31
19	48	37	46	55	42	73	40
20	49	38	61	56	51	74	26
21	64	39	52	57	31	75	30
22	76	40	55	58	47	76	27
23	55	41	43	59	42	77	24
24	85	42	35	60	56	78	22
25	88	43	38	61	39	79	21
26	72	44	42	62	44	80	18
27	71	45	41	63	40	81	13
28	70	46	52	64	45	82	14
29	59	47	47	65	45	83	13
30	58	48	51	66	56	84	5
31	55	49	55	67	38	85	8
32	56	50	49	68	47	86	3
33	58	51	49	69	27	87	3
34	60	52	56	70	27	89	3
35	56	53	39	71	39	92	2

Tabelle 3.4: Beobachtete Häufigkeiten von Altersangaben

Vor einer Klassenzusammenfassung sind zwei Entscheidungen zu treffen, nämlich über die *Klassenbreite* und über den Beginn der ersten Klasse. Was die Wahl der Klassenbreite anbelangt, so gibt es hierfür keine verbindliche Regel. Geringe Klassenbreite hat große

Klassenzahl und Unübersichtlichkeit zur Folge, große Klassenbreite hingegen kann typische Verteilungsformen verwischen.

Man sollte etwa zehn bis zwanzig Klassen wählen, und zwar so, dass in der Mitte alle Klassen besetzt sind. Am linken und rechten Verteilungsende können nach unten bzw. nach oben *offene Klassen* verwendet werden.

Wir wollen uns im gegebenen Beispiel mit acht Klassen begnügen, wobei die erste und die achte Klasse offene Klassen sind (Tabelle 3.5).

Klasse	Häufigkeit	Prozent	kumulierte Prozente
bis 20 Jahre	157	5,1 %	5,1 %
21 – 30 Jahre	698	22,9 %	28,0 %
31 – 40 Jahre	548	18,0 %	46,0 %
41 – 50 Jahre	453	14,8 %	60,8 %
51 – 60 Jahre	446	14,6 %	75,4 %
61 – 70 Jahre	408	13,4 %	88,8 %
71 – 80 Jahre	278	9,1 %	97,9 %
über 80 Jahre	64	2,1 %	100,0 %

Tabelle 3.5: Klassenhäufigkeiten

Bei der ersten, nach unten offenen Klasse ist zu bedenken, dass sie nur drei Jahrgänge umfasst, so dass von vornherein eine geringere Klassenhäufigkeit zu erwarten ist. Davon abgesehen handelt es sich um eine linksgipflige Verteilung. Dies wird besonders deutlich, wenn man die gegebene Verteilung der Häufigkeiten in Form eines *Histogramms* darstellt (siehe Kap. 2.3).

3.2   Lokalisationsparameter

3.2.1   Der Mittelwert

Der Mittelwert ist der passende Lokalisationsparameter für intervallskalierte und normalverteilte Variablen. Er ist weniger geeignet für nicht normalverteilte oder ordinalskalierte Variablen und unsinnig für nominalskalierte Variablen.

Der Mittelwert (genauer: das arithmetische Mittel) von n Werten x_i ist die Summe dieser Werte, geteilt durch ihre Anzahl:

$$\bar{x} = \frac{\sum\limits_{i=1}^{n} x_i}{n}$$

Als Beispiel seien die Altersangaben von $n = 12$ Personen betrachtet.

$$\boxed{40\ 37\ 67\ 23\ 45\ 39\ 29\ 51\ 56\ 24\ 42\ 38}$$

Die Summe dieser Werte ist 491; damit wird

$$\bar{x} = \frac{491}{12} = 40,9$$

Die Personen sind also im Mittel 40,9 Jahre alt. Bitte achten Sie darauf, dass Sie den Mittelwert nicht mit übertriebener Genauigkeit veröffentlichen. Die Angabe einer Dezimalstelle erscheint hier angemessen, nicht aber etwa die Angabe $\bar{x} = 40,9167$.

Zwei Eigenschaften des Mittelwertes seien erwähnt:

- Die Summe der Differenzen aller Werte von ihrem Mittelwert ist null.

- Die Summe der Quadrate der Differenzen aller Werte von ihrem Mittelwert ist kleiner als die Summe der Quadrate der Differenzen aller Werte zu irgendeinem anderen Wert.

Bei Störungen der Normalverteilung, was insbesondere beim Auftreten von Ausreißern der Fall ist, ist die Berechnung des Mittelwertes meist nicht sinnvoll, wie das folgende extreme Beispiel zeigt.

Vier Berufstätige wurden nach ihrem monatlichen Einkommen gefragt:

$$\begin{aligned}
&4\,000 \text{ DM} \\
&7\,000 \text{ DM} \\
&5\,000 \text{ DM} \\
&100\,000 \text{ DM}
\end{aligned}$$

Als mittleres Einkommen ergibt sich

$$\bar{x} = \frac{116\,000}{4} = 29\,000$$

Das mittlere Einkommen der befragten Personen beträgt also 29 000 DM. Es dürfte ohne weitere Erläuterung klar sein, dass dies eine sinnlose Aussage ist. Ähnlich sinnlos sind zum Beispiel die von Zeit zu Zeit zu lesenden Angaben über die Höhe der mittleren Spareinlagen der deutschen Bevölkerung. In solchen Fällen ist die Bestimmung des Medians sinnvoller.

Berechnung eines gemeinsamen Mittelwertes

Zuweilen tritt das Problem auf, dass bei verschiedenen Stichproben gewonnene Mittelwerte zu einem gemeinsamen Mittelwert zusammengeführt werden sollen. So wollen wir annehmen, bei einer zweiten Stichprobe von nunmehr 20 Personen habe sich ein Altersmittelwert von 43,2 Jahren ergeben.

Zur Berechnung des gemeinsamen Mittelwertes mit unserer ersten Stichprobe ($\bar{x} = 40{,}9; n = 12$) wäre es falsch, die beiden Mittelwerte zu addieren und die Summe durch 2 zu teilen, da dann die unterschiedlichen Fallzahlen nicht berücksichtigt würden.

Richtig ist es, bei der Berechnung des gemeinsamen Mittelwertes zweier Stichproben, von denen die Mittelwerte $\bar{x}_1$ und $\bar{x}_2$ bei den Fallzahlen n_1 und n_2 vorliegen, diese Mittelwerte entsprechend zu gewichten:

$$\bar{x} = \frac{n_1 \cdot \bar{x}_1 + n_2 \cdot \bar{x}_2}{n_1 + n_2}$$

Im gegebenen Beispiel ergibt sich hiermit

$$\bar{x} = \frac{12 \cdot 40{,}9 + 20 \cdot 43{,}2}{12 + 20} = 42{,}3$$

Bei mehr als zwei zu vereinigenden Mittelwerten wird entsprechend verfahren.

Es wurde schon darauf hingewiesen, dass die Berechnung des Mittelwertes bei nominalskalierten Variablen unsinnig ist. Haben Sie etwa ein neues Medikament getestet und die auftretenden insgesamt 27 verschiedenen Nebenwirkungen mit einer Codierung von 1 bis 27 versehen, so ist die Aussage „die mittlere Nebenwirkung beträgt 12,4" natürlich sinnlos.

3.2.2   Der Median

Der Median wird bei ordinalskalierten bzw. intervallskalierten, aber nicht normalverteilten Variablen berechnet. Er ist derjenige Wert, unterhalb und oberhalb dessen jeweils die Hälfte der Messwerte liegen. Dabei gibt es zwei verschiedene Arten der Berechnung, je nachdem, ob die Messwerte einzeln oder in Form einer Häufigkeitstabelle vorliegen.

Wir betrachten zunächst ein Beispiel zur erstgenannten Möglichkeit. Bei elf Patienten seien die folgenden Triglyceridwerte gemessen worden:

489 113 141 120 217 109 675 218 96 225 132

Es treten zwei Ausreißerwerte auf (489, 675), so dass es sinnvoll erscheint, anstelle des Mittelwertes den gegenüber Ausreißern unempfindlichen Median zu berechnen.

Zu diesem Zweck schreibt man zunächst die Werte der Größe nach sortiert auf:

96 109 113 120 132 141 217 218 225 489 675

Bei einer solch ungeraden Anzahl von Werten ist der Median ein tatsächlich auftretender Wert, nämlich der mittlere Wert der in aufsteigender Reihenfolge sortierten Wertereihe. Im gegebenen Beispiel mit elf Messwerten ist dies der 6. Wert, also der Wert 141:

$Median = 141$

Links und rechts von diesem Wert liegen dann gleich viele Werte, nämlich fünf.

Wir wollen der aufsteigend notierten Wertereihe noch einen Wert anfügen:

96 109 113 120 132 141 217 218 225 489 675 690

In diesem Fall einer geraden Anzahl von Werten ist der Median der Mittelwert aus den beiden mittleren Werten, hier also

$$Median = \frac{141 + 217}{2} = 179$$

Es ist offensichtlich, dass der Median gänzlich unempfindlich gegen Ausreißerwerte ist. So ist es zum Beispiel völlig gleichgültig, welchen Wert der größte Messwert annimmt, da der Wert des Medians hiervon unberührt bleibt.

Häufig wird der Median auch bei ordinalskalierten Variablen bestimmt, wobei die Angaben in Form einer Häufigkeitstabelle vorliegen. In einem Fragebogen zur Krankheitsverarbeitung sollten 160 Patienten auf einer Fünferskala angeben, inwieweit sie aktive Anstrengungen zur Lösung ihrer gesundheitlichen Probleme unternehmen. Die entsprechenden Häufigkeiten sind in Tabelle 3.6 wiedergegeben.

	Skalenwert	Häufigkeit	kumulierte Häufigkeit
gar nicht	1	12	12
wenig	2	25	37
mittelmäßig	3	23	60
ziemlich	4	53	113
sehr stark	5	47	160

Tabelle 3.6: Beobachtete und kumulierte Häufigkeiten

Zusätzlich zu den Häufigkeiten ist jeweils die kumulierte Häufigkeit aufgeführt (siehe Kap. 3.1.2).

Nach der erläuterten Regel zur Bestimmung des Medians ergibt sich hierfür der Wert 4. Bei insgesamt 160 Werten liegt der Median nämlich, wenn man die Werte aufsteigend sortiert, zwischen dem 80. und 81. Wert. Die kumulierte Häufigkeit zeigt an, dass sowohl der 80. als auch der 81. Wert den Wert 4 haben, womit auch der Median diesen Wert annimmt.

Es dürfte aber unmittelbar klar sein, dass dies ein recht unbrauchbarer, da zu ungenauer Wert ist. Im Falle von solchen gehäuften Daten benutzt man zur genaueren Bestimmung des Medians die folgende Schätzformel:

$$Median = x_m - 0{,}5 + \frac{1}{f_m} \cdot \left(\frac{n}{2} - F_{m-1} \right)$$

Dabei bezeichnet m die Kategorie, bei welcher der Median liegt. Ferner bedeuten:

x_m Wert der m-ten Kategorie

f_m Häufigkeit der m-ten Kategorie

F_{m-1} kumulierte Häufigkeit bei der Kategorie $m-1$

n Gesamtsumme der Häufigkeiten

Im gegebenen Beispiel sind

$$m = 4 \qquad x_m = 4 \qquad f_4 = 53 \qquad F_3 = 60 \qquad n = 160$$

Damit ergibt sich für den Median

$$Median = 4 - 0{,}5 + \frac{1}{53} \cdot \left(\frac{160}{2} - 60 \right) = 3{,}877$$

Bezeichnet man die Anzahl der Kategorien mit k, so würde sich der Mittelwert aller Werte nach folgender Formel errechnen:

$$\bar{x} = \frac{\sum\limits_{m=1}^{k} f_m \cdot x_m}{n}$$

Dies ergibt im gegebenen Beispiel

$$\bar{x} = \frac{578}{160} = 3{,}613$$

Der Mittelwert ist also kleiner als der Median, was bei einer rechtsgipfligen Verteilung wie im gegebenen Beispiel stets der Fall ist. Bei einer linksgipfligen Verteilung ist der Mittelwert größer als der Median.

3.3   Dispersionsparameter

Während die Lokalisationsparameter die Lage einer Verteilung oder ihre zentrale Tendenz beschreiben, kennzeichnen die Dispersionsparameter oder Streuungsmaße die Breite einer Verteilung.

Das einfachste Streuungsmaß, *Spannweite* genannt, ist die Differenz zwischen größtem und kleinstem Wert:

$$Spannweite = Maximum - Minimum$$

Der Nachteil dieses Streuungsmaßes ist, dass es lediglich auf den beiden Extremwerten basiert und somit höchst unsicher ist; es sagt zudem nichts über die dazwischen liegenden Werte aus. Daher wurden, je nach Messniveau, aussagekräftigere Streuungsmaße entwickelt.

3.3.1 Standardabweichung und Standardfehler

Die *Standardabweichung* als gebräuchlichstes Streuungsmaß wird bei intervallskalierten und normalverteilten Variablen berechnet. Man erhält sie, indem man die Summe der quadratischen Abweichungen aller Messwerte vom Mittelwert bildet, diese durch die um 1 verminderte Fallzahl teilt und hieraus die Wurzel zieht.

Liegen also n Messwerte $x_1, x_2, \ldots, x_n$ vor, so ist deren Standardabweichung definiert durch

$$s = \sqrt{\frac{\sum\limits_{i=1}^{n} (x_i - \bar{x})^2}{n-1}}$$

Je mehr also die einzelnen Messwerte von ihrem Mittelwert abweichen, desto größer wird die Standardabweichung. Zur praktischen Berechnung der Standardabweichung benutzt man eine modifizierte Formel:

$$s = \sqrt{\frac{\sum\limits_{i=1}^{n} x_i^2 - \frac{\left(\sum\limits_{i=1}^{n} x_i\right)^2}{n}}{n-1}}$$

Als Rechenbeispiel sollen die Altersangaben aus Kap. 3.2.1 dienen. Diese Werte ($n = 12$) sind zusammen mit den quadrierten Werten in Tabelle 3.7 eingetragen.

	x_i	x_i^2
	40	1600
	37	1369
	67	4489
	23	529
	45	2025
	39	1521
	29	841
	51	2601
	56	3136
	24	576
	42	1764
	38	1444
Summe	491	21895

Tabelle 3.7: Summe und Quadratsumme

Damit ergibt sich für die Standardabweichung

$$s = \sqrt{\frac{21895 - \frac{491^2}{12}}{12 - 1}} = 12{,}81$$

Beim Vergleich zweier Standardabweichungen miteinander ist zu beachten, dass dieser nur bei ähnlichen Mittelwerten sinnvoll ist. So hat eine Standardabweichung von 1 natürlich eine unterschiedliche Gewichtung, je nachdem, ob die zugehörigen Mittelwerte beispielsweise 10 oder 100 sind.

Eine Relativierung der Standardabweichung s am Mittelwert $\bar{x}$ führt zur Definition des *Variationskoeffizienten* V:

$$V = \frac{s}{\bar{x}}$$

In unserem Beispiel der Altersangaben ergibt sich

$$V = \frac{12{,}81}{40{,}9} = 0{,}313$$

Der Variationskoeffizient ist also dann nützlich, wenn Standardabweichungen zwischen Stichproben mit verschiedenen Mittelwerten verglichen werden sollen.

In manchen Zusammenhängen wird anstelle der Standardabweichung der Begriff *Varianz* verwendet; diese ist das Quadrat der Standardabweichung:

$$Varianz = \frac{\sum\limits_{i=1}^{n} (x_i - \bar{x})^2}{n - 1}$$

Berechnung einer gemeinsamen Standardabweichung

Ähnlich wie beim Mittelwert kann man auch an verschiedenen Stichproben gewonnene Standardabweichungen zu einer gemeinsamen Standardabweichung zusammenführen. Die entsprechende Formel ist

$$s = \sqrt{\frac{1}{N - 1} \cdot \left[\sum_{j=1}^{k} \left((n_j - 1) \cdot s_j^2 \right) + \sum_{j=1}^{k} \left(n_j \cdot (\bar{x}_j - \bar{x})^2 \right) \right]}$$

Dabei bedeuten:

k Anzahl der Stichproben

n_j die Umfänge der Stichproben

$\bar{x}_j$ die Mittelwerte der Stichproben

s_j die Standardabweichungen der Stichproben

$\bar{x}$ der Gesamtmittelwert der Stichproben

N ist die Summe der Stichprobenumfänge:

$$N = \sum_{j=1}^{k} n_j$$

Der Rechengang soll anhand eines einfachen Beispiels mit zwei Stichproben gezeigt werden. Gegeben seien

$$\bar{x}_1 = 30 \qquad \bar{x}_2 = 25 \qquad s_1 = 5 \qquad s_2 = 4 \qquad n_1 = 22 \qquad n_2 = 24$$

Der gemeinsame Mittelwert $\bar{x}$ berechnet sich nach Kap. 3.2.1 zu

$$\bar{x} = \frac{22 \cdot 30 + 24 \cdot 25}{22 + 24} = 27,39$$

Die weiteren benötigten Zwischenergebnisse sind in Tabelle 3.8 eingetragen.

j	n_j	s_j^2	$(n_j - 1) \cdot s_j^2$	$(\bar{x}_j - \bar{x})^2$	$n_j \cdot (\bar{x}_j - \bar{x})^2$
1	22	25	525	6,812	149,86
2	24	16	368	5,712	137,09
Summe	46		893		286,95

Tabelle 3.8: Rechenschritte zur gemeinsamen Standardabweichung

Hiermit ergibt sich

$$s = \sqrt{\frac{1}{45} \cdot (893 + 286,95)} = 5,12$$

Die anschauliche Bedeutung der Standardabweichung ergibt sich aus einer Faustregel: Im Intervall von $x - s$ bis $x + s$ liegen etwa zwei Drittel (67 %) aller Werte, im Intervall von $\bar{x} - 2 \cdot s$ bis $\bar{x} + 2 \cdot s$ etwa 95 % aller Werte.

Die Standardabweichung erlaubt über die Angabe eines so genannten *Konfidenzintervalls* auch eine Voraussage über den Mittelwert der betreffenden Grundgesamtheit (siehe Kap. 6). In diesem Zusammenhang wird ein etwas modifiziertes Streuungsmaß eingeführt, der *Standardfehler des Mittelwertes* oder kurz *Standardfehler*. Dieser ist definiert durch

$$s_{\mathrm{m}} = \frac{s}{\sqrt{n}}$$

Näheres hierzu wird in Kap. 6 erläutert. In Veröffentlichungen sollte man sich entscheiden, ob man die Standardabweichung s oder den Standardfehler s_{m} publiziert, da die Angabe von zwei Streuungsmaßen sicherlich zu viel des Guten ist.

3.3.2 Der Quartilabstand

Der Median ist nach seiner in Kap. 3.2.2 gegebenen Definition derjenige Wert, unterhalb und oberhalb dessen jeweils 50 % der Werte liegen. Zwei weitere ausgezeichnete Punkte der Messwertskala sind das 1. Quartil (Q1) und das 3. Quartil (Q3). Unterhalb des 1. Quartils liegen 25 % der Werte, unterhalb des 3. Quartils 75 %.

Das 1. Quartil, der Median (auch 2. Quartil genannt) und das 3. Quartil teilen die Messwertskala also in vier Teile mit gleichen Häufigkeiten ein. Der Abstand zwischen $Q1$ und $Q3$ (der 50 % der Werte abdeckt) ist also offensichtlich ein Maß für die Streuung der Werte. In der Praxis benutzt man allerdings den halben Quartilabstand

$$\frac{Q3 - Q1}{2}$$

Der halbe Quartilabstand als Streuungsmaß wird sinnvollerweise genau dort verwendet, wo anstelle des Mittelwertes der Median als Lokalisationsparameter benutzt wird. Als Rechenbeispiel betrachten wir noch einmal das Beispiel der gehäuften Daten in Tabelle 3.6.

Da die Fallzahl $n = 160$ beträgt, ist die Stellung des 1. Quartils wegen

$$\frac{n}{4} = \frac{160}{4} = 40$$

beim 3. Skalenwert festgelegt. Analog wie beim Median gibt es zur genaueren Bestimmung des 1. Quartils eine Schätzformel:

$$Q1 = x_m - 0{,}5 + \frac{1}{f_m} \cdot \left(\frac{n}{4} - F_{m-1} \right)$$

Die Bedeutung der einzelnen Größen ist bei der Medianformel in Kap. 3.2.2 angegeben. Im gegebenen Beispiel wird

$$m = 3 \qquad x_m = 3 \qquad f_3 = 23 \qquad F_2 = 37 \qquad n = 160$$

Damit ergibt sich

$$Q1 = 3 - 0{,}5 + \frac{1}{23} \cdot \left(\frac{160}{4} - 37 \right) = 2{,}630$$

Das 3. Quartil ist festgelegt bei

$$\frac{3 \cdot n}{4} = \frac{3 \cdot 160}{4} = 120$$

und damit beim 5. Skalenwert. Die Abschätzformel für das 3. Quartil lautet:

$$Q3 = x_m - 0{,}5 + \frac{1}{f_m} \cdot \left(\frac{3 \cdot n}{4} - F_{m-1} \right)$$

Im vorliegenden Beispiel ist

$$m = 5 \qquad x_m = 5 \qquad f_5 = 47 \qquad F_4 = 113 \qquad n = 160$$

Damit erhält man

$$Q3 = 5 - 0,5 + \frac{1}{47} \cdot \left(\frac{3 \cdot 160}{4} - 113 \right) = 4,649$$

Der halbe Quartilabstand wird damit

$$\frac{Q3 - Q1}{2} = \frac{4,649 - 2,630}{2} = 1,010$$

Bei nicht gehäuften Werten, also intervallskalierten Variablen, werden Q1 und Q3 ähnlich wie beim Median durch Auszählen bestimmt.

3.3.3 Perzentilberechnung nach Cole

Die Berechnung des Medians und der Quartile Q1 und Q3 ist ein Versuch, durch Zerlegung in vier gleich große Teile die zentrale Tendenz einer Verteilung zu beschreiben. Stattdessen kann man die so definierten Schnittpunkte auch an beliebiger Stelle ansetzen und zum Beispiel fragen, unter welchem Wert der Messwertskala sich zehn Prozent der Werte befinden. Dies führt zum Begriff der *Perzentile*.

Wie der Median und die beiden anderen Quartile auch können die Perzentile durch einfaches Abzählen ermittelt werden, wenn man die Werte in eine aufsteigend sortierte Reihenfolge bringt. Als Beispiel betrachten wir die an genau 1 000 Probanden einer klinischen Studie ermittelten Werte des Body Mass Index (BMI), der nach der Formel

$$BMI = \frac{\text{Körpergewicht}}{\text{Körpergröße}^2}$$

eine Einteilung in normalgewichtige, übergewichtige und adipöse Probanden gestattet, wobei das Körpergewicht in kg und die Körpergröße in m anzugeben ist.

Die Werte sind in aufsteigender Reihenfolge in der Datei bmi.dat gespeichert. Um beispielsweise die Perzentile P_{10} (unterhalb dessen 10 % der Werte liegen), P_{20}, P_{30} usw. zu bestimmen, genügt es offensichtlich, die Werte in den Zeilen 100, 200, 300 usw. dieser Datei zu betrachten. Die so ermittelten Perzentile sind in Tabelle 3.9 enthalten.

Die Ermittlung der Perzentilwerte ist natürlich deshalb so einfach, weil genau eintausend bereits vorsortierte Werte vorliegen. Eine solch große Anzahl von Werten erlaubt auch eine einigermaßen verlässliche Bestimmung auch hoher Perzentilwerte wie P_{95} oder P_{99}. Da in der Regel die Fallzahl nicht so groß sein dürfte, werden dann die Werte relativ ungenau und sind vor allem im Extrembereich zufälligen Schwankungen unterworfen.

Perzentil	Perzentilwert
P_{10}	20,6
P_{20}	21,9
P_{30}	23,0
P_{40}	23,9
P_{50}	24,8
P_{60}	25,5
P_{70}	26,5
P_{80}	27,7
P_{90}	29,4
P_{95}	31,1
P_{99}	34,7

Tabelle 3.9: Perzentilwerte

Aus diesem Grunde hat T. J. Cole eine allerdings sehr rechenaufwendige Methode ent-wickelt, die es bei Anwendung eines ausgeklügelten Glättungsalgorithmus auch bei nicht so großen Fallzahlen erlaubt, von zufälligen Schwankungen unabhängige Perzentilwerte zu bestimmen. Die Rechenschritte sind im Folgenden aufgeführt, wobei weitgehend die Bezeichnungen von Cole verwandt werden.

Gegeben seien die n Messwerte $x_i(i = 1, \ldots, n)$.

Zu diesen werden die mit dem natürlichen Logarithmus logarithmierten Werte und die reziproken Werte bestimmt:

$$
\begin{aligned}
xl_i &= \ln(x_i) & i = 1, \ldots, n \\
xr_i &= \frac{1}{x_i} & i = 1, \ldots, n
\end{aligned}
$$

Aus den Originalwerten und den transformierten Werten werden berechnet:

M_a Mittelwert der Originalwerte

s Standardabweichung der Originalwerte

$\overline{xl}$ Mittelwerte der logarithmierten Werte

S_g Standardabweichung der logarithmierten Werte

$\overline{xr}$ Mittelwert der reziproken Werte

S_r Standardabweichung der reziproken Werte

Mit diesen Mittelwerten und Standardabweichungen werden die folgenden Ausdrücke bestimmt:

$$
\begin{aligned}
M_g &= \exp\left(\overline{xl}\right) \\
S_a &= \frac{s}{M_g} \\
M_h &= \frac{1}{\overline{xr}} \\
S_h &= S_r \cdot M_g \\
A &= \ln\left(\frac{S_a}{S_h}\right) \\
B &= \ln\left(\frac{S_a \cdot S_h}{S_g^2}\right) \\
L &= -\frac{A}{2 \cdot B} \\
S &= S_g \cdot \exp\left(\frac{A \cdot L}{4}\right) \\
M &= M_g + (M_a - M_h) \cdot \frac{L}{2} + (M_a - 2 \cdot M_g + M_h) \cdot \frac{L^2}{2}
\end{aligned}
$$

Die berechneten Größen haben nach Cole die folgende Bedeutung:

M_a arithmetischer Mittelwert

M_g geometrischer Mittelwert

M_h harmonischer Mittelwert

M generalisierter Mittelwert

S_a arithmetischer Variationskoeffizient

S_g geometrischer Variationskoeffizient

S_h harmonischer Variationskoeffizient

S generalisierter Variationskoeffizient

L Box-Cox power

Aus den Größen L, M und S (aus diesem Grund wird das Verfahren auch LMS-Methode genannt) kann nun unter Zuhilfenahme der Standardnormalverteilungskurve zu jedem vorgegebenen Prozentsatz P der Perzentilwert bestimmt werden. Man teilt die Prozentzahl durch 100 und betrachtet den sich ergebenden Wert als Fläche unter der Standardnormalverteilungskurve, zu welcher nach der z-Tabelle der zugehörige z-Wert ermittelt wird. Der zugehörige Perzentilwert berechnet sich dann nach der Formel

$$
\textit{Perzentilwert} = M \cdot (1 + L \cdot S \cdot z)^{\frac{1}{L}}
$$

Dies alles klingt etwas wie Zauberei, wir wollen uns aber anhand des gegebenen Beispiels von der Sinnhaftigkeit der Methode überzeugen.

Die Berechnung der Mittelwerte und Standardabweichungen der Originalwerte, der logarithmierten und der reziproken Werte ist natürlich insbesondere bei großen Fallzahlen nur mit einem Computerprogramm zu leisten.

Haben Sie das Programm SPSS zur Verfügung, so erledigt das nach dem Laden der Datei bmi.sav der Syntax-Dreizeiler

```
compute xl=ln(x).
compute xr=1/x.
descriptives x,xl,xr.
```

Damit ergibt sich

$$M_a = 24,88 \qquad \overline{xl} = 3,2037 \qquad \overline{xr} = 0,04106$$
$$s = 3,607 \qquad S_g = 0,1464 \qquad S_r = 0,00619$$

Die weiteren Rechenschritte ergeben

$$M_g = \exp(3,2037) = 24,62$$

$$S_a = \frac{3,607}{24,62} = 0,1465$$

$$M_h = \frac{1}{0,04106} = 24,35$$

$$S_h = 0,00619 \cdot 24,62 = 0,1524$$

$$A = \ln\left(\frac{0,1465}{0,1524}\right) = -0,0395$$

$$B = \ln\left(\frac{0,1465 \cdot 0,1524}{0,1464^2}\right) = 0,0395$$

$$L = -\frac{-0,0395}{2 \cdot 0,0395} = 0,5$$

$$S = 0,1464 \cdot \exp\left(\frac{-0,0395 \cdot 0,5}{4}\right) = 0,1457$$

$$M = 24,62 + (24,88 - 24,35) \cdot \frac{0,5}{2} + (24,88 - 2 \cdot 24,62 + 24,35) \cdot \frac{0.5^2}{2}$$
$$= 24,62 + 0,132 - 0,001 = 24,75$$

Beispielhaft soll der Perzentilwert P_{60} berechnet werden. Nach der z-Tabelle gehört zur Fläche 0,6 unter der Standardnormalverteilungskurve der Wert $z = 0,25$. Damit wird

$$P_{60} = 24,75 \cdot (1 + 0,5 \cdot 0,1457 \cdot 0,25)^{\frac{1}{0,5}} = 25,7$$

Nach der Abzählmethode hatte sich $P_{60} = 25,5$ ergeben. Die Ergebnisse der LMS-Methode nach Cole sind denen der Abzählmethode in Tabelle 3.10 gegenübergestellt.

Perzentil	Perzentilwert nach Abzählmethode	Perzentilwert nach Cole
P_{10}	20,6	20,3
P_{20}	21,9	21,8
P_{30}	23,0	22,9
P_{40}	23,9	23,8
P_{50}	24,8	24,8
P_{60}	25,5	25,7
P_{70}	26,5	26,7
P_{80}	27,7	27,9
P_{90}	29,4	29,6
P_{95}	31,1	31,0
P_{99}	34,7	32,7

Tabelle 3.10: Perzentilwerte nach der Abzählmethode und nach Cole

Aufgrund der hohen Fallzahl stimmen die beiden Methoden in ihren Ergebnissen sehr gut überein. Die LMS-Methode nach Cole ist insbesondere bei kleineren Fallzahlen von Vorteil, wenn die Auszählmethode stärker von zufälligen Schwankungen abhängig ist.

4 Wahrscheinlichkeitsrechnung

Wohl in kaum einem Feld der Wissenschaft ist logisches Denken so gefragt wie auf dem Gebiet der Wahrscheinlichkeitsrechnung. Bei wahrscheinlichkeitstheoretischen Überlegungen lauern Fallstricke überall und selbst versierte Mathematiker fallen hin und wieder Trugschlüssen zum Opfer.

Dies alles soll Sie nicht erschrecken, denn außer dem grundlegenden Verständnis, was Wahrscheinlichkeit im mathematischen Sinne bedeutet, brauchen Sie, wenn es um die praktische Anwendung statistischer Verfahren geht, von Wahrscheinlichkeitsrechnung eigentlich nichts zu verstehen. So reicht es in diesem Zusammenhang aus, wenn Sie den Inhalt der beiden folgenden Absätze verinnerlichen:

> Die Wahrscheinlichkeit eines Ereignisses ist eine Zahl zwischen 0 und 1, wobei der Wert 0 einem unmöglichen Ereignis und der Wert 1 einem sicheren Ereignis zugeordnet wird und Zwischenwerte zufällige Ereignisse bezeichnen. Ereignisse mit einer Wahrscheinlichkeit nahe 0 werden umgangssprachlich als unwahrscheinlich, Ereignisse mit einer Wahrscheinlichkeit nahe 1 umgangssprachlich als wahrscheinlich bezeichnet.
>
> Im Zusammenhang mit praktischen Anwendungen in der Statistik ist meist von der so genannten *Irrtumswahrscheinlichkeit* die Rede, und zwar nennt man Aussagen, die eine Irrtumswahrscheinlichkeit $\leqslant 0{,}05$ haben, *signifikant*.

Mehr brauchen Sie eigentlich nicht zu wissen, wenn es Ihnen nur um den praktischen Gebrauch statistischer Verfahren geht. Sollten Sie aber neugierig sein auf das wirklich faszinierende Gebiet der Wahrscheinlichkeitsrechnung und hierzu einen Einstieg wünschen, so lesen Sie weiter; zumindest bei solch wichtigen Beschäftigungen wie dem Würfel- oder Kartenspiel, Backgammon oder Roulette sind Kenntnisse aus der Wahrscheinlichkeitsrechnung nützlich. Und Sie werden nicht mehr den beiden folgenden populären Irrtümern erliegen:

- Im Lotto „6 aus 49" gibt es 13 983 816 Möglichkeiten (in Kap. 8.4.3 wird das ausgerechnet). Wenn ich also jede Woche eine andere Reihe tippe, habe ich in spätestens 13 983 816/52 = 268 919 Jahren sechs Richtige.

- Wenn ich Roulette spiele, warte ich, bis mehrmals hintereinander „rot" kommt, und setze dann auf „schwarz", da sich dann nach dem Gesetz der großen Zahl die Wahrscheinlichkeit für „schwarz" erhöht hat.

Das alles sind Beispiele aus der Welt des Glücksspiels und in der Tat reichen die Anfänge der modernen Wahrscheinlichkeitsrechnung in das 17. Jahrhundert zurück, als der berühmte Mathematiker Blaise Pascal um Rat zu einem Würfelspiel gefragt wurde, das damals in Frankreich insbesondere von adeligen Müßiggängern gepflegt wurde.

Bei diesem geistreichen Spiel machte ein Spieler vier Würfe. Kam dabei keine Sechs, hatte er gewonnen; kam dagegen eine Sechs, gewann die Bank. Wie bekannt war, bevorzugte dieses Spiel auf lange Sicht etwas die Bank. Da Banken von irgendetwas leben müssen, wurde dies auch so akzeptiert.

Um das Spiel aber etwas spannender zu gestalten, wurde die folgende Variante vorgeschlagen: Es wird mit zwei Würfeln gespielt, und zwar nicht vier-, sondern vierundzwanzigmal; kommt dabei keine Doppelsechs, gewinnt der Spieler, sonst die Bank. Man behauptete, diese Variante würde die Chancen gleich lassen, denn die Wahrscheinlichkeit für eine Doppelsechs betrage 1/6 der Wahrscheinlichkeit für eine Sechs, so dass zum Ausgleich sechsmal so oft geworfen werden müsse. Nun allerdings verlor die Bank auf lange Sicht, so dass der große Pascal für Klärung sorgen musste.

Andere Mathematiker wie der Italiener Geronimo Cardano (1501–1576), der das nach ihm benannte Kardangelenk erfand und der sich als Erster intensiv mit der Wahrscheinlichkeitsrechnung befasste, oder sogar der berühmte Gottfried Wilhelm Leibniz (1646–1716), u.a. der Entwickler des binären Zahlensystems, bissen sich an wahrscheinlichkeitstheoretischen Überlegungen schon mal die Zähne aus.

4.1   Klassische Definition der Wahrscheinlichkeit

Wir kommen auf das Würfelproblem später zurück und wollen uns zunächst mit einigen grundlegenden Begriffen befassen. Und schon sind wir wieder beim Würfel angelangt.

Beim Würfeln ist z. B. die Wahrscheinlichkeit, eine Sechs zu würfeln, auch für mathematisch Ungeübte leicht abzuschätzen: Gleichmäßigkeit des Würfels vorausgesetzt, wird man wegen der sechs Seiten des Würfels seine Chancen als 1:6 oder 1/6 angeben. Der Mannschaftsführer einer Fußballmannschaft wird seine Chancen, beim Münzwurf die Seitenwahl zu gewinnen, als 1/2 abschätzen. Und ein Kartenspieler wird die Chance, aus einem 32-Blatt-Spiel ein As zu ziehen, auf 4/32 = 1/8 beziffern.

In allen diesen Beispielen kann man die Wahrscheinlichkeiten der angegebenen *Ereignisse* aufgrund einfacher Überlegungen von vornherein berechnen. Offensichtlich erhält man die Wahrscheinlichkeit, indem man die Anzahl der für das Ereignis *günstigen* Fälle (in den angeführten Beispielen der Reihe nach 1, 1 und 4) durch die Anzahl der *möglichen* Fälle (hier 6, 2 bzw. 32) teilt. So erhält man für die Wahrscheinlichkeit eines Ereignisses eine Zahl zwischen den beiden einschließlichen Grenzen 0 und 1. Diese so formulierte Definition nennt man die *klassische* Definition der Wahrscheinlichkeit.

Die Wahrscheinlichkeit bezeichnet man mit dem Buchstaben p, der vom lateinischen Wort „probabilitas" stammt. Etwas genauer gesagt, bezeichnet man die Wahrscheinlichkeit eines Ereignisses E mit $p(E)$. Die bisher eingeführten Definitionen und einige weitere seien im Folgenden zusammengestellt.

Definition des Ereignisses:
Ein Ereignis ist der Ausgang eines unter bestimmten Bedingungen durchgeführten Versuches (eines Experimentes, einer Beobachtung usw.).

Einführung des Begriffes „Wahrscheinlichkeit":
Jedem Ereignis E ist eine Zahl $p(E)$ mit $0 \leqslant p(E) \leqslant 1$ zugeordnet, die als Wahrscheinlichkeit dieses Ereignisses bezeichnet wird.

Klassische Definition der Wahrscheinlichkeit:
$$p(E) = \frac{\text{Anzahl der für } E \text{ günstigen Fälle}}{\text{Anzahl der insgesamt möglichen Fälle}}$$

Definition des zufälligen Ereignisses:
Ein zufälliges Ereignis ist ein Ereignis, das bei einem unter bestimmten Bedingungen ausgeführten Versuch eintreten kann, aber nicht eintreten muss. Für seine Wahrscheinlichkeit gilt
$$0 < p(E) < 1$$

Definition des sicheren Ereignisses:
Ein sicheres Ereignis ist ein Ereignis, das jedes Mal eintritt, wenn der Versuch durchgeführt wird. Seine Wahrscheinlichkeit ist
$$p(E) = 1$$

Definition des unmöglichen Ereignisses:
Ein unmögliches Ereignis ist ein Ereignis, das bei einem durchgeführten Versuch nicht eintreten kann. Seine Wahrscheinlichkeit ist
$$p(E) = 0$$

Ein unmögliches Ereignis beim Würfeln ist z. B. das Würfeln einer Sieben; diese Zahl ist nämlich auf einem Würfel nicht vorhanden, so dass die Anzahl der für das Ereignis günstigen Fälle 0 ist. Ein sicheres Ereignis ist, dass eine der Zahlen Eins bis Sechs gewürfelt wird. Hier ist die Anzahl der günstigen gleich der Anzahl der möglichen Fälle und somit die Wahrscheinlichkeit des Ereignisses gleich 1.

4.2 Gesetze der Wahrscheinlichkeitsrechnung

Beim Roulette gibt es bekanntlich 37 Zahlen: Die „farblose" Ziffer 0 und die Zahlen 1 bis 36, von denen jeweils 18 Zahlen rot und 18 Zahlen schwarz sind.

Die Wahrscheinlichkeit, dass eine rote Zahl gewinnt, ist demnach

$$p = \frac{18}{37} = 0{,}4865$$

Ebenso groß ist die Wahrscheinlichkeit dafür, dass eine schwarze Zahl gewinnt. Die Wahrscheinlichkeit, dass eine rote oder schwarze Zahl gewinnt, ist

$$p = \frac{36}{37} = 0{,}9730$$

Die Anzahl der günstigen Fälle ist nämlich 36. Diese Wahrscheinlichkeit kann man auch als Summe der Wahrscheinlichkeiten für rot und schwarz erhalten:

$$p = \frac{18}{37} + \frac{18}{37} = \frac{36}{37}$$

Rot und schwarz sind bei einem Roulettedurchgang zwei sich einander ausschließende Ereignisse. Die Wahrscheinlichkeit, dass eines dieser beiden Ereignisse (gleich welches) eintritt, ist offenbar gleich der Summe der beiden Einzelwahrscheinlichkeiten. Vor der etwas genaueren Formulierung dieser Gesetzmäßigkeit sei eine weitere Definition gegeben.

Definition der Vereinigung zweier Ereignisse:
Die Vereinigung zweier Ereignisse E_1 und E_2, geschrieben $E_1 \cup E_2$ (gelesen: E_1 vereinigt mit E_2), ist das Ereignis, das eintritt, wenn entweder E_1 oder E_2 eintritt oder E_1 und E_2 zusammen eintreten.

Entsprechendes gilt sinngemäß für mehrere Ereignisse $E_1,\ \ldots, E_k$.

Mit dieser Definition lässt sich der folgende elementare Satz der Wahrscheinlichkeitsrechnung formulieren.

Additionssatz der Wahrscheinlichkeitsrechnung:
Die Wahrscheinlichkeit von k Ereignissen, die einander wechselseitig ausschließen, ist gleich der Summe der Wahrscheinlichkeiten dieser Ereignisse:
  $$p(E_1 \cup E_2 \cup \cdots \cup E_k) = p(E_1) + p(E_2) + \cdots + p(E_k)$$

Entscheidend für die Gültigkeit dieses Satzes ist, dass sich die Ereignisse gegenseitig ausschließen müssen. So schließen bei einem Roulettedurchgang die Ereignisse „rot" und „schwarz" einander aus, so dass man ihre Wahrscheinlichkeiten addieren kann, um die Wahrscheinlichkeit für das Ereignis „rot oder schwarz" zu erhalten.

Nimmt man aber zwei aufeinander folgende Roulettedurchgänge, so schließen die Ereignisse „rot im ersten Durchgang" und „rot im zweiten Durchgang" nicht einander aus. Möchten Sie also die Wahrscheinlichkeit dafür ermitteln, dass in mindestens einem Durchgang Rot gewinnt, so ist es falsch, die beiden Wahrscheinlichkeiten von je 18/37 zu 36/37 zu addieren. Wie es richtig ist, wird noch gezeigt.

Nach der Vereinigung zweier Ereignisse soll nun der *Durchschnitt* zweier Ereignisse definiert werden. Dabei ist diese Defintion sinngemäß auf beliebig viele Ereignisse erweiterbar.

> **Definition des Durchschnitts zweier Ereignisse:**
> Der Durchschnitt zweier Ereignisse E_1 und E_2, geschrieben $E_1 \cap E_2$ (gelesen: E_1 geschnitten mit E_2), ist das Ereignis, das eintritt, wenn sowohl E_1 als auch E_2 eintritt.

Hiermit lässt sich der Multiplikationssatz der Wahrscheinlichkeitsrechnung formulieren.

> **Multiplikationssatz der Wahrscheinlichkeitsrechnung:**
> Die Wahrscheinlichkeit des Durchschnitts von k Ereignissen, die wechselseitig voneinander unabhängig sind, ist gleich dem Produkt der Wahrscheinlichkeiten dieser Ereignisse:
> $$p(E_1 \cap E_2 \cap \cdots \cap E_k) = p(E_1) \cdot p(E_2) \cdot \ldots \cdot p(E_k)$$

Die entscheidende Voraussetzung in diesem Satz ist die Unabhängigkeit der Ereignisse. Betrachtet man zwei aufeinander folgende Durchgänge im Roulette, so sind die Ereignisse „rot im ersten Durchgang" und „rot im zweiten Durchgang" zwei voneinander unabhängige Ereignisse. Die Roulettekugel hat schließlich kein Gedächtnis, so dass sie sich nicht merken kann, was im vorhergehenden Durchgang passiert war. Die Wahrscheinlichkeit für das Ereignis „rot" ist somit immer 18/37, gleichgültig, welche Zahlen vorher erschienen sind.

Die Nichtbeachtung dieses eigentlich einleuchtenden Sachverhalts ist das Unglück vieler Roulettespieler, die unter Fehlinterpretation des so genannten „Gesetzes der großen Zahl" glauben, nach einer längeren Serie einer Farbe sei die Wahrscheinlichkeit für die andere Farbe gestiegen. Alle hierauf aufbauenden Spielsysteme kann man getrost vergessen.

Nach dem Multiplikationssatz der Wahrscheinlichkeitsrechnung ist die Wahrscheinlichkeit dafür, dass zweimal hintereinander Rot gewinnt

$$p = \frac{18}{37} \cdot \frac{18}{37} = 0{,}2367$$

Die Wahrscheinlichkeit, dass zehnmal hintereinander Rot gewinnt, ist

$$p = \left(\frac{18}{37} \right)^{10} = 0{,}0007$$

Schließlich soll noch das *komplementäre Ereignis* definiert werden.

> **Definition des komplementären Ereignisses:**
> Das zu einem Ereignis E komplementäre Ereignis $\overline{E}$ ist das Ereignis, das eintritt, wenn E nicht eintritt:
> $$p(\overline{E}) = 1 - p(E)$$

Mit Hilfe der Definition des Komplementärereignisses ist es möglich, die Wahrscheinlichkeit dafür zu berechnen, dass in zwei aufeinander folgenden Durchgängen mindestens einmal Rot gewinnt. Die einfache Berechnung zu $2 \cdot 18/37 = 0{,}9730$ hatten wir bereits als falsch erkannt.

Die Wahrscheinlichkeit, dass im ersten Durchgang Rot nicht gewinnt, ist

$$p = \frac{19}{37}$$

Nach dem Multiplikationssatz ist dann die Wahrscheinlichkeit dafür, dass Rot weder im ersten noch im zweiten Durchgang gewinnt

$$p = \left(\frac{19}{37}\right)^2 = 0{,}2637$$

Die Komplementärwahrscheinlichkeit hierzu ist die Wahrscheinlichkeit dafür, dass Rot in mindestens einem der beiden Durchgänge gewinnt:

$$p = 1 - 0{,}2637 = 0{,}7363$$

Wir können nun darangehen, einige weitere praktische Beispiele durchzurechnen.

4.3   Praktische Beispiele

Zunächst wollen wir die beiden eingangs erwähnten Beispiele aus dem Bereich des Würfelspiels betrachten.

Erstes Beispiel: Wie groß ist die Wahrscheinlichkeit dafür, dass beim Spiel mit einem Würfel viermal hintereinander keine Sechs gewürfelt wird?

Die Wahrscheinlichkeit dafür, dass in einem Wurf keine Sechs gewürfelt wird, ist 5/6. Dann ist nach dem Multiplikationssatz die Wahrscheinlichkeit dafür, dass viermal hintereinander keine Sechs gewürfelt wird:

$$\left(\frac{5}{6}\right)^4 = 0{,}4823$$

Die Wahrscheinlichkeit ist also etwas geringer als 0,5, so dass ein Spieler, der diese Strategie verfolgt, auf Dauer verlieren wird.

Zweites Beispiel: Wie groß ist die Wahrscheinlichkeit dafür, dass beim Spiel mit zwei Würfeln vierundzwanzigmal hintereinander keine Doppelsechs gewürfelt wird?

Die Wahrscheinlichkeit, dass in einem Wurf mit zwei Würfeln keine Doppelsechs gewürfelt wird, ist 35/36. Dann ist nach dem Multiplikationssatz die Wahrscheinlichkeit dafür, dass vierundzwanzigmal hintereinander keine Doppelsechs gewürfelt wird:

$$\left(\frac{35}{36}\right)^{24} = 0{,}5086$$

Die Wahrscheinlichkeit ist also etwas größer als 0,5, so dass ein Spieler, der diese Strategie verfolgt, auf Dauer gewinnen wird.

Drittes Beispiel: Wie groß ist die Wahrscheinlichkeit dafür, dass in 13 983 816 Versuchen ein Lotto-Volltreffer (sechs Richtige) gelingt?

Die Wahrscheinlichkeit, dass im ersten Versuch ein Volltreffer gelingt, ist (siehe oben)

$$\frac{1}{13983816}$$

Dann ist die (komplementäre) Wahrscheinlichkeit, dass im ersten Versuch *kein* Volltreffer gelingt,

$$1 - \frac{1}{13983816} = \frac{13983815}{13983816}$$

Die Wahrscheinlichkeit, dass in 13 983 816 Versuchen kein Volltreffer gelingt, ist somit nach dem Multiplikationssatz

$$\left(\frac{13983815}{13983816} \right)^{13983816} = 0,3679$$

Damit ist die (komplementäre) Wahrscheinlichkeit, dass in 13 983 816 Versuchen ein Volltreffer gelingt,

$$1 - 0,3679 = 0,6321$$

Es ist also keineswegs sicher, bei dieser Strategie einen Volltreffer zu landen. Die Alternative ist, alle möglichen 13 983 816 Zahlenkombinationen an einem Spieltag zu spielen.

Viertes Beispiel: Ein Problem vom Skatspiel

Ein Skatspieler mit Kreuz- und Karobube auf der Hand liebäugelt, nachdem er zwei Karten gedrückt hat, mit einem Grand, der aber vermutlich verloren ist, wenn die restlichen beiden Buben auf einer Hand sitzen. Er macht die folgenden Überlegungen.

Die Anzahl der möglichen Fälle ist 4:

    Pik- und Herzbube bei Gegenspieler A

    Pik- und Herzbube bei Gegenspieler B

    Pikbube bei A und Herzbube bei B

    Pikbube bei B und Herzbube bei A

Die Anzahl der für ihn günstigen Fälle ist 2:

    Pikbube bei A und Herzbube bei B

    Pikbube bei B und Herzbube bei A

Damit berechnet er nach der klassischen Definition die Wahrscheinlichkeit dafür, dass die beiden Buben verteilt sitzen, zu

$$p = \frac{2}{4} = 0,5$$

Diese Rechnung ist falsch und der Autor gibt gerne zu, dass er zu Studentenzeiten, als er seine eigenen Bücher noch nicht gelesen hatte, selbst diesem Irrtum aufsaß und bei einer entsprechenden Wette einen Kasten Bier verlor.

Der Fehler bei dieser zu simplen Rechnung liegt darin, dass die Wahrscheinlichkeiten für die vier geschilderten Ereignisse nicht gleich sind. Wir wollen dies nachvollziehen, indem wir z. B. die Wahrscheinlichkeit dafür berechnen, dass sowohl Pik- und Herzbube bei Gegenspieler A sitzen. Dies ist natürlich genau dann der Fall, wenn Gegenspieler B keinen Buben hat, so dass wir bei der Wahrscheinlichkeitsberechnung auch hier ansetzen können.

Zieht B von den zwanzig Karten, die sich auf A und B verteilen, eine Karte, so ist die Wahrscheinlichkeit dafür, dass diese Karte keiner der beiden Buben ist,

$$p = \frac{18}{20}$$

Zieht er eine zweite Karte aus den nunmehr verbleibenden neunzehn Karten, so ist die Wahrscheinlichkeit dafür, dass diese Karte kein Bube ist,

$$p = \frac{17}{19}$$

Nach dem Multiplikationssatz ist die Wahrscheinlichkeit dafür, dass weder die erste noch die zweite Karte ein Bube ist,

$$p = \frac{18 \cdot 17}{20 \cdot 19}$$

Auf zehn Karten ausgedehnt bedeutet dies, dass sich die Wahrscheinlichkeit, dass die Karten des Spielers B keinen Buben enthalten, wie folgt berechnet:

$$p = \frac{18 \cdot 17 \cdot 16 \cdot 15 \cdot 14 \cdot 13 \cdot 12 \cdot 11 \cdot 10 \cdot 9}{20 \cdot 19 \cdot 18 \cdot 17 \cdot 16 \cdot 15 \cdot 14 \cdot 13 \cdot 12 \cdot 11} = \frac{10 \cdot 9}{20 \cdot 19} = \frac{9}{38}$$

Wenn dies die Wahrscheinlichkeit dafür ist, dass B keinen Buben hat, so ist es gleichzeitig die Wahrscheinlichkeit dafür, dass A beide Buben hat (denn dort müssen sie dann ja sein). Aus Symmetriegründen ist es auch die Wahrscheinlichkeit dafür, dass B beide Buben hat.

Nach dem Additionssatz ist dann die Wahrscheinlichkeit, dass B keinen Buben oder beide hat (gleiche Überlegungen gelten für A)

$$p = \frac{9}{38} + \frac{9}{38} = \frac{18}{38} = 0{,}4737$$

Dies ist also die Wahrscheinlichkeit dafür, dass beide Buben in einer Hand liegen. Sie ist damit kleiner als 0,5, was die Chancen des Alleinspielers, den Grand zu gewinnen, erhöht.

Fünftes Beispiel: Das Drei-Türen-Problem oder die Schönheit des Denkens

Ein wirklich schönes Beispiel für ein wahrscheinlichkeitstheoretisches Problem wurde vor einigen Jahren in den USA heftig diskutiert. Es spaltete die Nation in zwei Teile, nämlich in einige wenige, welche die richtige Lösung propagierten, und in die restlichen Millionen einschließlich unzähliger Mathematiklehrer und Mathematikprofessoren, die angesichts der vermeintlichen Einfalt ihrer Gegner wieder einmal am amerikanischen Schulsystem verzweifeln wollten. Sogar das Nachrichtenmagazin „Der Spiegel" (34/1991) widmete diesem Problem seinerzeit einen Artikel unter der Überschrift „Schönheit des Denkens".

Stellen Sie sich vor, Sie nehmen an einer Quizsendung teil, bei der Sie mit zwei Türen konfrontiert werden, wobei sich hinter einer der beiden Türen als Gewinn ein Auto, hinter der anderen nichts verbirgt. Ihre Gewinnwahrscheinlichkeit werden Sie als aufmerksamer Leser dieses Kapitels leicht mit $p = 1/2$ angeben (ein Auto, zwei Türen).

In der amerikanischen Quizfindung wurde das Verfahren etwas verkompliziert. Der Kandidat wurde zunächst mit drei Türen konfrontiert. Im ersten Durchgang musste er die Tür benennen, hinter der sich seiner Meinung nach das Auto verbarg. Traf er die richtige Tür, öffnete der Quizmaster eine der beiden leeren Türen und stellte den Kandidaten dann vor die Entscheidung, seine Wahl beizubehalten oder zu revidieren. Wählte der Kandidat eine der beiden falschen Türen, öffnete der Quizmaster die andere leere Tür; anschließend konnte die ursprüngliche Wahl auch hier revidiert werden.

Die entscheidende Frage war nun: Kann man durch die Revision der ursprünglichen Wahl die Gewinnchancen verbessern?

Die Vertreter der Mehrheitsmeinung argumentierten, der Kandidat sehe im Endeffekt zwei Türen, von denen hinter einer ein Auto steht. Die Wahrscheinlichkeit, die richtige Tür zu treffen, sei also jeweils 1/2, gleichgültig, was vorher war. Eine Revision der ursprünglichen Entscheidung bringe also nichts.

Dies ist überraschenderweise falsch; eine Revision der Entscheidung verdoppelt nämlich die Gewinnchancen. Am Anfang ist die Wahrscheinlichkeit, die richtige Tür zu treffen, natürlich 1/3. Dafür, dass eine der nicht gewählten Türen die richtige ist, ist die Wahrscheinlichkeit 2/3. Eine dieser beiden nicht gewählten Türen wird vom Quizmaster geöffnet, quasi also aus dem Verkehr gezogen. Die Wahrscheinlichkeit von 2/3 konzentriert sich somit allein auf die andere nicht gewählte Tür. Revidieren Sie also Ihre erste Entscheidung, erhöhen sich Ihre Gewinnchancen von 1/3 auf 2/3. Einfach und faszinierend, finden Sie nicht auch?

4.4   Statistische Definition der Wahrscheinlichkeit

Insbesondere das letzte Beispiel zeigt, wie leicht man bei wahrscheinlichkeitstheoretischen Überlegungen daneben liegen kann. Und manchmal oder sogar meistens sind die Probleme so schwierig, dass man sie, zumindest in vertretbarer Zeit, nicht lösen kann.

Nicht alle Probleme sind schließlich so einfach wie z. B. das im ersten Beispiel dargestellte Würfelproblem. Dennoch wollen wir einmal annehmen, wir schafften es nicht, die gesuchte Wahrscheinlichkeit aufgrund mathematischer Überlegungen zu finden. Es bliebe uns dann nichts anderes übrig, als eine große Anzahl von Versuchen zu machen und jeweils festzustellen, wie oft dabei das fragliche Ereignis eintrifft.

Die Ergebnisse von solchen Versuchen sind in Tabelle 4.1 zusammengestellt. Jeder Versuch bestand aus maximal vier Würfen eines Würfels, wobei jedes Mal festgestellt wurde, ob die Sechs gewürfelt wurde oder nicht. In der ersten Spalte ist die Anzahl der Versuche (n) angegeben, in der zweiten Spalte die Anzahl der Versuche (k), bei denen das Ereignis „keine Sechs in vier Würfen" auftrat. Die dritte Spalte enthält den Quotienten aus k und n, der die hieraus resultierende relative Häufigkeit für dieses Ereignis angibt.

n	k	relative Häufigkeit
100	53	0,5300
500	249	0,4980
1 000	470	0,4700
5 000	2 433	0,4866
10 000	4 786	0,4786
100 000	48 402	0,4840
1 000 000	481 522	0,4815
2 000 000	964 173	0,4821

Tabelle 4.1: Ereignishäufigkeiten „Keine Sechs in 4 Würfen"

Die relative Häufigkeit ist offenbar ein Maß für die Wahrscheinlichkeit des beschriebenen Ereignisses; sie nähert sich mit steigender Versuchszahl dem theoretischen Wert $p = 0{,}4823$.

Entsprechende Versuche mit dem im zweiten Beispiel geschilderten Ereignis (vierundzwanzigmal hintereinander keine Doppelsechs beim Spiel mit zwei Würfeln) erbrachten das in Tabelle 4.2 dargestellte Ergebnis.

Als theoretischer Wert hatte sich hier $p = 0{,}5086$ ergeben.

Neben der klassischen Wahrscheinlichkeitsdefinition lässt sich also eine weitere Definition der Wahrscheinlichkeit angeben.

Statistische Definition der Wahrscheinlichkeit:
Tritt unter n Versuchen ein Ereignis k-mal auf und nähert sich mit größer werdendem n die relative Häufigkeit
$$\frac{k}{n}$$
einer festen Zahl, so wird diese Zahl als (statistische) Wahrscheinlichkeit dieses Ereignisses bezeichnet.

n	k	relative Häufigkeit
100	53	0,5300
500	240	0,4800
1 000	513	0,5130
5 000	2 515	0,5030
10 000	5 077	0,5077
100 000	50 698	0,5070
1 000 000	508 480	0,5085
2 000 000	1 017 365	0,5087

Tabelle 4.2: Ereignishäufigkeiten „Keine Doppelsechs in 24 Würfen"

Statistische Wahrscheinlichkeiten lassen sich also stets erst im Nachhinein angeben, wenn genügend viele Versuche zu ihrer Ermittlung durchgeführt wurden. Man spricht daher auch von einer *a posteriori*-Wahrscheinlichkeit.

Die Tatsache, dass sich bei immer größer werdender Versuchszahl die relative Häufigkeit eines Ereignisses immer mehr einem festen Wert annähert, wird als *Gesetz der großen Zahl* bezeichnet. Es ist die Ursache für den Irrglauben vieler Glücksspieler, nach einer längeren Serie des gleichen Ereignisses erhöhe sich die Wahrscheinlichkeit für ein anderes Ereignis, so müssten etwa Roulettespieler eine längere Serie der gleichen Farbe abwarten, um dann mit erhöhten Gewinnchancen die andere Farbe zu spielen. Dies ist, worauf schon hingewiesen wurde, falsch. Zwar nähert sich die relative Häufigkeit einem konstanten Wert, für das einzelne Ereignis ist dies aber ohne Relevanz.

4.5 Monte-Carlo-Methoden

Der aufmerksame Leser ist sicherlich schon stutzig geworden: 2 Millionen Würfelversuche der beschriebenen Art mit der Doppelsechs würden unter Beachtung eines Acht-Stunden-Tages, Sonn- und Feiertagen und Urlaubs bei sonst zügiger Abwicklung etwa fünfunddreißig Jahre dauern.

Hier gibt es glücklicherweise Computer, die dies in wenigen Sekunden erledigen können. Jede Programmiersprache stellt nämlich einen Zufallszahlengenerator zur Verfügung, der gleichverteilte Zufallszahlen im Bereich zwischen 0 und 1 liefert. Ganz zufällig sind diese Zufallszahlen zwar nicht, denn sie entstehen letztlich als Ergebnis einer Rechenprozedur, so dass sie sich periodisch wiederholen, die Periodenlänge ist aber so groß, dass dies praktisch nicht ins Gewicht fällt. Man nennt diese so erzeugten Zufallszahlen, die den Vorteil haben, dass sie reproduzierbar sind, auch *Pseudozufallszahlen*.

Mit Hilfe eines entsprechenden Computerprogramms und eines Zufallszahlengenerators, der über eine entsprechende Programmfunktion aufrufbar ist, können Sie beliebige zufällige Ereignisse simulieren.

Nehmen Sie an, Sie wollen sich dem Roulettespiel hingeben, vorher aber z. B. eintausend Spiele beobachten und die Ergebnisse notieren. Billiger und zeitsparender, als nach Monte Carlo zu fahren, ist das Schreiben und Anwenden eines entsprechenden Simulationsprogramms. Verwenden Sie etwa die einfache Uralt-Programmiersprache BASIC, so gibt es dort die parameterlose Funktion RND, die gleichverteilte Zufallszahlen zwischen 0 und 1 liefert. Kommt es Ihnen nur auf die Spielausgänge zero, rouge und noir an, so können Sie zur Simulation das folgende BASIC-Programm schreiben, in dem berücksichtigt ist, dass die Wahrscheinlichkeit für zero $1/37$ sowie für rouge und noir jeweils $18/37$ beträgt.

```
10 REM Simulation des Roulettespiels mit der Monte-Carlo-Methode
20 FOR I=1 TO 100
30 X=RND
40 IF X<=1/37 THEN 80
50 IF X<=19/37 THEN 100
60 PRINT "noir ";
70 GOTO 110
80 PRINT "zero ";
90 GOTO 110
100 PRINT "rouge ";
110 NEXT I
120 END
```

Dieses Programm, das sicherlich nicht weiter kommentiert werden muss, simuliert einhundert Roulettespiele und liefert die folgenden Ergebnisse:

rouge noir noir noir noir rouge rouge rouge rouge noir noir noir noir rouge noir noir noir noir noir noir noir noir rouge rouge rouge noir noir rouge rouge noir noir noir noir noir rouge rouge rouge rouge rouge rouge noir noir rouge noir noir rouge noir noir noir rouge rouge rouge noir rouge rouge noir noir noir noir rouge noir rouge rouge rouge noir rouge rouge rouge noir noir rouge zero rouge rouge noir noir noir noir noir noir rouge rouge rouge noir noir rouge rouge noir noir noir rouge noir noir noir noir noir rouge rouge rouge rouge

Auf im Prinzip ähnliche Weise können auch komplexere Wahrscheinlichkeitsprobleme simuliert und mit beliebiger Näherung gelöst werden. Bei hohen Versuchszahlen ist allerdings BASIC wegen der zu langen Rechenzeit nicht empfehlenswert; Sie sollten dann eine der wissenschaftlichen Programmiersprachen wie z. B. FORTRAN verwenden.

Die geschilderte Methode der Nachbildung von Zufallsereignissen durch Verwendung von Zufallszahlen heißt Monte-Carlo-Methode. Anstelle von gleichverteilten Zufallszahlen können dabei z. B. auch normalverteilte Zufallszahlen verwendet werden.

Dies mag als Einführung in das gleichermaßen faszinierende wie komplizierte Gebiet der Wahrscheinlichkeitsrechnung genügen. Wer sich für vergnüglich verpackte weitere Erstaunlichkeiten der Wahrscheinlichkeitsrechnung interessiert, dem sei das Taschenbuch von Walter Krämer „Denkste! Trugschlüsse aus der Welt der Zahlen und des Zufalls" empfohlen.

5 Grundlagen der analytischen Statistik

Rein deskriptive Statistik, also die Beschreibung der Daten in Form von Häufigkeitstabellen, statistischen Kennwerten oder Grafiken, ist für die wenigsten Anwendungen ausreichend. Nur bei einfachen Meinungsumfragen der Art „Glauben Sie, dass Bayern München Deutscher Fußballmeister wird?" ist zum Beispiel die Wiedergabe der prozentualen Anteile der Ja- und Nein-Stimmen ausreichend, wenn man so fair ist, die Gesamtzahl der Befragten mit anzugeben.

Ansonsten ist es, je nachdem wie geschickt insbesondere grafische Darstellungen eingesetzt werden, in der Regel leicht möglich, deskriptive Statistiken so zu präsentieren, dass sie jede vorgefasste Meinung bestätigen können. In diesem Zusammenhang sei auf das köstliche Buch „So lügt man mit Statistik" von Walter Krämer verwiesen.

Daher befasst sich die analytische Statistik (auch: schließende Statistik, Interferenzstatistik) mit dem Problem, wie aufgrund von Ergebnissen, die anhand einer vergleichsweise kleinen Zahl von Personen (oder Objekten) gewonnen wurden, allgemeingültige Aussagen hergeleitet werden können.

Vor jeder Wahl konkurrieren die Meinungsforschungsinstitute darum, wer die präziseste Vorhersage des Wahlausgangs machen kann. Zu diesem Zweck wird stets eine „Stichprobe" von Wählern befragt, die zum einen nicht zu klein sein sollte, zum anderen aber natürlich repräsentativ für die „Grundgesamtheit" der Wähler. Repräsentativität bedeutet in diesem Falle, dass alle Wählerschichten möglichst im realen Verhältnis erfasst sind, in der Stichprobe also zum Beispiel möglichst ähnliche Verhältnisse bezüglich Geschlecht, Alter und Beruf gegeben sind wie in der Grundgesamtheit.

Nebenbei haben wir zwei wichtige Begriffe eingeführt: Stichprobe und Grundgesamtheit. Die analytische Statistik versucht, von den Verhältnissen der Stichprobe auf die Verhältnisse in der Grundgesamtheit zu schließen. Als Grundgesamtheit bezeichnet man dabei alle untersuchbaren Personen (oder Objekte), die ein gemeinsames Merkmal aufweisen. Etwas überspitzt formuliert kann man auch sagen, dass die Grundgesamtheit diejenige Menge von Personen oder Objekten ist, für welche die jeweilige Stichprobe repräsentativ ist.

Im Prinzip gibt es, was den Schluss von den Verhältnissen in der Stichprobe auf die betreffende Grundgesamtheit anbelangt, zwei Problemkreise:

- der Schluss von den Kennwerten der Stichprobe auf die entsprechenden Parameter der Grundgesamtheit

- die Überprüfung von Hypothesen

Wir wollen uns zunächst mit dem Schluss von den Kennwerten der Stichprobe auf die betreffenden Parameter der Grundgesamtheit beschäftigen.

5.1   Schluss von der Stichprobe auf die Grundgesamtheit

In einer Stadt soll der Mittelwert der Körpergrößen aller erwachsenen männlichen Einwohner ermittelt werden. Theoretisch könnte man die Messung an dieser kompletten Grundgesamtheit vornehmen und dann hieraus den Mittelwert berechnen. Dies wurde an den 12 193 erwachsenen männlichen Einwohnern durchgeführt; die betreffenden Werte sind in der Datei stadt.dat gespeichert. Der Mittelwert aller Größenangaben beträgt 175,61 cm.

Damit Sie sich keine Sorgen um den Autor machen, sei zugegeben, dass diese Messungen nicht real durchgeführt, sondern mit einem Computer simuliert wurden. Auf diese Weise wurden 12 193 normalverteilte Körpergrößenangaben zwischen 142 und 204 cm erzeugt.

Ebenfalls mit einem Computerprogramm wurde nun eine Zufallsstichprobe von 10 Personen gezogen und der Mittelwert gebildet; dieses Verfahren wurde dann mit anderen Stichprobenumfängen wiederholt. Die Ergebnisse sind in Tabelle 5.1 eingetragen.

Stichprobengröße	Mittelwert
10	178,00
20	176,30
50	176,64
100	176,25
200	176,27
500	175,82
1000	175,60

Tabelle 5.1: Mittelwerte bei steigender Stichprobengröße

Mit steigender Fallzahl wird also der Mittelwert der Grundgesamtheit (175,61) immer besser angenähert. Wie in Kap. 6.2.1 erläutert wird, geht man beim Schluss vom Mittelwert der Stichprobe zum entsprechenden Parameter der Grundgesamtheit so vor, dass man ein *Konfidenzintervall* angibt, innerhalb dessen sich der Mittelwert der Grundgesamtheit mit einer vorgegebenen Wahrscheinlichkeit bewegt. Dabei können Konfidenzintervalle nicht nur für Mittelwerte, sondern auch für Standardabweichungen (siehe Kap. 6.2.2) und prozentuale Häufigkeiten (siehe Kap. 6.2.3) berechnet werden.

5.2   Überprüfung von Hypothesen

Wurde im vorigen Kapitel der Schluss von den Kennwerten *einer* Stichprobe auf die entsprechenden Parameter der Grundgesamtheit behandelt, soll nun der Fall betrachtet werden, dass zwei (oder mehr) Stichproben vorliegen, deren Kennwerte daraufhin überprüft werden sollen, ob sie zu der gleichen Grundgesamtheit gehören oder nicht. Man spricht in diesem Zusammenhang von *Prüfstatistik*.

Ein Beispiel mag dies erläutern. Von 129 Patienten einer Klinik wurde der Wert des Cholesterins festgestellt. Von den 129 Patienten hatten 66 eine Tumorerkrankung und 63 nicht. Mittelwert und Standardabweichung des Cholesterins in beiden Kollektiven können Sie Tabelle 5.2 entnehmen.

Kollektiv	Mittelwert	Standardabweichung	Fallzahl
mit Tumor	192,6	43,1	66
ohne Tumor	208,0	36,5	63

Tabelle 5.2: Kennwerte zweier Stichproben

Die Patienten mit Tumor haben also einen geringeren durchschnittlichen Cholesterin-Wert. Es gibt nun zwei Möglichkeiten:

1. Der Mittelwertsunterschied ist zufällig zustande gekommen.

2. Der Mittelwertsunterschied ist nicht zufällig zustande gekommen; er ist *signifikant*.

Die Frage der Signifikanz ist das zentrale Thema der analytischen Statistik. Nicht nur Mittelwertsunterschiede können auf Signifikanz geprüft werden, sondern zum Beispiel auch Unterschiede von Standardabweichungen, Prozentwerten und Häufigkeitsvertei-lungen; auch Korrelations- und Regressionskoeffizienten etwa können auf Signifikanz getestet werden, genauer gesagt daraufhin, ob sie sich signifikant von null unterschei-den.

Die analytische Statistik gibt objektive Testverfahren an die Hand, nach deren Ergebnis eine Beurteilung möglich ist, ob eine Signifikanz vorliegt oder nicht. Wir betrachten hierzu das gegebene Beispiel und können die beiden folgenden Hypothesen formulieren.

▪ Hypothese 0 (H0): Der Mittelwertsunterschied ist zufällig zustande gekommen.

▪ Hypothese 1 (H1): Der Mittelwertsunterschied ist nicht zufällig zustande gekommen (sondern signifikant).

Man kann die beiden Hypothesen auch wie folgt formulieren:

▪ H0: Die beiden Stichprobenmittelwerte gehören zu der gleichen Grundgesamtheit.

▪ H1: Die beiden Stichprobenmittelwerte gehören zu verschiedenen Grundgesamthei-ten.

Die Hypothese H0 nennt man die Nullhypothese, die Hypothese H1 die Alternativhy-pothese.

Ob die Nullhypothese beibehalten wird oder zugunsten der Alternativhypothese zu ver-werfen ist, wird anhand der betreffenden Prüfstatistik entschieden. Je nach Testsituation wurden hierfür zahlreiche Tests entwickelt, von denen die wichtigsten im weiteren Ver-lauf des Buches vorgestellt werden.

Zum Vergleich zweier Mittelwerte $\bar{x}_1$ und $\bar{x}_2$ bei bekannten Standardabweichungen s_1 und s_2 und bekannten Fallzahlen n_1 und n_2 gibt es den t-Test nach Student (siehe Kap. 8.1.1), den wohl bekanntesten statistischen Test, bei dessen einfacherer Variante zunächst die folgende Prüfgröße berechnet wird:

$$t = \frac{|\bar{x}_1 - \bar{x}_2|}{\sqrt{\dfrac{s_1^2}{n_1} + \dfrac{s_2^2}{n_2}}}$$

Zu dieser Prüfgröße t wird noch nach einer in Kap. 8.1.1 wiedergegebenen Formel die Anzahl der *Freiheitsgrade df* bestimmt (df = degrees of freedom). Im gegebenen Beispiel ergeben die Berechnungen

$$t \;=\; \frac{|192,6 - 208,0|}{\sqrt{\dfrac{43,1^2}{66} + \dfrac{36,5^2}{63}}} = 2,199$$

$$df \;=\; 125$$

Zu dieser Prüfgröße t hat W. S. Gosset, der den t-Test unter dem Pseudonym Student veröffentlichte, im Jahre 1908 auch die zugehörige Verteilung, die nach ihm benannte Studentsche t-Verteilung, entwickelt. Diese Verteilung ist wie die Normalverteilung (siehe Kap. 2.3) eine symmetrische und eingipflige Verteilung, deren Gestalt von der Anzahl der Freiheitsgrade abhängt und die sich bei hohen Freiheitsgraden der Normalverteilung annähert.

Mit Hilfe dieser Verteilung kann zur Prüfgröße t und zur Anzahl df der Freiheitsgrade die so genannte *Irrtumswahrscheinlichkeit p* bestimmt werden:

$$p = 2 \cdot \frac{\Gamma\left(\dfrac{df+1}{2}\right)}{\Gamma\left(\dfrac{df}{2}\right) \cdot \sqrt{df \cdot \pi}} \cdot \int\limits_{t}^{\infty} \left(1 + \frac{v^2}{df}\right)^{-\frac{df+1}{2}} dv$$

Die Formel erinnert mich an meinen Lateinlehrer und seine rhetorische Frage „Wozu brauche ich Integralrechnung?" Auch hier brauchen wir sie nicht, denn niemand wird nach dieser Formel p per Hand ausrechnen wollen. So braucht auch die Gamma-Funktion, die sich in der Formel wiederfindet, nicht erläutert zu werden. Das Integral ist aber ein Hinweis darauf, dass die Irrtumswahrscheinlichkeit einer bestimmten Fläche unter der t-Verteilungskurve entspricht.

Gosset war übrigens Angestellter der Guiness-Brauerei und entwickelte t-Test und t-Verteilung anlässlich der Analyse von Bierproben, womit die öfters diskutierte Frage, ob Bier dumm oder intelligent macht, eindrucksvoll beantwortet wird.

Die Berechnung der exakten Irrtumswahrscheinlichkeit ist erst seit der Entwicklung entsprechender Computerprogramme möglich geworden. Im gegebenen Beispiel erhalten wir $p = 0,03$, was folgendermaßen zu deuten ist:

*Wenn wir die Nullhypothese verwerfen und stattdessen die Alternativhypothese anneh-
men, irren wir uns mit einer Wahrscheinlichkeit von 0,03.*

Da wir in Kap. 4 gelernt haben, dass sich Wahrscheinlichkeiten stets zwischen den Werten
0 und 1 bewegen, werden wir die Wahrscheinlichkeit von 0,03 als sehr klein einstufen.
Wenn wir also die Nullhypothese zugunsten der Alternativhypothese verwerfen, werden
wir uns vermutlich nicht irren. Mittelwertsunterschiede und überhaupt alle Ergebnisse
von Prüfstatistiken, die mit einer solch kleinen Irrtumswahrscheinlichkeit behaftet sind,
nennt man daher *signifikant*.

Dabei gibt es klassischerweise drei Signifikanzgrenzen (auch *Signifikanzniveaus* genannt):

$p \leqslant 0{,}05$ signifikant   *

$p \leqslant 0{,}01$ sehr signifikant   **

$p \leqslant 0{,}001$ höchst signifikant   ***

Die im gegebenen Beispiel ermittelte Irrtumswahrscheinlichkeit von $p = 0{,}03$ bedeutet
also, dass sich die Mittelwerte des Cholesterins von Tumorpatienten und Nichttumorpa-
tienten signifikant voneinander unterscheiden; dabei sind die Werte bei den Tumorpatienten im Mittel niedriger.

Dieses wohl etwas überraschende Ergebnis soll hier fachlich nicht weiter diskutiert werden. Es sei aber der Hinweis gegeben, dass die Tatsache der Signifikanz nicht unbedingt
auch mit einer fachlichen (hier: medizinischen) Bedeutsamkeit einhergehen muss. Testen
Sie zum Beispiel eine neue Diät und stellen fest, dass alle Versuchspersonen ihr Gewicht
in einem Monat um ein Kilo reduzierten, so wird dieses wohl ein höchst signifikantes
Ergebnis, medizinisch aber nicht bedeutsam und daher unbefriedigend sein.

In früherer computerloser Zeit, als es nicht möglich war, die Irrtumswahrscheinlichkeit p
aus der Prüfgröße und der Anzahl der Freiheitsgrade exakt zu berechnen, behalf man sich
mit tabellierten Grenzwerten (so genannten kritischen Werten), wobei üblicherweise die
kritischen Werte zu $p = 0{,}05$, $p = 0{,}01$ und $p = 0{,}001$ tabelliert wurden. Solche Tabellen
finden Sie in Anhang A.

Der t-Tabelle entnehmen Sie zum Signifikanzniveau $p = 0{,}05$ und zu 125 Freiheitsgraden
den kritischen Tabellenwert 1,979. Dieser wird vom berechneten t-Wert (2,199) überschritten, was Signifikanz auf diesem Niveau bedeutet.

5.3 Prüfverteilungen

In Kap. 5.2 wurde die t-Verteilung nach Student (W. S. Gosset) erläutert. Weitere be-
deutsame Verteilungen sind die Standardnormalverteilung nach Gauß (siehe Kap. 2.3),
die F-Verteilung nach Fisher und die χ^2-Verteilung nach Pearson. Diese Verteilungen
sollen nun im Einzelnen vorgestellt werden.

Standardnormalverteilung

Eine normalverteilte Prüfgröße, stets z genannt, wird zum Beispiel berechnet beim U-Test nach Mann und Whitney, beim Wilcoxon-Test und bei der Absicherung des Rangkorrelationskoeffizienten nach Kendall.

Aus der Prüfgröße z berechnet sich die Irrtumswahrscheinlichkeit p nach der Formel

$$p = \frac{2}{\sqrt{2 \cdot \pi}} \cdot \int_{z}^{\infty} e^{-\frac{v^2}{2}} \, dv$$

Für die z-Werte von 0 bis 3,49 sind in Schritten von 0,01 die den z-Werten zugeordneten p-Werte in der z-Tabelle aufgeführt.

t-Verteilung

Eine t-verteilte Prüfgröße wird berechnet beim t-Test nach Student, beim t-Test für abhängige Stichproben und bei der Absicherung des Produkt-Moment-Korrelationskoeffizienten, der Rangkorrelation nach Spearman, der partiellen Korrelation und der Regressionskoeffizienten.

Die t-Verteilung und die formelmäßige Berechnung der Irrtumswahrscheinlichkeit aus der Prüfgröße t und der Anzahl der Freiheitsgrade wurde bereits in Kap. 5.2 erläutert.

Für die drei klassischen Signifikanzniveaus und verschiedene Anzahlen von Freiheitsgraden sind kritische Tabellenwerte in der t-Tabelle aufgeführt. Signifikanz auf dem betreffenden Niveau liegt vor, wenn die berechnete Prüfgröße t den betreffenden kritischen Tabellenwert übersteigt.

F-Verteilung

F-verteilte Prüfgrößen werden berechnet bei den verschiedenen Formen der Varianzanalyse, dem Scheffé-Test, dem F-Test, dem Levene-Test, dem Hartley-Test und der Absicherung des ICC (Intraclass Correlation Coefficient).

Die Kurven zur F-Verteilung sind linksgipflig und von zwei Freiheitsgraden $df1$ und $df2$ abhängig. Die Irrtumswahrscheinlichkeit berechnet sich aus der Prüfgröße F und den Anzahlen der Freiheitsgrade $df1$ und $df2$ nach der Formel

$$p = \frac{\Gamma\left(\frac{df1 + df2}{2}\right)}{\Gamma\left(\frac{df1}{2}\right) \cdot \Gamma\left(\frac{df2}{2}\right)} \cdot df1^{\frac{df1}{2}} \cdot df2^{\frac{df2}{2}} \cdot \int_{F}^{\infty} v^{\frac{df1-2}{2}} \cdot (df1 \cdot v + df2)^{-\frac{df1+df2}{2}} \, dv$$

Für die drei klassischen Signifikanzniveaus und verschiedene Anzahlen von Freiheitsgraden sind kritische Tabellenwerte in der F-Tabelle aufgeführt. Signifikanz liegt vor, wenn die berechnete Prüfgröße F den betreffenden kritischen Tabellenwert übersteigt.

χ^2-Verteilung

χ^2-verteilte Prüfgrößen werden berechnet bei den verschiedenen Chiquadrat-Tests, dem H-Test nach Kruskal und Wallis, dem Friedman-Test, dem Bartlett-Test und Cochrans Q.

Die Kurven zur χ^2-Verteilung sind linksgipflig. Die Irrtumswahrscheinlichkeit berechnet sich aus der Prüfgröße χ^2 und der Anzahl df der Freiheitsgrade nach der Formel

$$p = \frac{1}{2^{\frac{df}{2}} \cdot \Gamma\left(\frac{df}{2}\right)} \cdot \int\limits_{\chi^2}^{\infty} v^{\frac{df-2}{2}} \cdot e^{-\frac{v}{2}} \, dv$$

Für die drei klassischen Signifikanzniveaus und für verschiedene Anzahlen von Freiheitsgraden sind kritische Tabellenwerte in der χ^2-Tabelle aufgeführt. Signifikanz liegt vor, wenn die berechnete Prüfgröße χ^2 den betreffenden kritischen Tabellenwert übersteigt.

Trotz zahlreicher bestehender Statistikprogramme gibt es immer wieder Freaks, die ihre Anwendungen selbst programmieren möchten. Diese scheitern dann meist bei der Berechnung der Irrtumswahrscheinlichkeit aus der Prüfgröße und den Freiheitsgraden. Daher sind auf der beigefügten CD die FORTRAN-Funktionen GAUSS(Z), TVRT(T,N), FVRT(F,M,N) und CHIQU(CHI2,N) enthalten, deren Funktionswert die betreffende Irrtumswahrscheinlichkeit p wiedergibt. Benutzer anderer Programmiersprachen können diese Quellprogramme sicherlich leicht nach ihren Bedürfnissen umschreiben.

5.4   Fehler erster und zweiter Art

Hat man Nullhypothese und Alternativhypothese formuliert, so kann man beim Überprüfen dieser Hypothesen mit einem passenden statistischen Test offenbar zwei Fehler machen:

- Die Nullhypothese wird verworfen, obwohl sie richtig ist.

- Die Nullhypothese wird beibehalten, obwohl sie falsch ist.

Der erstgenannte Fehler heißt Fehler erster Art oder α-Fehler. Die Wahrscheinlichkeit, einen Fehler erster Art zu begehen, ist offensichtlich gleich der Irrtumswahrscheinlichkeit p. Der zweitgenannte Fehler heißt Fehler zweiter Art oder β-Fehler; die Wahrscheinlichkeit, einen solchen Fehler zu begehen, ist in der Regel nicht berechenbar. Es lässt sich lediglich sagen, dass die Gefahr, einem β-Fehler zu erliegen, desto kleiner ist, je deutlicher die berechnete Irrtumswahrscheinlichkeit p die Signifikanzgrenze übersteigt.

Zur Verdeutlichung sei noch einmal das Schema in Tabelle 5.3 betrachtet.

Haben Sie sich die übliche Signifikanzgrenze von $p = 0{,}05$ vorgegeben und erzielen bei Ihrem Signifikanztest, zum Beispiel beim t-Test, ein $p = 0{,}07$, so müssen Sie also die Nullhypothese beibehalten. Die Gefahr, dass Sie das fälschlicherweise tun und somit einen Fehler zweiter Art begehen, wird aber recht groß sein. Erzielen Sie hingegen ein $p = 0{,}9$, so wird die Gefahr, die Nullhypothese fälschlicherweise beizubehalten, eher gering sein.

	H0 wahr	H0 falsch
H0 abgelehnt	Fehler 1. Art	richtige Entscheidung
H0 beibehalten	richtige Entscheidung	Fehler 2. Art

Tabelle 5.3: Fehler erster und zweiter Art

Testen Sie also zum Beispiel zwei Mittelwerte auf signifikanten Unterschied und erhalten ein p knapp oberhalb der Signifikanzgrenze, so wäre eine Formulierung der Art „Die beiden Mittelwerte unterscheiden sich nicht" unangemessen; besser wäre eine vorsichtigere Formulierung wie „Beim Vergleich der beiden Mittelwerte wurde die Signifikanzgrenze knapp verfehlt". Für Irrtumswahrscheinlichkeiten $p \leqslant 0{,}1$ gebraucht man auch hin und wieder die Formulierung „Tendenz zur Signifikanz".

Nehmen Sie an, ein Hersteller testet den Erfolg eines von ihm neu entwickelten Medikaments und vergleicht diesen mit dem Erfolg eines bestehenden Medikaments. Liefert der betreffende Signifikanztest keinen signifikanten Unterschied, obwohl in Wirklichkeit einer besteht, so geht das Risiko dieses nicht erkannten Unterschiedes zu Lasten des Produzenten, so dass man das Risiko, einen solchen Fehler zweiter Art zu begehen, auch als *Produzentenrisiko* bezeichnet.

Zeigt der betreffende Signifikanztest hingegen einen signifikant besseren Erfolg des neuen Medikaments an, obwohl ein solcher in Wirklichkeit nicht besteht, so geht das Risiko dieses fälschlicherweise erkannten Unterschieds zu Lasten des Konsumenten, so dass man das Risiko, einen solchen Fehler erster Art zu begehen, auch als *Konsumentenrisiko* bezeichnet.

Ist β die Wahrscheinlichkeit dafür, dass ein bestehender Unterschied nicht erkannt wird, so ist $1 - \beta$ die Wahrscheinlichkeit dafür, dass ein bestehender Unterschied auch aufgezeigt wird. Dieser Wert wird *Teststärke* genannt.

Im Zusammenhang mit diesen Begriffen hat man Verfahren entwickelt, den für einen geplanten Test optimalen Stichprobenumfang abzuschätzen. Dieser soll dann bei vorgegebenem α eine maximale Teststärke $1 - \beta$ garantieren. Da diese Verfahren recht kompliziert und überdies von vielen Unwägbarkeiten begleitet sind, wollen wir nicht näher darauf eingehen.

5.5   Einseitige und zweiseitige Fragestellung

Im Allgemeinen wird über die Richtung der Alternativhypothese von vornherein keine Aussage zu machen sein. Beim vorgestellten Beispiel der beiden Patientengruppen (mit Tumor bzw. ohne Tumor) war nicht abzusehen, welche der beiden Gruppen gegebenenfalls höhere Cholesterinwerte aufweist. In allen diesen Fällen ist *zweiseitig* zu testen. Dies ist die normale Testform, und im weiteren Verlauf dieses Buches wird auch stets so getestet, ohne dass jeweils besonders darauf hingewiesen wird.

Ist die Richtung der Alternativhypothese vorgegeben, steht also von vornherein fest, welche Gruppe gegebenenfalls höhere Werte aufweisen wird, so kann man *einseitig* testen. Diese Zusatzinformation erlaubt es dann eher, signifikante Unterschiede aufzudecken.

Es sei allerdings die Frage erlaubt, was zu tun ist, wenn die tatsächlich erzielten Ergebnisse der vorgegebenen Richtung widersprechen. Aus diesem Grund und weil bei einseitiger Testung die Gefahr, sich selbst in die Tasche zu lügen, besonders groß ist, wollen wir auf die einseitige Testung nicht näher eingehen und stattdessen ein Beispiel von überraschender „Gegenrichtung" betrachten, das mir in deutlicher Erinnerung geblieben ist.

Von insgesamt 96 Patienten, die mit schweren aktuellen Herzerkrankungen in eine Klinik eingeliefert wurden, überlebten 54 Patienten und 42 Patienten nicht. Ferner wurde festgestellt, mit wievielen Risikofaktoren (Übergewicht, Rauchen, Alkohol, übermäßiger Stress) die Patienten behaftet waren. Die Häufigkeiten einer entsprechenden Kreuztabelle sind in Tabelle 5.4 wiedergegeben.

	Risikofaktoren				
	0	1	2	3	4
überlebt	5	7	14	16	12
nicht überlebt	7	14	17	3	1

Tabelle 5.4: Überraschende Kreuztabelle mit Risikofaktoren

Eine Überprüfung mit dem Chiquadrat-Test (siehe Kap. 8.4.1) ergab einen höchst signifikanten Unterschied zwischen den beiden Gruppen bezüglich der Anzahl der Risikofaktoren, was nach der spontanen Äußerung des mit der Studie befassten Mediziners einen weiteren eindrucksvollen Beweis für die Schädlichkeit ungesunder Lebensweise darstellte.

Daher der gut gemeinte Rat, auch wenn es etwas trivial klingt: Bitte stets genau hinsehen, wenn es um die Richtung eventueller Unterschiede geht!

5.6   Die Gefahr der Alpha-Inflation

Das Gute an der früheren computerlosen Zeit war für uns Statistiker, dass jeder Test, den wir ausführten, vorher gut durchdacht sein wollte. Zu groß war nämlich die Rechenarbeit selbst bei einfachen Tests, als dass es jemand in den Sinn gekommen wäre, einfach „nur mal so" drauflos zu testen nach dem Motto „Irgendwo wird schon was Signifikantes sein".

Man hatte eine bestimmte Fragestellung, die es zu untersuchen galt, notierte Nullhypothese und Alternativhypothese und rechnete den passenden Test. Von der Rechenarbeit erschöpft, hielt man inne und ging dann gegebenenfalls daran, in Ruhe die nächste Fragestellung abzuklären.

Heute, im Zeitalter immer schnellerer Computer und ausgefeilterer Statistikprogramme, ist nach erfolgter Dateneingabe die Rechenarbeit meist Sache von Sekundenbruchteilen.

Haben Sie dann etwa hundert Variablen und dazu eine Gruppenvariable wie das Geschlecht, verschiedene Altersklassen oder Ähnliches, dann verführt das schnell dazu, einfach mal alle Variablen auf Gruppenunterschiede durchzutesten. Oder Sie haben fünfzig
nominal- und ordinalskalierte Variablen, die Sie alle untereinander mit einer Kreuztabelle und anschließendem Chiquadrat-Test in Beziehung setzen wollen, um signifikante
Zusammenhänge aufzuspüren.

Haben Sie also fünfzig Variablen, von denen Sie jede mit jeder kreuzen wollen, so ergibt
das, wenn Sie redundante Beziehungen auslassen,

$$\frac{50 \cdot 49}{2} = 1\,225$$

Vergleiche. Führen Sie jeweils den Chiquadrat-Test aus und geben Sie die übliche Signifikanzschranke $p \leqslant 0{,}05$ vor, dann bedeutet das, dass von vornherein 5 % der Vergleiche
ein signifikantes Ergebnis liefern werden. Bei 1 225 durchgeführten Vergleichen wären
dies 61 Vergleiche, die von vornherein mit signifikantem Ergebnis zu erwarten sind.

Haben Sie nun zum Beispiel insgesamt 92 Signifikanzen aufgedeckt, so ist bei jeder dieser
Signifikanzen die Gefahr, einen Fehler erster Art (α-Fehler) zu begehen, sehr groß. Ihre
Ergebnisse sind daher wertlos.

Wir wollen diese Problematik noch einmal anhand einer Computersimulation verdeutlichen. Es wurden bis zu 50 000 Stichproben mit jeweils 100 normalverteilten Werten
simuliert, die dann per Zufall in zwei gleich große Gruppen eingeteilt wurden. Diese
wurden bezüglich ihrer Mittelwerte mit dem t-Test nach Student miteinander verglichen. Die Ergebnisse sind Tabelle 5.5 zu entnehmen.

Tests	$p \leqslant 0{,}05$		$p \leqslant 0{,}01$		$p \leqslant 0{,}001$	
	n	%	n	%	n	%
100	3	3,00	2	2,00	0	0,00
200	9	4,50	3	1,50	0	0,00
500	26	5,20	9	1,80	1	0,20
1 000	56	5,60	12	1,20	2	0,20
2 000	111	5,55	19	0,95	2	0,10
5 000	254	5,08	45	0,90	7	0,14
10 000	505	5,05	86	0,86	11	0,11
20 000	988	4,94	172	0,86	28	0,14
50 000	2 428	4,86	449	0,90	69	0,14

Tabelle 5.5: Anzahlen signifikanter Testergebnisse

Die Tabelle enthält die absoluten und prozentualen Häufigkeiten der auf dem betreffenden Niveau signifikanten Ergebnisse, wobei diese Häufigkeiten gut unseren Erwartungen
entsprechen.

Um einen Ausweg aus dieser Problematik zu finden, gibt es mehrere Vorschläge. Der beste Vorschlag ist sicher der, diesen Unfug einfach zu lassen. Formulieren Sie nur einzelne sachlogisch fundierte Hypothesen, denen Sie dann mit passenden Tests nachgehen.

Allerdings liegt es in der Natur des Menschen, aus wissenschaftlicher Neugierde Zusammenhänge aufspüren zu wollen, an die vorher niemand gedacht hat. So ist es meist doch zu verlockend, eben mal in Sekunden einige hundert oder gar tausend Tests zu rechnen. Eine Möglichkeit besteht dann darin, das Signifikanzniveau schärfer zu fassen und zum Beispiel bei $p \leqslant 0,001$ festzulegen. Bei tausend Tests ist schließlich von vornherein nur ein solch höchst signifikantes Ergebnis zu erwarten, was sicherlich zu vernachlässigen ist, wenn Sie viele solcher Resultate erhalten haben.

Einen ähnlichen Ausweg bietet die *Bonferroni-Korrektur* an. Wollten Sie ursprünglich mit der Signifikanzschranke $p = 0,05$ testen, so sollte bei dieser Korrektur und insgesamt n Signifikanztests diese Schranke auf $0,05/n$ herabgesetzt werden. Für eine große Zahl von Tests ist dies aber kein praktikabler Weg.

Elegante Lösungen gibt es für den Fall, dass eine größere Anzahl von Vergleichen dadurch zustande kommt, dass durch eine Gruppierungsvariable verschiedene Gruppen entstehen, die dann paarweise miteinander verglichen werden sollen. Hier ist dann eine einfaktorielle Varianzanalyse (siehe Kap. 8.1.3) oder der H-Test nach Kruskal und Wallis (siehe Kap. 8.1.6) vorzuschalten.

6 Streubereiche und Konfidenzintervalle

Der Schluss von den Kennwerten einer Stichprobe auf die Parameter der zugehörigen Grundgesamtheit erfolgt bei intervallskalierten und normalverteilten Variablen über Streubereiche und Konfidenzintervalle. Während Streubereiche einen Bereich voraussagen, in dem die einzelnen Messwerte liegen, geben Konfidenzintervalle an, zwischen welchen Grenzen sich mit vorgegebener Wahrscheinlichkeit Mittelwert und Standardabweichung der Grundgesamtheit bewegen. Ein weiteres Kapitel beschäftigt sich mit Konfidenzintervallen für prozentuale Häufigkeiten.

6.1 Streubereiche

Mit der Angabe eines Streubereiches wird bei intervallskalierten und normalverteilten Variablen die Frage behandelt, wie viel Prozent der Werte in einem bestimmten Intervall liegen. Dabei ist stets ein um den Mittelwert symmetrisches Intervall gemeint.

Dabei kann in der einen Variante die Intervallbreite, in der Regel in ganzzahligen Einheiten der Standardabweichung, vorgegeben und dann die Prozentzahl der im Intervall enthaltenen Werte ermittelt werden; in der anderen Variante wird diese Prozentzahl vorgegeben und die zugehörigen Intervallgrenzen werden bestimmt.

Die Voraussagen werden stets für die zugrunde liegende Grundgesamtheit gemacht; bei genügend großen Stichproben können die Ergebnisse aber auch an diesen verifiziert werden.

Liegen n Messwerte

$$x_i \qquad i = 1, \ldots, n$$

vor, sind Grundlage aller Berechnungen der Mittelwert (siehe Kap. 3.2.1)

$$\bar{x} = \frac{\sum\limits_{i=1}^{n} x_i}{n}$$

und die Standardabweichung (siehe Kap. 3.3.1)

$$s = \sqrt{\frac{\sum\limits_{i=1}^{n} (x_i - \bar{x})^2}{n-1}}$$

Betrachten wir das Beispiel der Intelligenzquotienten aus Kap. 2.3 (Datei iq.dat), so hatten sich dort bei einer Fallzahl von $n = 200$ für den Mittelwert $\bar{x}$ und die Standardabweichung s die folgenden Werte ergeben:

$$\bar{x} = 98{,}5 \qquad s = 17{,}1$$

Erste Variante: Vorgabe der Intervallbreite

In Veröffentlichungen werden Mittelwert $\bar{x}$ und Standardabweichung s häufig in der Form

$$\bar{x} \pm s$$

angegeben. Wir wollen daher herausfinden, welcher prozentuale Anteil der Werte in diesem Intervall von $\bar{x} - s$ bis $\bar{x} + s$ liegt.

Um hierzu die z-Tabelle heranziehen zu können, machen wir zunächst gemäß

$$z = \frac{x - \bar{x}}{s}$$

eine z-Transformation der unteren und oberen Intervallgrenze. Für die untere Intervallgrenze $\bar{x} - s$ ergibt sich damit

$$z = \frac{\bar{x} - s - \bar{x}}{s} = -1$$

und für die obere Intervallgrenze $\bar{x} + s$

$$z = \frac{\bar{x} + s - \bar{x}}{s} = 1$$

Wie die z-Tabelle ausweist, erstreckt sich das Flächenstück unter der Standardnormalverteilungskurve zwischen den z-Werten -1 und 1 von $\Phi(-1) = 0{,}15866$ bis $\Phi(1) = 0{,}84134$. Es umfasst also einen Anteil von

$$0{,}84134 - 0{,}15866 = 0{,}68286$$

Dies bedeutet in Prozenten ausgedrückt, dass 68,3 % der Werte im Bereich von $\bar{x} - s$ bis $\bar{x} + s$ liegen. Im gegebenen Beispiel der IQ-Werte ist dies der Bereich

$$98{,}5 - 17{,}1 = 81{,}4 < x < 98{,}5 + 17{,}1 = 115{,}6$$

In diesem Bereich von 81,4 bis 115,6 sollen bei idealer Normalverteilung

$$68{,}3\,\% \cdot 200 = 137$$

Werte liegen. Tatsächlich sind es deren 131.

Ähnliche Überlegungen kann man für die Streubereiche anstellen, die durch die doppelte bzw. dreifache Standardabweichung gebildet werden. Die Ergebnisse sind in Tabelle 6.1 zusammengefasst.

Gebräuchlicher ist es, eine Prozentzahl vorzugeben und dann die zugehörigen Intervallgrenzen zu bestimmen.

Streubereich	Prozent der Werte
$\bar{x} \pm s$	68,2 %
$\bar{x} \pm 2 \cdot s$	95,5 %
$\bar{x} \pm 3 \cdot s$	99,7 %

Tabelle 6.1: Streubereiche bei Vorgabe der Intervallbreite

Zweite Variante: Vorgabe der Prozentzahl

Möchte man etwa wissen, in welchem Intervall 95 % der Werte liegen, so zeigt ein Blick in die z-Tabelle, dass das Flächenstück unter der Standardnormalverteilungskurve von $z = -1,96$ bis $z = 1,96$ einen Anteil von 0,95 hat. Dies bedeutet nach der Formel für die z-Transformation, dass im Intervall

$$\bar{x} - 1,96 \cdot s < x < \bar{x} + 1,96 \cdot s$$

95 % der Werte liegen. Entsprechende Überlegungen führen zu einem 99 %-Streubereich. Die Ergebnisse sind in Tabelle 6.2 zusammengefasst.

Prozent der Werte	Intervall
95 %	$\bar{x} - 1,96 \cdot s < x < \bar{x} + 1,96 \cdot s$
99 %	$\bar{x} - 2,58 \cdot s < x < \bar{x} + 2,58 \cdot s$

Tabelle 6.2: Streubereiche bei Vorgabe der prozentualen Wertezahl

So wie man für die einzelnen Messwerte einen Streubereich angeben kann, lässt sich ein solcher auch für den Mittelwert bestimmen. In diesem Fall spricht man von einem *Konfidenzintervall*, in dem mit der vorgegebenen Wahrscheinlichkeit der Mittelwert der entsprechenden Grundgesamtheit liegt.

6.2   Konfidenzintervalle

Konfidenzintervalle behandeln das Problem, wie man von dem Kennwert einer Stichprobe auf den entsprechenden Parameter der Grundgesamtheit schließen kann. In den folgenden Kapiteln sollen solche Konfidenzintervalle für Mittelwerte, Standardabweichungen und prozentuale Häufigkeiten ermittelt werden.

6.2.1   Konfidenzintervall für den Mittelwert

Um zu einem gegebenen Mittelwert $\bar{x}$ einer Stichprobe mit Hilfe der zugehörigen Standardabweichung s ein Konfidenzintervall bestimmen zu können, wird zunächst die Standardabweichung in den *Standardfehler des Mittelwertes* (kurz: *Standardfehler*) umgerechnet:

$$s_\mathrm{m} = \frac{s}{\sqrt{n}}$$

Das Konfidenzintervall für den Mittelwert μ der Grundgesamtheit wird dann mit Hilfe der t-Verteilung bestimmt. Soll etwa ein 95 %-Konfidenzintervall bestimmt werden, so ist aus der t-Tabelle zunächst der zu $p = 0{,}05$ und $df = n - 1$ Freiheitsgraden gehörige Tabellenwert $t_{p;n-1}$ zu bestimmen. Die zur *Konfidenzzahl* 95 % gehörige Irrtumswahrscheinlichkeit beträgt nämlich 100 % $-$ 95 % = 5 % oder $p = 0{,}05$. Dieser *t*-Wert geht dann in die folgende Intervallformel ein:

$$\bar{x} - t_{p;n-1} \cdot s_\mathrm{m} < \mu < \bar{x} + t_{p;n-1} \cdot s_\mathrm{m}$$

Im Beispiel der IQ-Werte (siehe Kap. 6.1) hatten sich die folgenden Kennwerte ergeben:

$$\bar{x} = 98{,}5 \qquad s = 17{,}1 \qquad n = 200$$

Daraus berechnet sich zunächst der Standardfehler zu

$$s_\mathrm{m} = \frac{17{,}1}{\sqrt{200}} = 1{,}209$$

und hieraus das 95 %-Konfidenzintervall zu

$$
\begin{aligned}
98{,}5 - 1{,}972 \cdot 1{,}209 < \quad &\mu \quad < 98{,}5 + 1{,}972 \cdot 1{,}209 \\
98{,}5 - 2{,}4 < \quad &\mu \quad < 98{,}5 + 2{,}4 \\
96{,}1 < \quad &\mu \quad < 100{,}9
\end{aligned}
$$

Mit 95 %iger Wahrscheinlichkeit liegt also der Mittelwert der Grundgesamtheit zwischen den Grenzen 96,1 und 100,9. Dies können Sie auch folgendermaßen formulieren: Wiederholen Sie die IQ-Bestimmung unter gleichen Bedingungen an anderen Probanden, so ergeben sich mit 95 %-iger Wahrscheinlichkeit Mittelwerte im Bereich zwischen 96,1 und 100,9.

Für das 99 %-Konfidenzintervall ergibt sich in unserem Beispiel

$$
\begin{aligned}
98{,}5 - 2{,}601 \cdot 1{,}209 < \quad &\mu \quad < 98{,}5 + 2{,}601 \cdot 1{,}209 \\
98{,}5 - 3{,}1 < \quad &\mu \quad < 98{,}5 + 3{,}1 \\
95{,}4 < \quad &\mu \quad < 101{,}6
\end{aligned}
$$

Für große Fallzahlen nähert sich die t-Verteilung der Standardnormalverteilung und der in die Intervallformel einzusetzende *t*-Wert bei einem 95 %-Konfidenzintervall dem Wert 1,96.

6.2.2   Konfidenzintervall für die Standardabweichung

Auch für die Standardabweichung σ der Grundgesamtheit kann aus dem gegebenen Kennwert s der Stichprobe unter Berücksichtigung der Fallzahl n ein Konfidenzintervall bestimmt werden. Dies gelingt mit Hilfe der F-Verteilung, zum Beispiel bei der Berechnung eines 95 %-Konfidenzintervalls mit Hilfe der Tabellenwerte zu $p = 0{,}05$ und $(n - 1; \infty)$ bzw. $(\infty; n - 1)$ Freiheitsgraden:

$$\frac{s}{\sqrt{F_{p;(n-1,\infty)}}} < \sigma < s \cdot \sqrt{F_{p;(\infty;n-1)}}$$

In diesem Beispiel ergibt sich folgendes 95 %-Konfidenzintervall:

$$\frac{17,1}{\sqrt{1,22}} < \quad \sigma \quad < 17,1 \cdot \sqrt{1,28}$$
$$15,5 < \quad \sigma \quad < 19,3$$

Mit 95 %-iger Wahrscheinlichkeit liegt die Standardabweichung der Grundgesamtheit zwischen 15,5 und 19,3.

Bei großen Werten von $df1$ und $df2$ sind die Werte aus der F-Tabelle gegebenenfalls zu interpolieren; für $df1 = \infty$ kann der Wert von $df1 = 1\,000$ gewählt werden.

6.2.3   Konfidenzintervalle für prozentuale Häufigkeiten

Auch für prozentuale Häufigkeiten (kurz: Prozentwerte) lassen sich Konfidenzintervalle bestimmen, sofern die zugrunde liegende Fallzahl n bekannt ist. Dabei ist die prozentuale Häufigkeit eines Ereignisses, das bei n Versuchen m-mal auftritt.

$$P = \frac{m}{n} \cdot 100$$

In die Formeln für die untere und obere Grenze gehen die Größen m und n ein. Sind nur P und n bekannt, müssen Sie also zunächst m aus n und P bestimmen:

$$m = \frac{n \cdot P}{100}$$

Zur Berechnung des Konfidenzintervalls wird die F-Tabelle benötigt. Bei einem 95 %-Konfidenzintervall ist dabei die Tabelle für $p = 0,05$, bei einem 99 %-Konfidenzintervall dic Tabelle für $p = 0,01$ zu verwenden. Die untere bzw. obere Grenze des zu P gehörenden Konfidenzintervalls berechnen sich damit zu

$$P_u = \frac{m}{m + (n - m + 1) \cdot F_{p;(df1,df2)}} \cdot 100$$
$$df1 = 2 \cdot (n - m + 1)$$
$$df2 = 2 \cdot m$$

$$P_o = \frac{(m + 1) \cdot F_{p;(df1,df2)}}{n - m + (m + 1) \cdot F_{p;(df1;df2)}} \cdot 100$$
$$df1 = 2 \cdot (m + 1)$$
$$df2 = 2 \cdot (n - m)$$

Diese recht abenteuerlich wirkenden Formeln sollen anhand eines einfachen Beispiels durchgerechnet werden. Ihre Tageszeitung hat vor einer Kommunalwahl eine Umfrage gestartet, an der sich 180 Leserinnen und Leser beteiligten und bei der 39,4 % der Stimmen für die Partei Ihres Vertrauens stimmten. Für diese Prozentzahl soll ein 95 %-Konfidenzintervall bestimmt werden.

Zunächst ist, wie oben beschrieben, die absolute Anzahl m der Leserinnen und Leser zu bestimmen, die für diese Partei gestimmt haben:

$$m = \frac{180 \cdot 39{,}4}{100} = 71$$

Für die Bestimmung der unteren Grenze des Konfidenzintervalls wird

$$
\begin{aligned}
df1 &= 2 \cdot (180 - 71 + 1) = 220 \\
df2 &= 2 \cdot 71 = 142 \\
F_{0{,}05;(220,142)} &= 1{,}29 \\
P_{\mathrm{u}} &= \frac{71}{71 + (180 - 71 + 1) \cdot 1{,}29} \cdot 100 = 33{,}3\,\%
\end{aligned}
$$

und für die Bestimmung der oberen Grenze

$$
\begin{aligned}
df1 &= 2 \cdot (71 + 1) = 144 \\
df2 &= 2 \cdot (180 - 71) = 218 \\
F_{0{,}05;(144,218)} &= 1{,}28 \\
P_{\mathrm{o}} &= \frac{(71 + 1) \cdot 1{,}28}{180 - 71 + (71 + 1) \cdot 1{,}28} \cdot 100 = 45{,}8\,\%
\end{aligned}
$$

Das 95 %-Konfidenzintervall für die Partei erstreckt sich also von 33,3 % bis 45,8 %; die Voraussage ist bei der recht geringen Fallzahl demnach recht unsicher.

Die F-Werte sind aus der F-Tabelle gegebenenfalls durch Interpolation zu ermitteln. Die hier wiedergegebenen F-Werte wurden mit einem Computer errechnet.

Untere und obere Grenzen der 95 %- und 99 %-Konfidenzintervalle sind für verschiedene Prozent- und Fallzahlen in Tabelle 10 des Anhangs A aufgeführt.

7 Überprüfung auf Verteilungsformen

In diesem Kapitel werden die Überprüfung auf Normalverteilung bei intervallskalierten Variablen und die Überprüfung auf Gleichverteilung sowie nach vorgegebenen Verhältniszahlen der Häufigkeiten bei kategorialen Variablen behandelt.

7.1 Normalverteilung

Die Normalverteilung (siehe Kap. 2.3) spielt in der Statistik eine entscheidende Rolle. Je nachdem, ob Normalverteilung der Werte vorliegt oder nicht, sind gegebenenfalls verschiedene analytische Tests durchzuführen. Die häufigste Situation dürfte der Vergleich zweier Stichproben sein, der bei Normalverteilung mit dem klassischen t-Test nach Student und bei nicht gegebener Normalverteilung mit dem U-Test nach Mann und Whitney vorgenommen wird (siehe Kap. 8.1).

Vor der Anwendung eines statistischen Tests, der eine Normalverteilung der Werte zur Voraussetzung hat, ist diese also zunächst zu überprüfen. Hierzu werden mit dem Chiquadrat-Test und dem Kolmogorov-Smirnov-Test zwei Tests vorgestellt, von denen der Chiquadrat-Test nur für größere und der Kolmogorov-Smirnov-Test auch insbesondere für kleinere Fallzahlen geeignet ist.

7.1.1 Chiquadrat-Test

Das Prinzip dieses Tests ist es, dass die Werte der zu überprüfenden Variablen in Klassen eingeteilt und dann die beobachteten Klassenhäufigkeiten mit den unter Normalverteilung zu erwartenden verglichen werden. Hierfür bietet sich der Chiquadrat-Test an.

Als Beispiel sollen die Körpergewichtsangaben von 196 Patienten einer Klinik dienen (Datei kilo.dat). Ein Histogramm hat das in Abbildung 7.1 dargestellte Aussehen.

Die Verteilung wirkt leicht linksschief, so dass es sich empfiehlt, die Verteilung mit einem geeigneten Test auf Normalverteilung zu überprüfen. Dazu werden zunächst Mittelwert $\bar{x}$ und Standardabweichung s berechnet:

$$\bar{x} = 68{,}8 \qquad s = 13{,}0$$

Die beim Chiquadrat-Test auszuführenden Schritte sind in Tabelle 7.1 zusammengestellt. Zum besseren Verständnis ist auch das Studium von Kap. 2.3 zu empfehlen.

Die erste Spalte gibt die Klasseneinteilung (der Breite 5) an, in der zweiten Spalte ist die *beobachtete Häufigkeit fo* in der betreffenden Klasse eingetragen. Die dritte Spalte

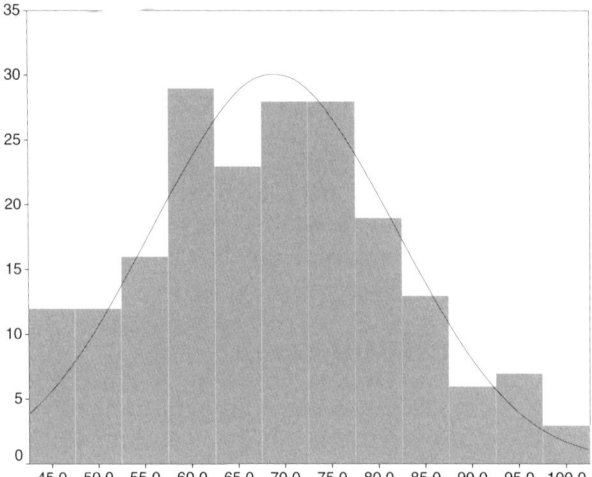

Abbildung 7.1: Verteilung von Körpergewichten

Klasse	fo	z	$\Phi(z)$	FD	fe	$\dfrac{(fo - fe)^2}{fe}$
$\leqslant 47$	12	$-1{,}68$	0,046	0,046	9,0	1,000
48–52	12	$-1{,}29$	0,099	0,053	10,4	0,250
53–57	16	$-0{,}91$	0,181	0,082	16,1	0,000
58–62	29	$-0{,}52$	0,302	0,121	23,7	1,177
63–67	23	$-0{,}14$	0,444	0,142	27,8	0,839
68–72	28	$0{,}25$	0,599	0,155	30,4	0,186
73–77	28	$0{,}63$	0,736	0,137	26,9	0,049
78–82	19	$1{,}02$	0,846	0,110	21,6	0,304
83–87	13	$1{,}40$	0,919	0,073	14,3	0,120
88–92	6	$1{,}78$	0,962	0,043	8,4	0,699
93–97	7	$2{,}17$	0,985	0,023	4,5	1,378
> 97	3		1,000	0,015	2,9	0,001
Summe	196			1,000	196,0	6,003

Tabelle 7.1: Rechenschritte zum Chiquadrat-Test

enthält den zum jeweiligen Klassenende gehörigen z-Wert gemäß der z-Transformation (siehe Kap. 2.3)

$$z = \frac{x - \bar{x}}{s}$$

In der ersten Klasse zum Beispiel wird

$$z = \frac{47 - 68{,}8}{13} = -1{,}68$$

Es folgt der zu diesem z-Wert gehörende $\Phi(z)$-Wert aus der z-Tabelle. Dieser gibt das Flächenstück unter der Standardnormalverteilungskurve von 0 bis z an. In der mit FD (Flächendifferenz) bezeichneten Spalte ist die Differenz zum vorhergehenden Flächenstück angegeben. Diese Fläche bestimmt den relativen Anteil der Gesamthäufigkeit n, der auf die betreffende Klasse entfällt. Die *erwartete Häufigkeit fe* in der betreffenden Klasse berechnet sich daraus zu

$$fe = FD \cdot n$$

Diese erwartete Häufigkeit ist, da es sich um einen theoretischen Wert handelt, mit einer Nachkommastelle angegeben.

Zum Beispiel ergibt sich in der ersten Klasse

$$fe = 0{,}046 \cdot 196 = 9{,}0$$

Die letzte Spalte schließlich enthält die *standardisierten Residuen*

$$\frac{(fo - fe)^2}{fe}$$

Die Aufsummierung dieser standardisierten Residuen über alle Klassen ergibt die Prüfgröße χ^2:

$$\chi^2 = \sum \frac{(fo - fe)^2}{fe}$$

Diese Prüfgröße ist χ^2-verteilt mit

$$df = k - 3$$

Freiheitsgraden, wobei k die Anzahl der Klassen ist. Im vorliegenden Beispiel wird

$$\chi^2 = 6{,}003 \qquad df = 12 - 3 = 9$$

Wie die χ^2-Tabelle ausweist, ist dies bei 9 Freiheitsgraden eine nicht signifikante Prüfgröße. Dies bedeutet, dass sich die gegebene Verteilung nicht signifikant von einer Normalverteilung unterscheidet. Die Variable „Körpergröße" kann also als normalverteilt angesehen werden.

7.1.2   Kolmogorov-Smirnov-Test

Der Nachteil des Chiquadrat-Tests zur Überprüfung auf Normalverteilung ist der Umstand, dass die Werte in Klassen eingeteilt werden müssen. Daher eignet sich dieser Test nur für recht große Fallzahlen. Für kleinere Fallzahlen geeignet ist der Kolmogorov-Smirnov-Test.

Aus einer medizinischen Untersuchung mögen acht Cholesterinwerte vorliegen, die auf Normalverteilung geprüft werden sollen:

  200, 198, 390, 215, 171, 160, 150, 224

Bei solch kleinen Fallzahlen ist eine signifikante Abweichung von der Normalverteilung recht selten; die Werte müssen sich sozusagen schon ziemlich „anstrengen", um nicht normalverteilt zu sein. So enthält das vorliegende Beispiel mit 390 einen Ausreißerwert, der die Normalverteilung aber, wie wir sehen werden, nicht entscheidend stören kann.

Zunächst müssen die Werte in eine aufsteigende Reihenfolge gebracht werden. Dies ist in Tabelle 7.2 geschehen, die zudem noch die Ergebnisse der einzelnen Rechenschritte enthält.

x	z	$\Phi(z)$	$f = \frac{i}{n}$	$|\Phi(z) - f|$
150	−0,84	0,200	0,125	0,075
160	−0,70	0,242	0,250	0,008
171	−0,56	0,288	0,375	0,087
198	−0,20	0,421	0,500	0,079
200	−0,18	0,429	0,625	0,196
215	0,02	0,508	0,750	0,242
224	0,14	0,556	0,875	0,319
390	2,32	0,990	1,000	0,010

Tabelle 7.2: Rechenschritte zum Kolmogorov-Smirnov-Test

Die ersten drei Spalten enthalten der Reihe nach die zu testenden Werte, die zugehörigen z-Werte und die gemäß der z-Tabelle ermittelten Flächenstücke unter der Normalverteilungskurve $\Phi(z)$. Diese sollten bei idealer Normalverteilung gleiche Abstände haben, so wie sie in der nächsten Spalte durch Division mit der Fallzahl n

$$f = \frac{i}{n} \qquad i = 1, \ldots, n$$

erzeugt wurden. Die letzte Spalte ist die absolute Differenz zwischen Φ und f:

$$d = |\Phi(z) - f|$$

Das Maximum dieser Differenzen

$$a = \text{Maximum} |\Phi(z) - f|$$

ist die Prüfgröße beim Kolmogorov-Smirnov-Test. Diese muss den bei der betreffenden Fallzahl n tabellierten Grenzwert der Tabelle 9 des Anhangs A überschreiten, damit eine signifikante Abweichung von der Normalverteilung vorliegt.

In dieser Tabelle sind die Grenzwerte bis zu einer Fallzahl von $n = 35$ aufgeführt. Bei Fallzahlen über 35 wird der Grenzwert durch

$$\frac{1{,}358}{\sqrt{n}}$$

festgelegt. Wesentlich strenger allerdings ist eine Variante von Lilliefors, der für Stichprobenumfänge > 30 den Grenzwert

$$\frac{0{,}886}{\sqrt{n}}$$

vorgeschlagen hat.

Im gegebenen Beispiel ($n = 8$) ist $a = 0{,}319$, was den betreffenden kritischen Wert von $0{,}454$ nicht überschreitet. Die gegebenen Werte können daher als normalverteilt angesehen werden.

Trotzdem ist es beim Auftreten von solchen Ausreißerwerten meist empfehlenswert, bei statistischen Analysen solche Methoden zu verwenden, die keine Normalverteilung voraussetzen.

7.2 Gleichverteilung

Neben der Überprüfung, ob die Werte von intervallskalierten Variablen einer Normalverteilung folgen, stellt sich oft die Frage, ob sich die Häufigkeiten, die sich beim Auszählen der Kategorien einer nominal- oder ordinalskalierten Variablen ergeben, untereinander unterscheiden oder ob sie als gleichverteilt angesehen werden können.

Auf sechs gleich großen Wiesenstücken mit verschiedener ökologischer Struktur wurden über einen stets gleichen Zeitraum hinweg Heuschrecken gefangen. Die Fangzahlen und die Ergebnisse der weiteren Rechenschritte sind in Tabelle 7.3 eingetragen.

Es sei k die gegebene Anzahl der Kategorien (hier $k = 6$) und n die Gesamtsumme der Häufigkeiten. Diese berechnet sich aus den beobachteten Häufigkeiten fo_i zu

$$n = \sum_{i=1}^{k} fo_i$$

Da wegen der gleichen Ausgangsbedingungen auf Gleichverteilung getestet werden soll, sind die erwarteten Häufigkeiten bei allen Kategorien (hier: auf allen Wiesen) gleich und folgendermaßen zu berechnen:

$$fe_i = \frac{n}{k} \qquad i = 1, \ldots, k$$

Wiese	fo_i	fe_i	$\frac{(fo_i - fe_i)^2}{fe_i}$	Signifikanz
A	82	80	0,050	
B	77	80	0,113	
C	55	80	7,813	**
D	94	80	2,450	
E	70	80	1,250	
F	102	80	6,050	*
Summe	480	480	17,726	

Tabelle 7.3: Rechenschritte zum Chiquadrat-Test auf Gleichverteilung

Im vorliegenden Beispiel ergibt dies

$$fe_i = \frac{480}{6} = 80 \qquad i = 1, \ldots, 6$$

Als Abweichungsmaß zwischen den beobachteten und erwarteten Häufgigkeiten gelten wieder die standardisierten Residuen (siehe Kap. 7.1)

$$\frac{(fo_i - fe_i)^2}{fe_i} \qquad i = 1, \ldots, k$$

Diese sind in der vorletzten Spalte der Tabelle eingetragen. Ihre Summe ergibt die Prüfgröße χ^2:

$$\chi^2 = \sum_{i=1}^{k} \frac{(fo_i - fe_i)^2}{fe_i}$$

Dieser χ^2-Wert ist χ^2-verteilt mit

$$df = k - 1$$

Freiheitsgraden.

Im gegebenen Beispiel wird

$$\chi^2 = 17{,}726 \qquad df = 6 - 1 = 5$$

Dieser χ^2-Wert ist nach der χ^2-Tabelle bei der gegebenen Anzahl von Freiheitsgraden ein sehr signifikanter Wert ($p < 0{,}01$). Darüber, welche Kategorien (hier: Wiesen) im Einzelnen „aus dem Rahmen fallen", geben die standardisierten Residuen Auskunft (siehe auch Kap. 8.4.1). Je nachdem nämlich, welchen Grenzwert diese Residuen überschreiten, gilt für den Unterschied zwischen beobachteter und erwarteter Häufigkeit:

$> 3{,}84$ signifikant ($p < 0{,}05$, *)

$> 6{,}64$ sehr signifikant ($p < 0{,}01$, **)

$> 10{,}83$ höchst signifikant ($p < 0{,}001$, ***)

Im Signifikanzfall sind die Signifikanzniveaus in der letzten Spalte der Tabelle eingetragen. Als abschließendes Ergebnis erhält man, dass auf Wiese C sehr signifikant zu wenig und auf Wiese F signifikant zu viele Heuschrecken beobachtet wurden. Die anderen Wiesen liegen im Schnitt.

Es sei ausdrücklich darauf hingewiesen, dass diese Nachbetrachtung der standardisierten Residuen nur dann erlaubt ist, wenn die Prüfgröße χ^2 insgesamt ein signifikantes Ergebnis liefert.

Bevor eine Variante dieses *eindimensionalen* Chiquadrat-Tests aufgezeigt wird, soll zunächst ein weiteres einfaches Beispiel vor unerlaubter Anwendung dieses Tests warnen.

Betrachtet man die Ziehungshäufigkeit der 49 Zahlen im deutschen Zahlenlotto, so wurde seit Beginn des Lottos am 9.10. 1955 die Zahl 32 mit 337 Ziehungen am häufigsten und die Zahl 13 mit 231 Ziehungen am seltensten gezogen. Mit dem χ^2-Test könnte man überprüfen, ob sich die beiden Ziehungshäufigkeiten signifikant voneinander unterscheiden (Tabelle 7.4).

Zahl	fo_i	fe_i	$\frac{(fo_i - fe_i)^2}{fe_i}$
32	337	284	9,891
13	231	284	9,891
Summe	568	568	19,782

Tabelle 7.4: Ziehungshäufigkeiten zweier Lottozahlen

Die Prüfgröße $\chi^2 = 19{,}782$ ist bei $df = 2 - 1 = 1$ Freiheitsgraden ein höchst signifikanter Wert ($p < 0{,}001$). Da sich also die beiden Ziehungshäufigkeiten der Zahlen 32 und 13 höchst signifikant voneinander unterscheiden, könnte man auf ein nicht korrektes Ziehungsverfahren schließen.

Dieses Vorgehen aber, aus den gegebenen Ziehungshäufigkeiten aller 49 Zahlen die beiden mit maximaler und mimimaler Häufigkeit herauszufischen und dann einem Signifikanztest zu unterziehen, ist natürlich nicht erlaubt. Es hätte die komplette Häufigkeitsverteilung aller 49 Zahlen getestet werden müssen. Hier ergeben sich, das sei verraten, bei weitem keine signifikanten Unterschiede.

7.3 Verteilung nach Verhältniszahlen

Eine Variante des eindimensionalen Chiquadrat-Tests entsteht, wenn die erwarteten Häufigkeiten nicht als gleich vorausgesetzt werden können, sondern vorgegebenen Verhältniszahlen folgen.

Im Gewölbe einer Burg wurden von einem Forscherteam an vier Tagen in der Mitte des Monats Juli 1 148 Fledermäuse gefangen, an sieben Tagen in der Mitte des Monats August 2 393 Fledermäuse. Möchte man testen, ob sich die Fangergebnisse in diesen beiden

Sommermonaten signifikant voneinander unterscheiden, muss man offenbar berücksichtigen, dass sich die erwarteten Häufigkeiten nicht wie 1:1, sondern wie 4:7 verhalten. Dies führt zu einer etwas modifizierten Chiquadrat-Berechnung (Tabelle 7.5).

Monat	fo_i	v_i	fe_i	$\frac{(fo_i - fe_i)^2}{fe_i}$
Juli	1 148	4	1 287,6	15,135
August	2 393	7	2 253,4	8,648
Summe	3 541	11	3 541,0	23,783

Tabelle 7.5: Chiquadrat-Test bei vorgegebenen Verhältniszahlen

Bezeichnet man die Verhältniszahlen mit v_i und deren Summe mit s, so berechnen sich die erwarteten Häufigkeiten zu

$$fe_i = \frac{n \cdot v_i}{s} \qquad i = 1, \ldots, k$$

Es darf Sie nicht stören, dass die erwarteten Häufigkeiten, da es sich um einen berechneten Wert handelt, Nachkommastellen beinhalten.

Unter Berücksichtigung der verschieden langen Beobachtungszeiten ergibt sich bezüglich der Fangzahlen ein höchst signifikanter Unterschied ($p < 0{,}001$) zwischen den Monaten Juli und August dahingehend, dass die Fangzahlen im Juli erniedrigt und im August erhöht sind.

Die Erweiterung des eindimensionalen Chiquadrat-Tests auf den zweidimensionalen Fall, der Chiquadrat-Mehrfeldertest, wird in Kap. 8.4.1 vorgestellt.

8 Beziehungen zwischen zwei Variablen

Die häufigste Testsituation in der analytischen Statistik dürfte diejenige sein, dass man Beziehungen zwischen zwei Variablen untersuchen möchte. Je nach Skalenniveau der beteiligten Variablen und je nachdem, ob bei intervallskalierten Variablen Normalverteilung vorliegt oder nicht, gelangen hierbei unterschiedliche Tests zur Anwendung.

Sieht man von dem Fall ab, dass beide Variablen nominalskaliert mit mehr als zwei Kategorien sind, wo die Beziehung zwischen beiden Variablen in Form einer Kreuztabelle herzustellen ist (siehe Kap. 8.4), gibt es prinzipiell zwei Ansatzmöglichkeiten, um eine Beziehung zwischen zwei Variablen aufzudecken.

▪ Eine der beiden Variablen wird als Gruppierungsvariable verwendet. Die entstehenden Gruppen werden dann bezüglich des Mittelwerts oder des Medians der anderen Variablen auf signifikante Unterschiede getestet (siehe Kap. 8.1). Die Gruppierungsvariable muss dabei nominalskaliert oder ordinalskaliert mit recht wenigen Kategorien sein.

▪ Der Zusammenhang der beiden Variablen wird mit Hilfe eines Korrelationskoeffizienten (siehe Kap. 8.2) beschrieben, der mit einem Betrag zwischen 0 und 1 angibt, wie stark die Aussage „je größer die eine Variable, desto größer die andere" bzw. „je größer die eine Variable, desto kleiner die andere" zutrifft. Diese Methode wird z. B. benutzt, wenn beide Variablen intervallskaliert sind.

Zwei Beispiele aus einer zahnmedizinischen Studie sollen dies verdeutlichen. Insgesamt 1 130 Patienten einer Zahnklinik wurden u. a. nach der Putzhäufigkeit der Zähne, der Häufigkeit des Zahnbürstenwechsels und der Schulbildung befragt. Außerdem wurde bei jedem Patienten über alle Zähne der mittlere CPITN-Wert ermittelt. Dieser Index gibt anhand einer Skala von 0 (gesund) bis 4 (Taschentiefe von 6 mm und mehr) die Behandlungsbedürftigkeit eines Zahnes an.

Die drei erstgenannten Variablen sind ordinalskaliert; die entsprechende Codierung und deren Häufigkeiten sind den Häufigkeitstabellen 8.1 bis 8.3 zu entnehmen.

Code	Bedeutung	Häufigkeit	Prozent
1	weniger als 1-mal täglich	18	1,6 %
2	1-mal täglich	233	20,6 %
3	2-mal täglich	832	73,6 %
4	mehr als 2-mal täglich	47	4,2 %

Tabelle 8.1: Putzhäufigkeit der Zähne

Der mittlere CPITN-Wert erweist sich mit seiner deutlich rechtsgipfligen Verteilung als nicht normalverteilt. Der Median hat den Wert 2,6; die beiden Quartile sind 1,83 bzw. 3,17.

Code	Bedeutung	Häufigkeit	Prozent
1	mindestens alle 3 Monate	557	49,3 %
2	seltener	573	50,7 %

Tabelle 8.2: Häufigkeit des Zahnbürstenwechsels

Code	Bedeutung	Häufigkeit	Prozent
1	Hauptschule	212	18,8 %
2	mittlere Reife	646	57,2 %
3	Abitur	81	7,2 %
4	Hochschule	191	16,9 %

Tabelle 8.3: Schulbildung

Im ersten Beispiel wollen wir untersuchen, wie der mittlere CPITN-Wert von der Häufigkeit des Zahnbürstenwechsels abhängt. Die erste Möglichkeit ist, dass wir für beide Kategorien des Zahnbürstenwechsels den Median des CPITN-Wertes bestimmen und dann diese beiden Mediane mit Hilfe des U-Testes nach Mann und Whitney (siehe Kap. 8.1.4) auf signifikanten Unterschied vergleichen (Tabelle 8.4).

Zahnbürstenwechsel	Median
mindestens alle 3 Monate	2,2
seltener	2,8

Tabelle 8.4: Zahnbürstenwechsel und Median des CPITN-Wertes

Der U-Test liefert mit $p < 0,001$ ein höchst signifikantes Ergebnis. Patienten mit häufigerem Zahnbürstenwechsel haben also einen höchst signifikant besseren CPITN-Wert; dabei beträgt der Unterschied der beiden Mediane 0,6.

Wären die CPITN-Werte normalverteilt, würde man in beiden Gruppen den Mittelwert berechnen und dann diese mit Hilfe des t-Tests nach Student (siehe Kap. 8.1.1) auf signifikanten Unterschied testen.

Da beide betrachteten Variablen mindestens Ordinalniveau aufweisen, kann als zweite Möglichkeit auch der Rangkorrelationskoeffizient nach Spearman (siehe Kap. 8.2.2) berechnet werden. Dieser liefert mit $r = 0,249$ einen zwar höchst signifikanten, aber nur geringen Zusammenhang.

Welche der beiden Vorgehensweisen man vorzieht, ist sicherlich Geschmackssache. Vorteilhafter ist wohl die erstgenannte Variante, da sie durch die Angabe der beiden Mediane (im Falle der Normalverteilung durch die Angabe der beiden Mittelwerte) den Unterschied zwischen beiden Gruppen deutlicher macht als durch die Angabe des bloßen Korrelationskoeffizienten.

Im zweiten Beispiel soll der Frage nachgegangen werden, wie Schulbildung und die Putzhäufigkeit der Zähne zusammenhängen. Hier sind sogar drei verschiedene Varianten denkbar.

In einer ersten Variante wird eine Kreuztabelle zwischen den beiden Variablen mit anschließendem Chiquadrat-Test erstellt (Tabelle 8.5).

Schulbildung	tägliche Putzhäufigkeit			
	< 1-mal	1-mal	2-mal	> 2-mal
Hauptschule	10	92	107	3
	4,7 %	43,4 %	50,5 %	1,4 %
mittlere Reife	8	120	500	18
	1,2 %	18,6 %	77,4 %	2,8 %
Abitur		10	64	7
		12,3 %	79,0 %	8,6 %
Hochschule		11	161	19
		5,8 %	84,3 %	9,9 %

Tabelle 8.5: Schulbildung und Putzhäufigkeit (Kreuztabelle)

Neben den Häufigkeiten sind auch die auf die jeweiligen Zeilensummen bezogenen Prozentwerte aufgeführt. Zum Beispiel putzen 107 Hauptschüler ihre Zähne zweimal täglich, das sind 50,5 % aller Hauptschüler. Hingegen putzen 500 Abiturienten ihre Zähne zweimal täglich, das sind 77,4 % aller Abiturienten. Aufgrund der angegebenen Prozentwerte wird sehr deutlich, dass höhere Schulbildung mit häufigerem Zähneputzen einhergeht. Zur Überprüfung der Signifikanz dieser Aussage liefert der Chiquadrat-Wert mit $p < 0,001$ ein höchst signifikantes Ergebnis.

In einer zweiten Variante könnte man die Schulbildung als Gruppierungsvariable benutzen und in den vier Gruppen den Median der ordinalskalierten Variablen Putzhäufigkeit bestimmen, wobei die Medianformel für gehäufte Daten (siehe Kap. 3.2.2) zur Anwendung kommt. Dies liefert das in Tabelle 8.6 dargestellte Ergebnis.

Schulbildung	Median
Hauptschule	2,50
mittlere Reife	2,82
Abitur	2,96
Hochschule	3,04

Tabelle 8.6: Schulbildung und Putzhäufigkeit (Mediane)

Diese Mediane können dann mit dem H-Test nach Kruskal und Wallis (siehe Kap. 8.1.6) auf signifikanten Unterschied getestet werden. Dieser liefert mit $p < 0,001$ ein höchst signifikantes Ergebnis.

In der dritten Variante kann zwischen den beiden ordinalskalierten Variablen Schulbildung und Putzhäufigkeit der Rangkorrelationskoeffizient nach Spearman (siehe Kap. 8.2.2) bestimmt werden. Dieser liefert mit $r = 0{,}328$ einen zwar höchst signifikanten, aber als gering einzustufenden Wert.

Sie haben also in vielen Fällen mehrere Möglichkeiten, Zusammenhänge zwischen zwei Variablen aufzuzeigen. Im letzten Beispiel dürfte es empfehlenswert sein, den Korrelationskoeffizienten anzugeben und daneben zur weiteren Veranschaulichung entweder die Kreuztabelle oder die Mediane.

Bevor die je nach Skalenniveau und Verteilungsform (normalverteilt bzw. nicht normalverteilt) der beteiligten Variablen in Frage kommenden Tests aufgezeigt werden, seien in Tabelle 8.7 noch einmal die fünf Stufen in Erinnerung gebracht, nach denen man Variablen einteilen kann (siehe Kap. 2.4).

Stufe	Skalenniveau
1	nominalskaliert mit mehr als zwei Kategorien
2	nominalskaliert mit zwei Kategorien
3	ordinalskaliert
4	intervallskaliert und nicht normalverteilt
5	intervallskaliert und normalverteilt

Tabelle 8.7: Variablenklassifikation

Die bei den einzelnen Stufenkombinationen in Frage kommenden Tests sind auf der folgenden Seite zusammengestellt. Dabei sind redundante Kombinationen weggelassen.

Die mit *) bezeichneten Tests können nicht in allen Situationen durchgeführt werden bzw. sind nicht in allen Situationen sinnvoll. In den folgenden Kapiteln werden die einzelnen Verfahren vorgestellt.

8.1   Tests auf signifikante Unterschiede

Falls Sie Stichproben hinsichtlich ihrer Mittelwerte oder Mediane (allgemein: zentralen Tendenzen) vergleichen möchten, so gibt es drei Kriterien bzw. Unterscheidungsmöglichkeiten, die dabei relevant werden:

- unabhängige Stichproben – abhängige Stichproben

- Vergleich von zwei Stichproben – Vergleich von mehr als zwei Stichproben

- intervallskalierte und normalverteilte Werte – ordinalskalierte oder nicht normalverteilte intervallskalierte Werte

Abhängigkeit von zwei Stichproben (wobei Entsprechendes auch bei mehr als zwei Stichproben gilt) bedeutet dabei, dass jeweils ein Wertepaar aus beiden Stichproben sinnvoll

Stufenkombination	Test
1 mit 1	Kreuztabelle mit Chiquadrat-Test
	Cohens Kappa *)
1 mit 2	Kreuztabelle mit Chiquadrat-Test
1 mit 3	Kreuztabelle mit Chiquadrat-Test
	H-Test nach Kruskal und Wallis
1 mit 4	H-Test nach Kruskal und Wallis
1 mit 5	einfaktorielle Varianzanalyse
2 mit 2	Kreuztabelle mit Chiquadrat-Vierfeldertest
	Exakter Test nach Fisher und Yates
	Vierfelderkorrelation
	Cohens Kappa *)
	Chiquadrat-Test nach McNemar *)
2 mit 3	Kreuztabelle mit Chiquadrat-Test
	U-Test nach Mann und Whitney
	Rangkorrelation nach Spearman
	Rangkorrelation nach Kendall
2 mit 4	U-Test nach Mann und Whitney
	Rangkorrelation nach Spearman
	Rangkorrelation nach Kendall
2 mit 5	t-Test nach Student
	punktbiseriale Korrelation
3 mit 3	Kreuztabelle mit Chiquadrat-Test
	H-Test nach Kruskal und Wallis
	Rangkorrelation nach Spearman
	Rangkorrelation nach Kendall
	Wilcoxon-Test *)
3 mit 4	H-Test nach Kruskal und Wallis
	Rangkorrelation nach Spearman
	Rangkorrelation nach Kendall
3 mit 5	einfaktorielle Varianzanalyse
	Rangkorrelation nach Spearman
	Rangkorrelation nach Kendall
4 mit 4	Rangkorrelation nach Spearman
	Rangkorrelation nach Kendall
	Wilcoxon-Test *)
4 mit 5	Rangkorrelation nach Spearman
	Rangkorrelation nach Kendall
	Wilcoxon-Test *)
5 mit 5	Produkt-Moment-Korrelation
	Intraclass Correlation Coefficient *)
	partielle Korrelation *)
	t-Test für abhängige Stichproben *)

und eindeutig einander zugeordnet werden kann. Dies ist z. B. immer dann der Fall, wenn
eine Variable bei dem gleichen Probanden unter zwei (oder mehreren) Bedingungen gemessen wurde.

Das klassische Beispiel von abhängigen Stichproben liegt vor, wenn eine Variable zu mehreren Zeitpunkten gemessen wurde. Dies ist im folgenden Beispiel der Fall, bei dem die
Wirkung eines blutdrucksenkenden Medikamentes erprobt wurde. Jeder Proband wurde
zu zwei Zeitpunkten (Ausgangswert und nach einem Monat) einer Blutdruckmessung
unterzogen. Die Werte der ersten fünf Probanden sind in Tabelle 8.8 enthalten.

Proband	Ausgangswert	1 Monat
August	210	200
Berta	190	150
Christine	180	170
Dietrich	205	165
Emil	180	160

Tabelle 8.8: Zwei abhängige Stichproben

Hier liegen zwei voneinander abhängige Stichproben vor, deren Werte probandenweise
einander zugeordnet werden können. Eine unmittelbare Folgerung der Abhängigkeit ist,
dass voneinander abhängige Stichproben stets dieselbe Fallzahl haben.

Nicht immer muss die Abhängigkeit über zeitlich versetzte Messungen erfolgen. So können etwa bei einer zahnmedizinischen Untersuchung bei jedem beteiligten Probanden an
zwei verschiedenen Zähnen unterschiedliche Behandlungsmethoden getestet werden.

Unabhängige Stichproben liegen dann vor, wenn diese unterschiedliche Probanden (allgemein: Fälle) enthalten. In diesem Fall brauchen die Fallzahlen der beteiligten Stichproben nicht gleich zu sein.

Die zweite Unterscheidungsmöglichkeit bei der Anwendung eines Signifikanztests ist die
Anzahl der verglichenen Stichproben. Im einfachsten und übersichtlichsten Fall werden
zwei Stichproben miteinander verglichen. Ergibt sich ein signifikanter Unterschied, so
ist unmittelbar klar, zwischen welchen beiden Stichproben dieser Unterschied besteht —
es sind ja nur zwei Stichproben beteiligt.

Komplizierter wird es, wenn Sie mehrere Stichproben miteinander vergleichen wollen.
Nehmen wir einmal an, Sie erproben acht verschiedene Methoden zur Gewichtsabnahme
bei übergewichtigen Probanden. Sie bilden also acht verschiedene Gruppen entsprechender Versuchspersonen mit etwa gleichem mittlerem Ausgangsgewicht und stellen nach
einem vorher festgelegten Zeitpunkt die Gewichtsabnahme fest.

Dabei könnten Sie so vorgehen, dass Sie alle Gruppen paarweise miteinander vergleichen.
Bei k Gruppen ergibt dies

$$\frac{k \cdot (k-1)}{2}$$

Vergleiche, im gegebenen Beispiel von acht Gruppen also deren

$$\frac{8 \cdot 7}{2} = 28$$

Bedenkt man, dass auf dem Signifikanzniveau $p = 0,05$ von 100 Signifikanztests etwa deren 5 mit einem Fehler erster Art behaftet sind, so kann man annehmen, dass bei 28 Einzelvergleichen ein solcher Fehler zwei- bis dreimal auftreten wird. Erhalten Sie also hierbei eine Hand voll signifikanter Ergebnisse, werden Sie nicht unbedingt daraus schließen können, dass die untersuchten Methoden insgesamt unterschiedliche Ergebnisse liefern.

Um den geschilderten Effekt abzufangen, macht man im Falle mehrerer zu vergleichender Stichproben zunächst einen „globalen" Test über alle Stichproben. Nur in dem Fall, dass dieser Test ein signifikantes Ergebnis liefert, ist es dann erlaubt, unter Anwendung passender paarweiser Tests zu untersuchen, welche Stichproben sich im Einzelnen signifikant voneinander unterscheiden. Liegt Normalverteilung vor und hat man daher als globalen Test die einfaktorielle Varianzanalyse angewandt, so stehen hier anstelle des t-Tests passendere Tests zur Verfügung, die Zwischenergebnisse der Varianzanalyse benutzen.

Die dritte Unterscheidungsmöglichkeit resultiert daraus, ob die Werte der beteiligten Stichproben intervallskaliert und normalverteilt sind oder nicht; die Alternative sind entweder ordinalskalierte oder intervallskalierte, aber nicht normalverteilte Werte. Im letzteren Fall wendet man so genannte *parameterfreie* Tests an, deren Formeln nicht auf den Originalwerten aufbauen, sondern auf Rangplätzen, die diesen Werten zugeordnet sind. Die *Effizienz* eines solchen parameterfreien Tests beträgt dabei etwa 95 % des entsprechenden parametrischen Tests. Als Effizienz eines parameterfreien Tests bezeichnet man dabei das Verhältnis der für den Signifikanznachweis erforderlichen Stichprobenumfänge beim entsprechenden parametrischen Test und diesem parameterfreien Test.

Sind also die Voraussetzungen zur Anwendung des t-Tests nach Student gegeben (Vergleich zweier unabhängiger Stichproben mit normalverteilten intervallskalierten Werten) und benötigen Sie zum Signifikanznachweis 19 Werte, so würden Sie beim entsprechenden parameterfreien Test, dem U-Test nach Mann und Whitney, 20 Werte benötigen.

Möchten Sie mehrere Signifikanztests durchführen und haben Sie in einigen Fällen normalverteilte, in anderen Fällen nicht normalverteilte Werte, so ist wegen ihrer hohen Effizienz zu empfehlen, stets parameterfreie Tests zu rechnen, um ein schwer interpretierbares Durcheinander verschiedener Tests zu vermeiden. Viele Anwender sind schon dazu übergegangen, prinzipiell nur parameterfreie Tests zu rechnen, da diese an keine Voraussetzungen gebunden sind und sowieso normalverteilte Werte in der Praxis eher die Ausnahme sind.

Mit den drei aufgeführten dichotomen Unterscheidungsmöglichkeiten gibt es zum Vergleich von Stichproben acht unterschiedliche Testsituationen, für welche die gebräuchlichsten Tests in den Tabellen 8.9 und 8.10 zusammengestellt sind.

Anzahl der Stichproben	Art der Abhängigkeit	Test
2	unabhängig	t-Test nach Student
2	abhängig	t-Test für abhängige Stichproben
> 2	unabhängig	einfaktorielle Varianzanalyse
> 2	abhängig	einfaktorielle Varianzanalyse mit Messwiederholung

Tabelle 8.9: Tests bei intervallskalierten und normalverteilten Variablen

Anzahl der Stichproben	Art der Abhängigkeit	Test
2	unabhängig	U-Test von Mann und Whitney
2	abhängig	Wilcoxon-Test
> 2	unabhängig	H-Test nach Kruskal und Wallis
> 2	abhängig	Friedman-Test

Tabelle 8.10: Tests bei ordinalskalierten oder nicht normalverteilten Variablen

Einfaktorielle Varianzanalyse mit Messwiederholung und Friedman-Test behandeln den Fall, dass mehr als zwei (abhängige) Variablen miteinander in Beziehung gebracht werden, und werden daher in Kap. 9 behandelt. Die anderen Tests werden in den folgenden Kapiteln vorgestellt.

8.1.1   Der t-Test nach Student

Der t-Test nach Student dient zum Vergleich zweier unabhängiger Stichproben hinsichtlich ihrer Mittelwerte, wobei die Werte der beiden Stichproben normalverteilt sein müssen.

Je nachdem, ob sich die Varianzen in beiden Stichproben signifikant unterscheiden oder nicht, gibt es zwei verschiedene Formeln für eine t-verteilte Prüfgröße t, in die jeweils die beiden Mittelwerte $\bar{x}_1$ und $\bar{x}_2$, die beiden Standardabweichungen s_1 und s_2 und die beiden Fallzahlen n_1 und n_2 eingehen.

Im ersten Rechenschritt ist also zu entscheiden, ob Varianzenhomogenität (die Varianzen unterscheiden sich nicht signifikant) oder Varianzenheterogenität (die Varianzen unterscheiden sich signifikant) vorliegt. Dazu berechnet man die Prüfgröße

$$F = \frac{s_{major}^2}{s_{minor}^2}$$

Dabei ist s_{major} die größere und s_{minor} die kleinere der beiden Standardabweichungen. Die Prüfgröße F ist F-verteilt mit

$$df = (n_{\text{major}} - 1, n_{\text{minor}} - 1)$$

Freiheitsgraden. Varianzenheterogenität wird bei einer Signifikanz auf der Stufe $p < 0{,}05$ angenommen.

Im Falle der Varianzenhomogenität gilt

$$t = \frac{|\bar{x}_1 - \bar{x}_2|}{\sqrt{\dfrac{(n_1 - 1) \cdot s_1^2 + (n_2 - 1) \cdot s_2^2}{n_1 + n_2 - 2}}} \cdot \sqrt{\frac{n_1 \cdot n_2}{n_1 + n_2}}$$

$$df = n_1 + n_2 - 2$$

und im Falle der Varianzenheterogenität

$$t = \frac{|\bar{x}_1 - \bar{x}_2|}{\sqrt{\dfrac{s_1^2}{n_1} + \dfrac{s_2^2}{n_2}}}$$

$$df = \frac{(c_1 + c_2)^2}{\dfrac{c_1^2}{n_1 - 1} + \dfrac{c_2^2}{n_2 - 1}}$$

Dabei ist df nach unten abzurunden und

$$c_1 = \frac{s_1^2}{n_1} \qquad c_2 = \frac{s_2^2}{n_2}$$

$\Rrightarrow$ Die Rechenschritte sollen anhand eines Beispiels aus der Biologie durchgeführt werden. An 17 Männchen und 15 Weibchen einer bestimmten Vogelart wurde die Schnabellänge gemessen. Die Ergebnisse sind in Tabelle 8.11 eingetragen.

Die Weibchen weisen im Schnitt höhere Werte auf. Es soll mit dem t-Test überprüft werden, ob der Unterschied bzgl. der mittleren Schnabellänge signifikant ist.

Die Berechnung der Mittelwerte und Standardabweichungen ergibt

$$\bar{x}_1 = 79{,}4 \qquad \bar{x}_2 = 85{,}7 \qquad s_1 = 3{,}55 \qquad s_2 = 3{,}37$$

Die Fallzahlen sind

$$n_1 = 17 \qquad n_2 = 15$$

Zunächst ist der F-Test auf Überprüfung der Varianzenhomogenität auszuführen:

$$F = \frac{3{,}55^2}{3{,}37^2} = 1{,}11$$

Männchen	Weibchen
86	88
86	86
79	88
79	88
80	83
85	84
77	82
76	90
77	85
78	89
78	85
77	81
74	89
81	89
82	79
79	
76	

Tabelle 8.11: Schnabellängen

Wie die F-Tabelle ausweist, ist dies bei (16, 14) Freiheitsgraden ein nicht signifikanter Wert; Varianzenhomogenität ist also gegeben.

Damit wird

$$t = \frac{|79{,}4 - 85{,}7|}{\sqrt{\dfrac{16 \cdot 3{,}55^2 + 14 \cdot 3{,}37^2}{30}}} \cdot \sqrt{\frac{17 \cdot 15}{17 + 15}} = 5{,}129$$

Nach der t-Tabelle ist dies bei $df = 17 + 15 - 2 = 30$ Freiheitsgraden ein höchst signifikanter Wert ($p < 0{,}001$).

Die Weibchen haben also eine höchst signifikant größere Schnabellänge als die Männchen.

8.1.2   Der t-Test für abhängige Stichproben

Dieser Test dient zum Vergleich zweier abhängiger Stichproben hinsichtlich ihrer Mittelwerte, wobei die Differenzen zusammengehöriger Messwertpaare aus einer normalverteilten Grundgesamtheit stammen müssen.

⇒ Eine Mineralwasserfirma behauptet, regelmäßiges Trinken ihres Wassers senke den Cholesterinspiegel. Um dies zu überprüfen, tranken achtzehn Versuchspersonen mit erhöhtem Cholesterin eine Woche lang in festgesetzten Mengen dieses Mineralwasser. Die Cholesterinwerte vor und nach der Trinkkur, deren Differenzen (d) und die Quadrate dieser Differenzen sind in Tabelle 8.12 enthalten.

Vp	vor	nach	d	d^2
1	331	329	2	4
2	320	310	10	100
3	215	210	5	25
4	268	254	14	196
5	264	250	14	196
6	251	241	10	100
7	282	273	9	81
8	272	252	20	400
9	261	272	−11	121
10	257	244	13	169
11	267	238	29	841
12	248	232	16	256
13	321	307	14	196
14	272	261	11	121
15	355	348	7	49
16	264	260	4	16
17	270	266	4	16
18	229	217	12	144
Summe	4947	4764	183	3031

Tabelle 8.12: Rechenschritte zum t-Test für abhängige Stichproben

Die beiden Stichproben, die durch die Cholesterinwerte vor und nach der Trinkkur gebildet werden, sind voneinander abhängig, da zu jedem Probanden genau ein Wertepaar „vor — nach" existiert. Bei entsprechender Prüfung (siehe Kap. 7.1) erweisen sich die Differenzen als hinreichend normalverteilt, so dass der geeignete Test zum Vergleich der beiden Stichproben der t-Test für abhängige Stichproben ist.

Der Mittelwert des Cholesterins vor der Trinkkur ist

$$\bar{x}_1 = \frac{4947}{18} = 274{,}83$$

und derjenige nach Beendigung der Trinkkur

$$\bar{x}_2 = \frac{4764}{18} = 264{,}67$$

Der Mittelwert der Differenzen ist

$$\bar{d} = \frac{183}{18} = 10{,}17$$

Abgesehen von Rundungsfehlern ist natürlich stets

$$\bar{d} = \bar{x}_1 - \bar{x}_2$$

Im Mittel ist also der Wert des Cholesterins um 10,17 gesunken. Um diesen Unterschied der beiden Mittelwerte auf Signifikanz zu überprüfen, berechnet man neben dem Mittelwert der Differenzen

$$\bar{d} = \frac{\sum\limits_{i=1}^{n} d_i}{n}$$

noch deren Standardabweichung:

$$s = \sqrt{\frac{\sum\limits_{i=1}^{n} d_i^2 - \dfrac{\left(\sum\limits_{i=1}^{n} d_i\right)^2}{n}}{n-1}}$$

Mit den gegebenen Werten erhält man

$$s = \sqrt{\frac{3031 - \dfrac{183^2}{18}}{17}} = 8{,}298$$

Die Prüfgröße t berechnet sich zu

$$t = \frac{|\bar{d}| \cdot \sqrt{n}}{s}$$

Im gegebenen Beispiel wird damit

$$t = \frac{10{,}167 \cdot \sqrt{18}}{8{,}298} = 5{,}198$$

Dieser Wert ist t-verteilt mit

$$df = n - 1$$

Freiheitsgraden; im vorliegenden Fall ist also

$$df = 18 - 1 = 17$$

Der berechnete t-Wert muss bei der gegebenen Anzahl von Freiheitsgraden den tabellierten Grenzwert der t-Tabelle übersteigen, damit Signifikanz auf der betreffenden Stufe vorliegt. Bei $df = 17$ Freiheitsgraden ist der kritische Tabellenwert auf dem 0,001-Signifikanzniveau 3,965; da der berechnete Wert diesen Wert übertrifft, ist der Unterschied der mittleren Cholesterinwerte vor und nach der Trinkkur als höchst signifikant nachgewiesen.

8.1.3   Einfaktorielle Varianzanalyse

Die einfaktorielle Varianzanalyse dient zum Vergleich von mehr als zwei unabhängigen Stichproben hinsichtlich ihrer Mittelwerte, wobei die Werte der Stichproben normalverteilt sein müssen. Eine weitere Voraussetzung ist die Varianzhomogenität über die Stichproben hinweg.

⇒   Die Erläuterung der Rechenschritte soll anhand des folgenden Beispiels vorgenommen werden. Aus fünf Regionen der Erde wurden zufällig einige Staaten ausgewählt und die mittlere Lebenserwartung der Männer notiert. Die entsprechenden Jahresangaben sind in Tabelle 8.13 enthalten.

Europa	Pazifik/Asien	Afrika	Mittlerer Osten	Latein-Amerika
73	66	55	68	68
74	75	51	65	59
75	76	55	67	71
72	73	54	62	69
69	63	62	65	74
65		41	69	67
			65	57
$\bar{x}_1 = 71,3$	$\bar{x}_2 = 70,6$	$\bar{x}_3 = 53,0$	$\bar{x}_4 = 65,9$	$\bar{x}_5 = 66,4$
$s_1 = 3,72$	$s_2 = 5,77$	$s_3 = 6,90$	$s_4 = 2,34$	$s_5 = 6,21$
$n_1 = 6$	$n_2 = 5$	$n_3 = 6$	$n_4 = 7$	$n_5 = 7$

Tabelle 8.13: Lebenserwartung in ausgewählten Staaten

In der Tabelle sind auch die Mittelwerte, Standardabweichungen und Fallzahlen in den fünf Stichproben aufgeführt. Es soll geklärt werden, ob die Unterschiede zwischen den Mittelwerten signifikant sind.

Es sei noch einmal auf die beiden Voraussetzungen der Varianzanalyse hingewiesen:

▪   Normalverteilung in den einzelnen Stichproben

▪   Varianzhomogenität über die Stichproben hinweg

Bei so geringen Fallzahlen wie im vorliegenden Beispiel ist eine signifikante Abweichung von der Normalverteilung kaum möglich, wenn nicht eklatante Ausreißer in den Werten auftreten, was im gegebenen Beispiel aber nicht der Fall ist. Die Varianzenhomogenität kann mit einem der Tests überprüft werden, die am Ende dieses Kapitels beschrieben sind.

Die Bezeichnung „Varianzanalyse" wird dabei von manchen als irreführend empfunden, da sie meinen, es würden damit die Varianzen auf signifikante Unterschiede getestet. Der Name des Verfahrens rührt daher, dass dessen Grundlage eine Zerlegung der Gesamtvarianz ist.

Ist k die Anzahl der Stichproben (im folgenden *Gruppen* genannt), n die Gesamtzahl der Werte und x_{ij} der j-te Wert in der i-ten Stichprobe, so beträgt die Gesamtvarianz

$$\frac{1}{n-1} \cdot \sum_{i=1}^{k} \sum_{j=1}^{n_i} (x_{ij} - \bar{x})^2$$

Dabei ist $\bar{x}$ der Mittelwert über alle Werte und n_i der Umfang der i-ten Stichprobe.

Das Prinzip der Varianzanalyse ist eine Zerlegung dieser Gesamtvarianz in eine Varianz *innerhalb* der Gruppen und eine Varianz *zwischen* den Gruppen. Für die Summe der Abweichungsquadrate (SAQ) gilt nämlich die Beziehung

$$\sum_{i=1}^{k} \sum_{j=1}^{n_i} (x_{ij} - \bar{x})^2 = \sum_{i=1}^{k} \sum_{j=1}^{n_i} (x_{ij} - \bar{x}_i)^2 + \sum_{i=1}^{k} \left(n_i \cdot (\bar{x}_i - \bar{x})^2 \right)$$

Die Summe auf der linken Seite dieser Gleichung, die mathematisch versierte Leserinnen und Leser unter Zugrundelegung der Aufspaltung

$$x_{ij} - \bar{x} = (x_{ij} - \bar{x}_i) + (\bar{x}_i - \bar{x})$$

sicher leicht beweisen können, ist die Aufsummierung der Abweichungen aller Werte vom Gesamtmittel $\bar{x}$. Sie wird daher $SAQ(\text{gesamt})$ genannt.

Das erste Glied auf der rechten Seite steht für die Abweichungen der Werte vom jeweiligen Gruppenmittel und wird daher als $SAQ(\text{innerhalb})$ bezeichnet. Das zweite Glied auf der rechten Seite steht für die Variabilität, die sich aus den Abweichungen der Gruppenmittel vom Gesamtmittel ergibt, und heißt deshalb $SAQ(\text{zwischen})$.

In Kurzschreibweise gilt also die Beziehung

$$SAQ(\text{gesamt}) = SAQ(\text{innerhalb}) + SAQ(\text{zwischen})$$

Diese Summen der Abweichungsquadrate werden durch ihre zugehörigen Anzahlen der Freiheitsgrade geteilt, woraus sich die *mittleren Quadrate* (MQ) ergeben. Liegen keine signifikanten Unterschiede vor, werden sich $MQ(\text{innerhalb})$ und $MQ(\text{zwischen})$ nur zufällig voneinander unterscheiden. Dies führt zu einer entsprechenden Prüfgröße, die einer F-Verteilung folgt.

Die F-Verteilung geht auf den englischen Statistiker Sir R. A. Fisher zurück, der erstmals im Jahr 1918 den Begriff „Varianzanalyse" erwähnte und im Jahr 1925 in seinem Werk „Statistical Methods of Research Workers" die varianzanalytischen Methoden beschrieb. Im allgemeinen Fall wird bei der Varianzanalyse nicht nur der Einfluss *einer* Gruppierungsvariablen auf eine (abhängige) Variable analysiert, sondern der gleichzeitige Einfluss mehrerer Faktoren. Solche Varianzanalysen sind in Kap. 10.2.1 beschrieben.

Die Rechenschritte der einfaktoriellen Varianzanalyse seien im Folgenden dargestellt, wobei zur Berechnung der SAQ die obigen Ausdrücke umgeformt werden.

$$S_i = \sum_{j=1}^{n_i} x_{ij} \qquad\qquad i = 1, \ldots, k$$

$$S = \sum_{i=1}^{k} S_i$$

$$SAQ(\text{gesamt}) = \sum_{i=1}^{k} \sum_{j=1}^{n_i} x_{ij}^2 - \frac{S^2}{n}$$

$$SAQ(\text{zwischen}) = \sum_{i=1}^{k} \frac{S_i^2}{n_i} - \frac{S^2}{n}$$

$$SAQ(\text{innerhalb}) = SAQ(\text{gesamt}) - SAQ(\text{zwischen})$$

$$df(\text{zwischen}) = k - 1$$

$$df(\text{innerhalb}) = n - k$$

$$MQ(\text{zwischen}) = \frac{SAQ(\text{zwischen})}{df(\text{zwischen})}$$

$$MQ(\text{innerhalb}) = \frac{SAQ(\text{innerhalb})}{df(\text{innerhalb})}$$

$$F = \frac{MQ(\text{zwischen})}{MQ(\text{innerhalb})}$$

Die Prüfgröße F ist F-verteilt mit $(k-1, n-k)$ Freiheitsgraden.

Die berechneten Zwischengrößen trägt man üblicherweise in das in Tabelle 8.14 dargestellte Schema ein.

Variabilität	SAQ	df	MQ
gesamt	$SAQ(\text{gesamt})$		
zwischen	$SAQ(\text{zwischen})$	$df(\text{zwischen})$	$MQ(\text{zwischen})$
innerhalb	$SAQ(\text{innerhalb})$	$df(\text{innerhalb})$	$MQ(\text{innerhalb})$

Tabelle 8.14: Schema der einfaktoriellen Varianzanalyse

Die Berechnungen sind sehr rechenintensiv, wenn auch die erforderlichen Summen und Quadratsummen bereits bei der Berechnung der Mittelwerte und Standardabweichungen anfallen. So wird heutzutage wohl niemand mehr ernsthaft auf die Idee kommen, Varianzanalysen per Hand zu rechnen.

Wir wollen es ausnahmsweise tun und erhalten schrittweise die folgenden Ergebnisse:

$$
\begin{aligned}
S_1 &= 428 \qquad S_2 = 353 \qquad S_3 = 318 \\
S_4 &= 461 \qquad S_5 = 465 \\
S &= 2025 \\
SAQ(\text{gesamt}) &= 134261 - \frac{2025^2}{31} = 134261 - 132278,2 = 1982,8 \\
SAQ(\text{zwischen}) &= 133555,9 - 132278,2 = 1277,7 \\
SAQ(\text{innerhalb}) &= 1982,8 - 1277,7 = 705,1 \\
df(\text{zwischen}) &= 5 - 1 = 4 \\
df(\text{innerhalb}) &= 31 - 5 = 26 \\
MQ(\text{zwischen}) &= \frac{1277,7}{4} = 319,4 \\
MQ(\text{innerhalb}) &= \frac{705,1}{26} = 27,1 \\
F &= \frac{319,4}{27,1} = 11,79
\end{aligned}
$$

Nach der F-Tabelle ist dies bei (4, 26) Freiheitsgraden ein höchst signifikanter Wert ($p < 0,001$).

Die fünf Regionen unterscheiden sich also höchst signifikant hinsichtlich des Mittelwertes der Lebenserwartung. Oder, besser formuliert: Die Nullhypothese, nach der zwischen den fünf Regionen kein Unterschied bzgl. des Mittelwertes der Lebenserwartung besteht, ist zurückzuweisen. Die Frage drängt sich auf, welche von den Mittelwerten sich im Einzelnen paarweise voneinander unterscheiden. Dies wird mit einem so genannten Post-hoc-Test geklärt.

Post-hoc-Tests

Bei signifikantem Ergebnis einer Varianzanalyse stellt sich die Frage, welche Gruppen für diese Signifikanz verantwortlich sind. Dies kann mit einem paarweisen Vergleich der k Gruppen erfolgen, wozu

$$
\frac{k \cdot (k-1)}{2}
$$

Vergleiche notwendig sind. Im Prinzip bietet sich hierfür der t-Test nach Student an; korrekter ist aber die Anwendung eines Tests, der auf der Varianzanalyse aufbaut und Zwischenergebnisse dieses Verfahrens benutzt.

Solche Tests nennt man Post-hoc-Tests oder auch a posteriori-Tests. Inzwischen wurden zahlreiche solcher Tests entwickelt; so bietet etwa das Programmsystem SPSS achtzehn solcher Tests an. Zu den bekannteren zählen die Tests von Scheffé, Student-Newman-Keuls, Tukey und Duncan.

Im Folgenden soll der Scheffé-Test vorgestellt werden, der recht robust gegen die Verletzung der Voraussetzungen und leicht zu handhaben ist. Er gilt als eher „konservativ", d.h. im Sinne der Beibehaltung der Nullhypothese wirkend.

Nach Scheffé berechnen Sie zum Vergleich der Mittelwerte $\bar{x}_l$ und $\bar{x}_m$ ($1 \leqslant l, m \leqslant k$) die Prüfgröße

$$F = \frac{(\bar{x}_l - \bar{x}_m)^2}{\left(\dfrac{1}{n_l} + \dfrac{1}{n_m}\right) \cdot (k-1) \cdot MQ(\text{innerhalb})}$$

Diese Prüfgröße ist F-verteilt mit

$$df = (k - 1, n - k)$$

Freiheitsgraden.

Wir wollen z. B. testen, ob sich die mittlere Lebenserwartung von Europa und Afrika signifikant voneinander unterscheidet, und berechnen

$$F = \frac{(71,3 - 53,0)^2}{\left(\dfrac{1}{6} + \dfrac{1}{6}\right) \cdot 4 \cdot 27,1} = 9,27$$

Nach der F-Tabelle ist dies bei (4, 26) Freiheitsgraden ein höchst signifikanter Wert ($p < 0,001$).

Die Ergebnisse für alle Vergleiche sind in Tabelle 8.15 zusammengefasst.

	Europa	Paz./Asien	Afrika	Mittl. Osten	Latein-Amerika
Europa		ns	***	ns	ns
Paz./Asien			***	ns	ns
Afrika				**	**
Mittl. Osten					ns

Tabelle 8.15: Ergebnisse des Post-hoc-Tests

Afrika hat also eine sehr bis höchst signifikant niedrigere Lebenserwartung als die übrigen Regionen, die sich nicht signifikant voneinander unterscheiden.

Überprüfung auf Varianzenhomogenität

Eine der beiden Voraussetzungen zur Durchführung der Varianzanalyse ist die Homogenität der Varianzen

$$s_1^2, s_2^2, \dots, s_k^2$$

Zur Überprüfung auf Varianzenhomogenität gibt es über fünfzig verschiedene Tests. Im Folgenden seien drei dieser Tests vorgestellt: der Bartlett-Test, weil er der wohl am meisten angewandte ist, der Levene-Test als unempfindlicher Test bei schlecht normalverteilten Werten (der daher z. B. auch vom Programmsystem SPSS benutzt wird) und der Hartley-Test wegen des geringen Rechenaufwandes.

Unter Zugrundelegung der Fallzahlen

$$n_1, n_2, \ldots, n_k$$

werden beim *Bartlett-Test* nacheinander die folgenden Größen berechnet:

$$n = \sum_{i=1}^{k} n_i$$

$$s^2 = \frac{1}{n-k} \cdot \sum_{i=1}^{k} ((n_i - 1) \cdot s_i^2)$$

$$c = 1 + \frac{1}{3 \cdot (k-1)} \cdot \left(\sum_{i=1}^{k} \frac{1}{n_i - 1} - \frac{1}{n-k} \right)$$

$$\chi^2 = \frac{1}{c} \cdot \left((n-k) \cdot \ln(s^2) - \sum_{i=1}^{k} (n_i - 1) \cdot \ln(s_i^2) \right)$$

Die Prüfgröße χ^2 ist χ^2-verteilt mit $df = k - 1$ Freiheitsgraden.

Die Rechenschritte für das gegebene Beispiel sind in Tabelle 8.16 zusammengestellt.

i	s_i^2	n_i	$\frac{1}{n_i}$	$(n_i - 1) \cdot s_i^2$	$\ln(s_i^2)$	$(n_i - 1) \cdot \ln(s_i^2)$
1	13,84	6	0,200	69,19	2,627	13,137
2	33,29	5	0,250	133,17	3,505	14,021
3	47,61	6	0,200	238,05	3,863	19,315
4	5,48	7	0,167	32,85	1,700	10,202
5	38,56	7	0,167	231,38	3,652	21,914
Summe		31	0,984	704,64		78,589

Tabelle 8.16: Rechenschritte zum Bartlett-Test

Damit wird

$$s_2 = \frac{1}{26} \cdot 704,64 = 27,1$$

$$c = 1 + \frac{1}{12} \cdot \left(0,984 - \frac{1}{26} \right) = 1,079$$

$$\chi^2 = \frac{1}{1,079} \cdot (26 \cdot \ln(27,1) - 78,589) = 6,671$$

Dies ist, wie die χ^2-Tabelle ausweist, bei $df = 4$ Freiheitsgraden ein nicht signifikanter Wert. Die gegebenen Varianzen können also als homogen betrachtet werden.

Beim *Levene-Test* werden die ursprünglichen Werte x_{ij} durch

$$|x_{ij} - \bar{x}_i|$$

ersetzt. Die so transformierten Werte werden dann auf die beschriebene Weise einer Varianzanalyse unterzogen. Der sich ergebende F-Wert gilt als Levene-Statistik, die mit

$$df = (k - 1, n - k)$$

Freiheitsgraden F-verteilt ist.

Führt man die Berechnungen mit den gegebenen Werten aus, erhält man mit $F = 1{,}472$ einen bei (4, 26) Freiheitsgraden nicht signifikanten Wert.

Eine Variante des Levene-Tests ist es, bei der Transformation der Werte nicht den Mittelwert, sondern den Median der Gruppe zu benutzen.

Am kürzesten ist der *Hartley-Test*. Die Testgröße wird aus der kleinsten und größten Varianz gebildet:

$$F = \frac{s^2_{\max}}{s^2_{\min}}$$

Dieser F-Wert ist F-verteilt mit

$$df = (k, n_{\max} - 1)$$

Freiheitsgraden, wobei $n_{\max}$ die größte aller Fallzahlen ist.

Im gegebenen Beispiel ergibt sich

$$F = \frac{6{,}90^2}{2{,}34^2} = 8{,}69$$

Dies ist bei $df = (5, 6)$ Freiheitsgraden ein nicht signifikanter Wert, wobei bei einem kritischen Tabellenwert von 8,75 die Signifikanz knapp verfehlt ist. Der Hartley-Test erscheint, da er nur die beiden extremen Varianzen berücksichtigt, etwas zu undifferenziert.

8.1.4 Der U-Test von Mann und Whitney

Der von H. B. Mann und D. R. Whitney im Jahre 1947 entwickelte U-Test dient zum Vergleich von zwei Stichproben hinsichtlich ihrer zentralen Tendenz, wobei die Werte beliebig verteilt sein oder Ordinalniveau aufweisen können. Im Falle nicht gegebener Normalverteilung oder beim Vorliegen von Ordinalniveau ersetzt der U-Test also den t-Test nach Student. Wendet man den U-Test bei normalverteilten Werten an, so besitzt er eine Effizienz von 95 % des t-Tests, bei großen Fallzahlen von 95,5 %.

⇒   Im Rahmen einer biologischen Untersuchung wurden zu verschiedenen Zeiten innerhalb einer fest vorgegebenen Zeitspanne Schmetterlinge gefangen. Ferner wurde u. a. die Wetterbeschaffenheit festgehalten, wobei eine grobe Einteilung in „eher sonnig" und „eher wolkig" erfolgte.

Die Ergebnisse von 15 Fangversuchen sind in Tabelle 8.17 enthalten.

sonnig	wolkig
6	1
15	4
35	8
35	17
62	23
73	34
98	43
112	

Tabelle 8.17: Fangzahlen von Schmetterlingen

Teilen Sie die Fangzahlen in Klassen, etwa der Klassenbreite 20, ein und ermitteln die betreffenden Häufigkeiten, so erkennen Sie eine linksgipflige Verteilung.

Untersucht man also die Frage, ob sich die Fangzahlen bei sonnigem und wolkigem Wetter signifikant voneinander unterscheiden, wird man anstelle des t-Testes ein parameterfreies Prüfverfahren verwenden. Der passende Test hierzu ist der U-Test nach Mann und Whitney.

Bestimmt man bei beiden Stichproben den Median, so erhält man bei sonnigem Wetter den Wert 48,5, bei wolkigem Wetter den Wert 17. Der U-Test soll klären, ob der Unterschied zwischen diesen beiden Werten signifikant ist.

Das Prinzip dieses Tests ist, wie bei den anderen parameterfreien Prüfverfahren auch, die Ersetzung der gegebenen Variablenwerte durch Rangplätze. Die Werte beider Stichproben werden dabei mit einer gemeinsamen Rangreihe versehen, wobei der kleinste Wert den Rangplatz 1 erhält. Diese Rangreihe ist in Tabelle 8.18 eingetragen.

Der Wert 35 tritt zweimal auf, daher werden die beiden in Frage kommenden Rangplätze 9 und 10 zu 9,5 gemittelt. Bei mehr als zwei gleichen Werten wird entsprechend verfahren.

Beim U-Test werden die beiden Stichproben so nummeriert, dass die vom Umfang kleinere Stichprobe die Nummer 1 und die größere die Nummer 2 erhält. Folgt man dieser Vorgehensweise, so sind die beiden Stichprobenumfänge

$n_1 = 7 \quad n_2 = 8$

sonnig		wolkig	
Wert	Rangplatz	Wert	Rangplatz
6	3	1	1
15	5	4	2
35	9,5	8	4
35	9,5	17	6
62	12	23	7
73	13	34	8
98	14	43	11
112	15		
Summe	81	Summe	39

Tabelle 8.18: Vergabe einer gemeinsamen Rangreihe

Die Summen der Rangplätze (kurz: Rangsummen) sind

$$R_1 = 39 \quad R_2 = 81$$

Setzt man

$$n = n_1 + n_2$$

so bietet die Beziehung

$$R_1 + R_2 = \frac{n \cdot (n+1)}{2}$$

eine Kontrollmöglichkeit bei der Berechnung der beiden Rangsummen. Im gegebenen Beispiel ergibt sich hierbei

$$39 + 81 = \frac{15 \cdot 16}{2}$$

Auf beiden Seiten erhält man den Wert 120.

Die Rangsummen werden nun umgerechnet in

$$U_1 = R_1 - \frac{n_1 \cdot (n_1 + 1)}{2}$$
$$U_2 = R_2 - \frac{n_2 \cdot (n_2 + 1)}{2}$$

Im vorliegenden Beispiel wird

$$U_1 = 39 - \frac{7 \cdot 8}{2} = 39 - 28 = 11$$
$$U_2 = 81 - \frac{8 \cdot 9}{2} = 81 - 36 = 45$$

Eine weitere Kontrollmöglichkeit bietet jetzt die Beziehung

$$U_1 + U_2 = n_1 \cdot n_2$$

Im vorliegenden Fall wird hieraus

$$11 + 45 = 7 \cdot 8$$

Übereinstimmend ergibt sich auf beiden Seiten der Wert 56.

Die Prüfgröße U des U-Tests ist nun der kleinere der beiden Werte U_1 und U_2:

$$U = \text{Minimum}(U_1, U_2)$$

Im gegebenen Beispiel ist demnach $U = 11$. Diesen Wert vergleicht man mit den zu $n_1 = 7$ und $n_2 = 8$ gehörenden kritischen Werten der U-Tabelle. Der berechnete U-Wert muss kleiner oder gleich dem kritischen U-Wert sein, wenn Signifikanz auf der betreffenden Stufe vorliegen soll.

Im gegebenen Beispiel ist auf der 0,05-Stufe der kritische Tabellenwert 10; die Signifikanz ist also knapp verfehlt.

In der U-Tabelle sind die kritischen U-Werte bis $n_2 = 20$ aufgeführt. Wird $n_2 > 20$, so nutzt man die Tatsache aus, dass sich die Verteilung von U sehr schnell einer Normalverteilung nähert. Man rechnet dann die errechnete Prüfgröße U in einen z-Wert um:

$$z = \frac{\dfrac{n_1 \cdot n_2}{2} - U}{\sqrt{\dfrac{n_1 \cdot n_2 \cdot (n_1 + n_2 + 1)}{12}}}$$

In unserem Beispiel ergibt sich

$$z = \frac{\dfrac{7 \cdot 8}{2} - 11}{\dfrac{7 \cdot 8 \cdot 16}{12}} = 1,967$$

Laut z-Tabelle gehört hierzu ein p-Wert von 0,049, wobei wegen der Tabellierung der z-Werte mit nur zwei Kommastellen der z-Wert auf 1,97 gerundet wurde. Während mit der exakten U-Statistik die Signifikanz also knapp verfehlt wurde, würde sie mit der z-Statistik knapp erreicht. Dennoch ist offenbar auch bei zu kleiner Fallzahl für n_2 die Annäherung an die Normalverteilung schon recht gut.

Treten gehäuft geteilte Rangplätze auf, ist zur Berechnung von z eine etwas modifizierte Formel zu verwenden:

$$z = \frac{\dfrac{n_1 \cdot n_2}{2} - U}{\sqrt{\dfrac{n_1 \cdot n_2}{12 \cdot n \cdot (n-1)} \cdot \left(n^3 - n - \sum_{j=1}^{m} (t_j^3 - t_j) \right)}}$$

Dabei ist m die Anzahl der mehrfach auftretenden Werte und t_j die Häufigkeit, mit welcher der j-te mehrfach auftretende Wert vorkommt.

Im gegebenen Beispiel gibt es einen mehrfach auftretenden Wert, nämlich den zweimal auftretenden Wert 35. Damit ist

$$m = 1 \quad t_1 = 2$$

und somit

$$\sum_{j=1}^{m}(t_j^3 - t_j) = 2^3 - 2 = 6$$

$$z = \frac{\dfrac{7 \cdot 8}{2} - 11}{\sqrt{\dfrac{7 \cdot 8}{12 \cdot 15 \cdot 14} \cdot (15^3 - 15 - 6)}} = 1{,}969$$

Der z-Wert hat sich gegenüber der unkorrigierten Formel also geringfügig vergrößert, was sich aber bei der Stellengenauigkeit (2 Stellen) der zur Verfügung stehenden z-Tabelle nicht auswirkt. Prinzipiell aber wirkt sich offenbar die Korrektur bei gehäuft auftretenden Werten beim Aufspüren von Signifikanzen vorteilhaft aus.

Folgt man wegen der kleinen Fallzahl ($n_2 = 8$) korrekterweise der U-Statistik, so lässt sich das Testergebnis wie folgt zusammenfassen: Die beiden Fangergebnisse bei sonnigem und wolkigem Wetter (beschrieben durch die Mediane 48,5 bzw. 17) unterscheiden sich nicht signifikant; allerdings ist die Signifikanzgrenze nur sehr knapp verfehlt, so dass eine starke Tendenz zur Signifikanz besteht.

U-Test bei gehäuften Daten

In einem zweiten Beispiel soll der U-Test auf eine ordinalskalierte Variable angewandt werden, die nur wenige Kategorien aufweist und bei der daher gehäufte Daten verstärkt auftreten.

Im Freiburger Fragebogen zur Krankheitsverarbeitung, einem Instrument zur Einschätzung, wie Patienten mit ihrer Krankheit umgehen, werden 35 Aussagen vorgegeben, bei denen die befragten Patienten fünf Antwortmöglichkeiten haben:

1 = trifft gar nicht zu

2 = trifft wenig zu

3 = trifft mittelmäßig zu

4 = trifft ziemlich zu

5 = trifft sehr stark zu

Auf die Aussage „Aktive Anstrengungen zur Lösung der Probleme unternehmen" antworteten 35 männliche und 43 weibliche Patienten mit den in Tabelle 8.19 dargestellten Häufigkeiten.

Antwort	männlich	weiblich
1	1	3
2	0	9
3	2	6
4	18	13
5	14	12
Median	4,306	3,769

Tabelle 8.19: Gehäufte Daten beim U-Test

Der Median ist derjenige für gehäufte Daten (siehe Kap. 3.2.2). Folgt man den beiden Werten, unternehmen Männer stärkere Anstrengungen, um die mit der Krankheit verbundenen Probleme zu lösen. Mit dem U-Test soll geklärt werden, ob dieser Unterschied signifikant ist.

In diesem Beispiel treten die einzelnen Messwerte (Zahlen von 1 bis 5) naturgemäß in gehäufter Form auf. Die niederste Codierung 1 wurde insgesamt 4-mal genannt; daher belegen die betreffenden Patienten die untersten vier Ränge, was für jeden der vier Patienten einen mittleren Rangplatz von 2,5 bedeutet:

$$\frac{1+2+3+4}{4} = \frac{10}{4} = 2,5$$

Offenbar genügt auch die einfachere Berechnung

$$\frac{1+4}{2} = \frac{5}{2} = 2,5$$

Die nächstfolgende Codierung wurde insgesamt 9-mal genannt; unter Berücksichtigung der vier schon vergebenen Plätze belegen die betreffenden Patienten die Ränge 5 bis 13, was einem mittleren Rangplatz von

$$\frac{5+13}{2} = \frac{18}{2} = 9$$

entspricht. Alle Rangplatzbestimmungen dieser Art sind Tabelle 8.20 zu entnehmen.

Bildet man die Rangsummen für männliche und weibliche Patienten (R_1 bzw. R_2), so tritt etwa bei den weiblichen Patienten der Rangplatz 2,5 dreimal auf, was einen Rangsummenanteil von 7,5 bedeutet. Der Rangplatz 37 tritt bei den Männern 18-mal auf; dies ist ein Rangsummenanteil von $18 \cdot 37 = 666$. Die komplette Rangsummenberechnung kann Tabelle 8.21 entnommen werden.

Die Fallzahlen sind

$$n_1 = 35 \qquad n_2 = 43 \qquad n = 35 + 43 = 78$$

Die Kontrollbeziehung

$$R_1 + R_2 = \frac{n \cdot (n+1)}{2}$$

Antwort	männlich	weiblich	Summe	Rangplätze	mittlerer Rangplatz
1	1	3	4	1–4	2,5
2	0	9	9	5–13	9
3	2	6	8	14–21	17,5
4	18	13	31	22–52	37
5	14	12	26	53–78	65,5

Tabelle 8.20: Rangplätze bei gehäuften Daten

	R_1	R_2
1	2,5	7,5
2	0	81
3	35	105
4	666	481
5	917	786
Summe	1620,5	1460,5

Tabelle 8.21: Rangsummen

führt zu

$$1620,5 + 1460,5 = \frac{78 \cdot 79}{2}$$

Auf beiden Seiten ergibt sich übereinstimmend der Wert 3 081

Es werden nun die beiden U-Werte berechnet:

$$U_1 = 1620,5 - \frac{35 \cdot 36}{2} = 1620,5 - 630 = 990,5$$
$$U_2 = 1460,5 - \frac{43 \cdot 44}{2} = 1460,5 - 946 = 514,5$$

Die Kontrollbeziehung

$$U_1 + U_2 = n_1 \cdot n_2$$

ergibt

$$990,5 + 514,5 = 35 \cdot 43$$

und damit auf beiden Seiten übereinstimmend den Wert 1 505.

Die Prüfgröße U als kleinerer der beiden U-Werte ist somit 514,5.

Dieser U-Wert soll nun in einen z-Wert umgerechnet werden; dabei ist zunächst das beim Auftreten gehäufter Daten relevante Korrekturglied

$$\sum_{j=1}^{m} (t_j^3 - t_j)$$

zu bestimmen. Da die Messwerte von 1 bis 5 der Reihe nach mit den Häufigkeiten 4, 9, 8, 31 bzw. 26 auftreten, ergibt sich hierfür

$$(4^3 - 4) + (9^3 - 9) + (8^3 - 8) + (31^3 - 31) + (26^3 - 26)$$
$$= \ \ 60 + 720 + 504 + 29760 + 17550$$
$$= \ \ 48594$$

Damit wird nach der korrigierten z-Formel

$$z = \frac{\dfrac{35 \cdot 43}{2} - 514,5}{\sqrt{\dfrac{35 \cdot 43}{12 \cdot 78 \cdot 77} \cdot (78^3 - 78 - 48594)}} = \frac{238}{\sqrt{8893,2}} = 2,524$$

Laut z-Tabelle gehört hierzu die Irrtumswahrscheinlichkeit $p = 0,012$. Der Unterschied zwischen männlichen und weiblichen Patienten bzgl. des Grades der aktiven Anstrengungen zur Lösung der Probleme ist also signifikant.

Dieses Beispiel zeigt, wie rechenintensiv bei größeren Fallzahlen die Durchführung eines U-Tests ist. Aus diesem Grunde werden solche Berechnungen inzwischen wohl ausschließlich mit einem Computer durchgeführt.

U-Test beim Vorliegen von Rangplätzen

⇒   Der U-Test kann auch dann angewandt werden, wenn von vornherein keine Messwerte, sondern Rangplätze vorliegen. In einer Statistik-Vorlesung wurden die zu spät kommenden Hörerinnen und Hörer, getrennt nach dem Geschlecht, in der Reihenfolge ihres Zuspätkommens notiert:

M M W M W W M W M W W

Insgesamt kamen also 5 männliche und 6 weibliche Hörer zu spät:

$$n_1 = 5 \qquad n_2 = 6$$

Die Männer belegen die Rangplätze 1, 2, 4, 7 und 9, die Frauen die Rangplätze 3, 5, 6, 8, 10 und 11. Die Rangsummen sind somit

$$R_1 = 23 \qquad R_2 = 43$$

Hieraus berechnet sich

$$U_1 = 23 - \frac{5 \cdot 6}{2} = 8 \qquad\qquad U_2 = 43 - \frac{6 \cdot 7}{2} = 22$$

Damit ergibt sich die Prüfgröße $U = 8$. Auf der 0,05-Stufe ist der zu $n_1 = 5$ und $n_2 = 6$
gehörige kritische Tabellenwert der U-Tabelle 3. Da der berechnete U-Wert größer ist,
kann kein signifikanter Unterschied zwischen männlichen und weiblichen Vorlesungs-
teilnehmern bezgl. ihres Zuspätkommens nachgewiesen werden.

8.1.5   Der Wilcoxon-Test

Der von F. Wilcoxon entwickelte Test dient zum Vergleich zweier abhängiger Stichproben bzgl. ihrer zentralen Tendenzen (Mediane), wobei die Differenzen zusammengehöriger Messwertpaare nicht wie beim t-Test für abhängige Stichproben normalverteilt sein
müssen. Im Falle nicht gegebener Normalverteilung der Differenzen oder beim Vorliegen
von Ordinalniveau ersetzt der Wilcoxon-Test also den t-Test für abhängige Stichproben.
Wendet man den Wilcoxon-Test bei normalverteilten Differenzen an, so besitzt er eine
Effizienz von 95 % des t-Tests.

Die häufigste Anwendung findet der Test in der Situation, dass Messwerte einer Person zu zwei verschiedenen Zeitpunkten vorliegen. Diese typische Testsituation ist im
folgenden Beispiel gegeben.

⇒   Patienten mit einer psychiatrischen Erkrankung nahmen an einer Bewegungsthe-
rapie teil. Vor und nach dieser Therapie wurde eine so genannte Beschwerden-Liste
ausgefüllt, die insgesamt 24 Beschwerden (z. B. Kurzatmigkeit, Mattigkeit, Reizbarkeit,
Schlaflosigkeit usw.) enthielt. Bei den einzelnen Beschwerden musste jeweils eine der
Codierungen

   1 = stark

   2 = mäßig

   3 = kaum

   4 = gar nicht

angekreuzt werden. Die Summe aller angekreuzten Codierungen ergab einen Beschwerden-Score.

Die Wertepaare, die sich für jeden der 24 Patienten für den Beschwerden-Score vor und
nach Therapie ergeben, sind in der nachstehenden Tabelle aufgeführt. Der Median der
Werte vor Therapie ist 39,5, derjenige nach Therapie 30,5. Es soll die Frage geklärt werden, ob dieser Unterschied signifikant ist.

Erstellt man ein Histogramm der Differenzen der jeweils zusammengehörigen Werte, so
erhält man eine Verteilung, die recht deutlich von der Normalverteilung abweicht. Als
passenden statistischen Test wählt man daher den Wilcoxon-Test.

Tabelle 8.22 enthält für jeden Patienten den Beschwerden-Score vor und nach Therapie,
die Differenz d dieser Werte, die absolute Differenz, die nach diesen absoluten Differenzen ermittelte Rangreihe (wobei die kleinste Differenz den Rangplatz 1 erhält und

vor	nach	d	$|d|$	Rang	Rang bei $d > 0$	Rang bei $d < 0$
45	30	15	15	18,5	18,5	
52	22	30	30	22	22	
32	37	−5	5	8		8
23	16	7	7	14	14	
27	23	4	4	4	4	
38	33	5	5	8	8	
30	25	5	5	8	8	
46	24	22	22	21	21	
59	54	5	5	8	8	
30	42	−12	12	17		17
42	27	15	15	18,5	18,5	
51	31	20	20	20	20	
47	44	3	3	3	3	
37	31	6	6	12,5	12,5	
17	17	0				
55	21	34	34	23	23	
48	43	5	5	8	8	
24	30	−6	6	12,5		12,5
37	32	5	5	8	8	
41	33	8	8	15,5	15,5	
20	19	1	1	1	1	
41	36	5	5	8	8	
18	16	2	2	2	2	
51	43	8	8	15,5	15,5	
Summe					238,5	37,5

Tabelle 8.22: Rechenschritte zum Wilcoxon-Test

Nulldifferenzen unberücksichtigt bleiben) und noch einmal in zwei Spalten getrennt die Rangplätze für positive und negative Differenzen.

Bei gleichen Messwerten wurden entsprechend geteilte Rangplätze vergeben (vgl. Kap. 8.1.4).

Durch eine auftretende Nulldifferenz hat sich die Anzahl der relevanten Wertepaare auf $n = 23$ verringert. Eine Kontrollmöglichkeit bietet jetzt die Beziehung

$$T_1 + T_2 = \frac{n \cdot (n+1)}{2}$$

Dabei sind T_1 und T_2 die beiden nach positiven und negativen Differenzen aufgeteilten Rangsummen, hier also

$$T_1 = 238{,}5 \qquad T_2 = 37{,}5$$

Damit ergibt sich die Kontrollbeziehung zu

$$238{,}5 + 37{,}5 = \frac{23 \cdot 24}{2}$$

Beide Seiten ergeben übereinstimmend den Wert 276.

Die Prüfgröße T des Wilcoxon-Tests ist der kleinere der beiden T-Werte:

$$T = \text{Minimum}(T_1, T_2)$$

Im vorliegenden Beispiel ist also $T = 37{,}5$. Diesen Wert vergleicht man mit den zu $n = 23$ gehörenden kritischen Werten der T-Tabelle. Ist der berechnete T-Wert kleiner oder gleich dem kritischen T-Wert, so liegt Signifikanz auf der betreffenden Stufe vor.

Wie man der T-Tabelle entnimmt, ist der kritische Wert bei $n = 23$ und dem 0,01-Signifikanzniveau 54. Es kann also ein sehr signifikanter Abfall der Beschwerden nachgewiesen werden.

In der T-Tabelle sind die kritischen Werte bis $n = 25$ aufgeführt. Bei größeren Fallzahlen nutzt man die Tatsache aus, dass sich dann die Verteilung von T einer Normalverteilung nähert. Man berechnet in diesem Fall aus der Prüfgröße T die Prüfgröße z:

$$z = \frac{\dfrac{n \cdot (n+1)}{4} - T}{\sqrt{\dfrac{n \cdot (n+1) \cdot (2 \cdot n + 1)}{24}}}$$

Im vorliegenden Beispiel würde sich ergeben

$$z = \frac{\dfrac{23 \cdot 24}{4} - 37{,}5}{\sqrt{\dfrac{23 \cdot 24 \cdot 47}{24}}} = \frac{100{,}5}{\sqrt{1081}} = 3{,}06$$

Nach der z-Tabelle gehört hierzu ein p-Wert von 0,002, was einen sehr signifikanten Unterschied bedeutet.

8.1.6   Der H-Test nach Kruskal und Wallis

Der von W. H. Kruskal und W. A. Wallis im Jahre 1952 vorgestellte H-Test dient zum Vergleich von mehr als zwei Stichproben hinsichtlich ihrer zentralen Tendenzen (Mediane), wobei die Werte beliebig verteilt sein können oder Ordinalniveau aufweisen dürfen. Im Falle nicht gegebener Normalverteilung oder beim Vorliegen von Ordinalniveau ersetzt der H-Test also die einfaktorielle Varianzanalyse. Wendet man den H-Test bei normalverteilten Werten an, so besitzt er eine Effizienz von 95 % der Varianzanalyse.

$\Rightarrow$ Im Rahmen einer Bevölkerungsumfrage wurden die befragten Personen u. a. nach ihrer Schulbildung und ihrer politischen Selbsteinschätzung gefragt. Dabei war für die Schulbildung folgende Codierung vorgegeben:

1 = Hauptschule

2 = Mittlere Reife

3 = Abitur

Die politische Selbsteinschätzung war auf einer zehn Punkte umfassenden Skala (von 1 = ganz links bis 10 = ganz rechts) vorzunehmen.

Die Werte der beiden Variablen sind in der Tabelle 8.23 aufgeführt. Berechnet man getrennt nach den drei Kategorien der Schulbildung den Median (für gehäufte Daten) der politischen Selbsteinschätzung, so ergibt sich für Hauptschüler der Wert 6,25, für Personen mit Mittlerer Reife der Wert 5,25 und für Personen mit Abitur der Wert 4,00.

Es soll getestet werden, ob der Unterschied zwischen diesen Werten signifikant ist. Etwas präziser formuliert, soll geprüft werden, ob die Nullhypothese „Die drei Kategorien der Schulbildung unterscheiden sich nicht bezüglich der politischen Selbsteinschätzung" beizubehalten ist oder verworfen werden muss. Da Daten auf Ordinalniveau vorliegen, wird der H-Test nach Kruskal und Wallis benutzt.

Tabelle 8.23 enthält, getrennt nach den drei Kategorien der Schulbildung, die von den einzelnen befragten Personen abgegebenen Skalenwerte und den entsprechenden Rangplatz. Dabei wurde eine gemeinsame Rangreihe über die drei Stichproben vorgenommen, wobei der kleinste Wert den Rangplatz 1 erhielt.

Der Skalenwert 2 als kleinster Wert erhielt den Rangplatz 1. Der Skalenwert 3 tritt insgesamt 5-mal auf; die dafür zu vergebenden Ränge 2 bis 6 wurden zu dem mittleren Rangplatz 4 zusammengefasst usw.

Bezeichnet man allgemein die Anzahl der Stichproben mit k, die Stichprobenumfänge mit $n_i (i = 1, \ldots, k)$ und die Rangsummen in den Stichproben mit $T_i (i = 1, \ldots, k)$, so ist im gegebenen Beispiel also

$$k \;=\; 3 \quad n_1 = 9 \quad n_2 = 11 \quad n_3 = 8$$
$$T_1 \;=\; 179 \quad T_2 = 157{,}5 \quad T_3 = 69{,}5$$

Hauptschule		Mittlere Reife		Abitur	
Wert	Rang	Wert	Rang	Wert	Rang
5	13	5	13	3	4
5	13	3	4	5	13
7	22,5	3	4	4	8
9	27	8	25,5	5	13
5	13	6	18,5	3	4
6	18,5	7	22,5	4	8
8	25,5	5	13	6	18,5
6	18,5	3	4	2	1
10	28	4	8		
		7	22,5		
		7	22,5		
Summe	179,0	Summe	157,5	Summe	69,5

Tabelle 8.23: Rechenschritte zum H-Test

Eine Kontrollmöglichkeit bietet die Beziehung

$$\sum_{i=1}^{k} T_i = \frac{n \cdot (n+1)}{2}$$

Dabei ist

$$n = \sum_{i=1}^{k} n_i$$

die Gesamtzahl der Werte, hier also

$$n = 9 + 11 + 8 = 28$$

Die Kontrollrechnung ergibt damit

$$179 + 157,5 + 69,5 = \frac{28 \cdot 29}{2}$$

Beide Seiten ergeben übereinstimmend den Wert 406.

Die Prüfgröße H des Kruskal-Wallis-Tests berechnet sich zu

$$H = \frac{12}{n \cdot (n+1)} \cdot \sum_{i=1}^{k} \frac{T_i^2}{n_i} - 3 \cdot (n+1)$$

Diese Prüfgröße ist Chiquadrat-verteilt mit

$$df = k - 1$$

Freiheitsgraden.

Im vorliegenden Beispiel erhält man

$$H = \frac{12}{28 \cdot 29} \cdot \left(\frac{179^2}{9} + \frac{157,5^2}{11} + \frac{69,5^2}{8} \right) - 3 \cdot 29 = 7,862$$

und

$$df = 3 - 1 = 2$$

Freiheitsgrade.

Der berechnete H-Wert muss bei der gegebenen Zahl der Freiheitsgrade die kritischen Tabellenwerte der Chiquadrat-Tabelle übersteigen, damit eine Signifikanz auf der betreffenden Stufe vorliegt. Wie ein Blick in diese Tabelle ausweist, liegt eine Signifikanz auf der durch $p = 0,05$ gegebenen Stufe vor (kritischer Tabellenwert: 5,991). Es ergibt sich also das signifikante Ergebnis, dass Personen mit höherer Schulbildung mehr zu linker politischer Selbsteinschätzung tendieren.

Ähnlich wie beim U-Test wurde auch beim H-Test eine korrigierte Formel für den Fall entwickelt, dass Werte mehrfach auftreten und daher geteilte Rangplätze vergeben werden müssen.

Betrachtet man das vorliegende Beispiel, so treten wegen der recht kleinen Kategorienanzahl Werte häufig mehrfach auf:

Der Wert 3 tritt 5-mal auf,

der Wert 4 tritt 3-mal auf,

der Wert 5 tritt 7-mal auf,

der Wert 6 tritt 4-mal auf,

der Wert 7 tritt 4-mal auf,

der Wert 8 tritt 2-mal auf.

Im Falle des mehrfachen Auftretens von Werten berechnet man das Korrekturglied

$$c = 1 - \frac{\sum_{j=1}^{m} (t_j^3 - t_j)}{n^3 - n}$$

und korrigiert hiermit die Prüfgröße H zu

$$H_{\text{korr}} = \frac{H}{c}$$

Dabei ist m die Anzahl der mehrfach auftretenden Messwerte (hier $m = 6$) und t_j die Häufigkeit, mit der der j-te mehrfach auftretende Messwert vorkommt, also im gegebenen Beispiel

$$t_1 = 5 \quad t_2 = 3 \quad t_3 = 7 \quad t_4 = 4 \quad t_5 = 4 \quad t_6 = 2$$

Daraus ergibt sich

$$\sum_{j=1}^{m} (t_j^3 - t_j) = (5^3 - 5) + (3^3 - 3) + (7^3 - 7) + 2 \cdot (4^3 - 4) + (2^3 - 2) = 606$$

und hieraus

$$c = 1 - \frac{606}{28^3 - 28} = 0{,}9724$$

Damit berechnet sich der korrigierte H-Wert zu

$$H_{\text{korr}} = \frac{7{,}862}{0{,}9724} = 8{,}086$$

Der korrigierte H-Wert ist also etwas größer geworden. An der Signifikanzstufe zu $p = 0{,}05$ ändert dies allerdings nichts.

Ergibt der H-Test ein signifikantes Ergebnis ($p < 0{,}05$), so besagt dies, dass die Nullhypothese „Alle k Stichproben haben die gleiche zentrale Tendenz" verworfen werden muss. Möchte man wissen, welche der k Stichproben sich im Einzelnen signifikant voneinander unterscheiden, muss man paarweise den U-Test nach Mann und Whitney ausführen (siehe Kap. 8.1.4).

H-Test beim Vorliegen von Rangplätzen

Der H-Test kann, ähnlich wie der U-Test, auch in den Fällen angewandt werden, wenn von vornherein keine Messwerte, sondern nur Ränge vorliegen.

$\Rightarrow$ In Afrika wurde ein Wettrennen zwischen Löwen, Elefanten, Giraffen und Nashörnern veranstaltet, um zu ermitteln, welche Tierart die schnellste ist. Es gab dabei folgenden Einlauf:

    N E N L G G L E E L G L E N N L E G N G L L G E N G L E

Das ergibt die in Tabelle 8.24 festgehaltene Rangaufteilung.

In diesem Beispiel ist demnach

$$k = 4 \quad n_1 = 8 \quad n_2 = 7 \quad n_3 = 7 \quad n_4 = 6 \quad n = 28$$
$$T_1 = 119 \quad T_2 = 101 \quad T_3 = 109 \quad T_4 = 77$$

L	E	G	N
4	2	5	1
7	8	6	3
10	9	11	14
12	13	18	15
16	17	20	19
21	24	23	25
22	28	26	
27			
119	101	109	77

Tabelle 8.24: Rangplätze zum H-Test

Damit wird

$$H = \frac{12}{28 \cdot 29} \cdot \left(\frac{119^2}{8} + \frac{101^2}{7} + \frac{109^2}{7} + \frac{77^2}{6} \right) - 3 \cdot 29 = 0,38$$

$$df = 4 - 1 = 3$$

Der kritische Tabellenwert der χ^2-Tabelle auf der 0,05-Stufe von 7,815 wird also sehr deutlich verfehlt; zwischen den Tieren werden demnach keine signifikanten Unterschiede nachgewiesen.

Liegen drei Stichproben vor ($k = 3$) und ist keine der Fallzahlen (n_i) größer als 5, so ist die Chiquadrat-Verteilung der Prüfgröße H nicht gegeben. In diesem Falle benutzt man die H-Tabelle.

Ist der berechnete H-Wert größer oder gleich dem kritischen Tabellenwert, so liegt Signifikanz auf der betreffenden Stufe vor. Dabei ist n_1 der Umfang der größten Stichprobe, n_2 der Umfang der mittleren und n_3 der Umfang der kleinsten Stichprobe. Kritische Werte für $p = 0,001$ sind nicht tabelliert, da diese bei keiner Rangkonstellation erreicht werden.

8.2   Korrelationen

In diesem Kapitel geht es um die Analyse des Zusammenhangs zwischen zwei Variablen, und zwar um die Beschreibung dieses Zusammenhangs mit Hilfe des so genannten Korrelationskoeffizienten.

Dabei geht es um Zusammenhänge der Art „je größer die eine Variable, desto größer die andere" oder auch „je größer die eine Variable, desto kleiner die andere". Daraus ist zu schließen, dass Korrelationskoeffizienten nur dann berechnet werden können, wenn die beteiligten Variablen mindestens ordinalskaliert oder aber dichotom sind. Ausgeschlossen sind also nominalskalierte Variablen mit mehr als zwei Kategorien.

Im Folgenden wollen wir einige Zusammenhänge zwischen intervallskalierten Variablen betrachten. Es sind dies Variablen, die bestimmte Angaben der Staaten der Erde beinhalten. Die Daten können Sie in der Datei welt.dat betrachten, die nacheinander die folgenden Angaben enthält:

Landesbezeichnung

mittlere Lebenserwartung Männer

mittlere Lebenserwartung Frauen

Bevölkerungszuwachs (Prozent)

prozentualer Anteil der Stadtbevölkerung

mittlere tägliche Kalorienaufnahme

Einwohnerdichte

Die Zusammenhänge sind jeweils in Form einer Punktwolke in einem Streudiagramm dargestellt. Im ersten Beispiel (Abbildung 8.1) ist die mittlere Lebenserwartung der Frauen gegen die mittlere Lebenserwartung der Männer aufgetragen.

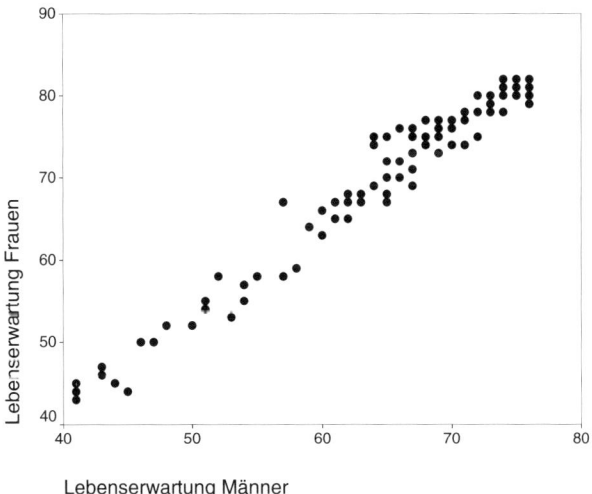

Abbildung 8.1: Punktwolke mit linearem Zusammenhang

Jeder markierte Punkt entspricht einem Staat. Man sieht sehr deutlich einen strengen *linearen* Zusammenhang zwischen den beiden Variablen. Die Punkte schmiegen sich eng an eine imaginäre Gerade an, die von links unten nach rechts oben verläuft: Je größer die Lebenserwartung der Männer, desto größer die Lebenserwartung der Frauen.

Die Strenge oder besser *Stärke* des Zusammenhangs kann durch eine Maßzahl beschrieben werden, die man, wie schon erwähnt, *Korrelationskoeffizient* nennt. Dieser wird mit dem Kleinbuchstaben r bezeichnet und ist stets in den Grenzen von -1 bis $+1$ gelegen:

$$-1 \leqslant r \leqslant +1$$

Für die Stärke des Zusammenhangs ist allein der Betrag des Korrelationskoeffizienten maßgebend. Das Vorzeichen gibt an, ob der Zusammenhang gleichläufig (wie im betrachteten Beispiel) oder gegenläufig ist. Dabei ist die in Tabelle 8.25 vorgestellte Einstufung üblich.

Korrelationskoeffizient	Einstufung
$|r| \leqslant 0{,}2$	sehr geringe Korrelation
$0{,}2 < |r| \leqslant 0{,}5$	geringe Korrelation
$0{,}5 < |r| \leqslant 0{,}7$	mittlere Korrelation
$0{,}7 < |r| \leqslant 0{,}9$	hohe Korrelation
$0{,}9 < |r| \leqslant 1$	sehr hohe Korrelation

Tabelle 8.25: Einstufung des Korrelationskoeffizienten

Die Berechnung des Korrelationskoeffizienten nach der für intervallskalierte (und normalverteilte) Variablen üblichen Produkt-Moment-Korrelation nach Pearson (siehe Kap. 8.2.1) ergibt den Wert $r = 0{,}990$, also einen Wert nahe beim Maximalwert 1 und damit einen sehr hohen Zusammenhang.

Im zweiten Beispiel (Abbildung 8.2) ist der Zusammenhang zwischen der mittleren Lebenserwartung der Männer und dem prozentualen Anteil der Bevölkerung dargestellt, der in Städten wohnt. Auch hier ist ein deutlicher gleichläufiger Zusammenhang zu erkennen, der aber nicht ganz so ausgeprägt ist wie im ersten Beispiel, was sich demzufolge auch im allerdings immer noch hohen Korrelationskoeffizienten ($r = 0{,}750$) niederschlägt.

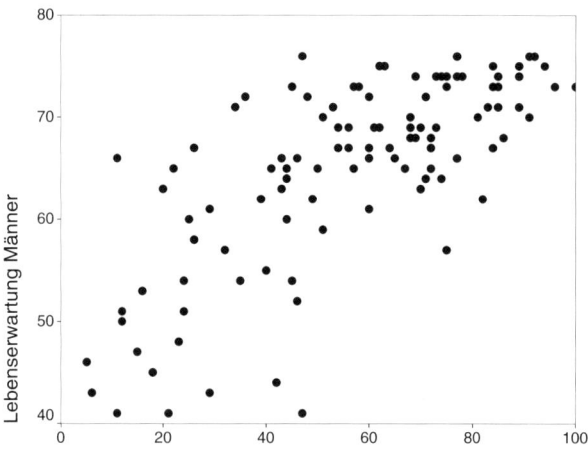

Abbildung 8.2: Punktwolke mit hoher Korrelation

In diesem Beispiel kann man zwischen einer abhängigen und einer unabhängigen Variablen unterscheiden, wobei man dann die abhängige Variable auf der y-Achse und die unabhängige auf der x-Achse aufträgt. Es dürfte klar sein, dass die Lebenserwartung als von der Urbanität abhängig betrachtet werden kann und nicht umgekehrt die Urbanität als von der Lebenserwartung abhängig. Für die Berechnung des Korrelationskoeffizienten spielt diese Einteilung nach abhängiger und unabhängiger Variable keine Rolle, wohl aber für die in Kap. 8.3 vorgestellte Regressionsrechnung. Mit Hilfe dieser kann die Gleichung der *Regressionsgeraden* ermittelt werden; dieses ist die zunächst noch imaginäre Gerade, um die sich die Punkte des Steudiagramms mehr oder weniger stark anschmiegen.

Im dritten Beispiel (Abbildung 8.3) wird der Bevölkerungszuwachs in Abhängigkeit von der Urbanität dargestellt. Hier muss man schon etwas genauer hinsehen, um einen schwachen gegenläufigen Trend zu erkennen; der Korrelationskoeffizient ist mit $r = -0,371$ gering und gegenläufig.

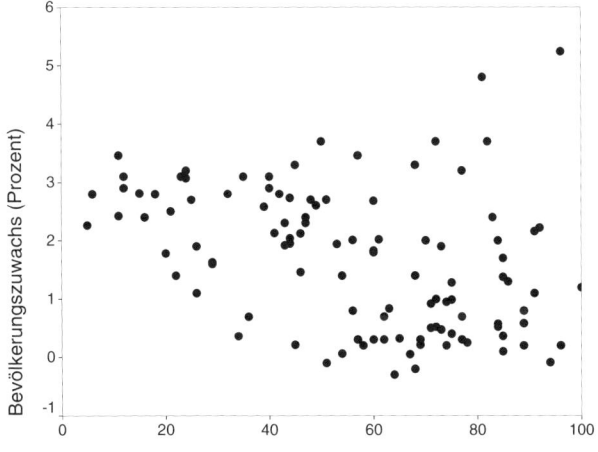

Abbildung 8.3: Punktwolke mit geringer und gegenläufiger Korrelation

Im letzten Beispiel (Abbildung 8.4) ist die tägliche Kalorienaufnahme in Abhängigkeit von der Einwohnerdichte aufgetragen. Hier ist offenbar keinerlei Zusammenhang gegeben, was auch durch den Korrelationskoeffizienten $r = -0,003$ dokumentiert wird.

Sie sollten nun in der Lage sein, Werte von Korrelationskoeffizienten richtig einzuordnen. Auch bei der Korrelationsrechnung stellt sich aber die Frage, ob die Werte der berechneten Korrelationskoeffizienten signifikant (genauer: signifikant verschieden von null) sind. Dies ist stets abhängig vom Betrag des Korrelationskoeffizienten und von der zugrunde liegenden Fallzahl.

Auf einen wichtigen Umstand sei noch hingewiesen. Es sind (wenn auch recht selten auftretende) Fälle denkbar, in denen zwischen zwei Variablen zwar ein Zusammenhang besteht, dennoch aber der Korrelationskoeffizient keinen signifikanten Wert ausweist. Dies kann dann vorkommen, wenn der Zusammenhang nicht linear ist.

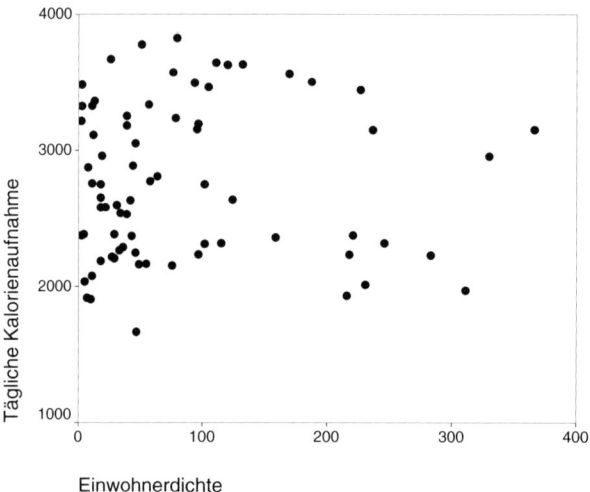

Abbildung 8.4: Unkorrelierte Punktwolke

⇒ Ein Geschäftsinhaber hat ungefähre Vorstellungen vom monatlichen Nettoeinkommen seiner Kunden und setzt dies in Zusammenhang mit dem Betrag, für den sie im Schnitt monatlich bei ihm einkaufen. Die Angaben sind in Tabelle 8.26 enthalten.

Der von den Kunden ausgegebene Betrag steigt zunächst mit dem verfügbaren Einkommen an, um dann aber bei höherem Einkommen wieder abzufallen. Dieser Effekt kann dadurch zustandekommen, dass die höheren Einkommensschichten ein anderes Geschäft bevorzugen. In einem entsprechenden Streudiagramm (Abbildung 8.5) wird dieser U-förmige Zusammenhang deutlich (wobei das U auf den Kopf gestellt ist).

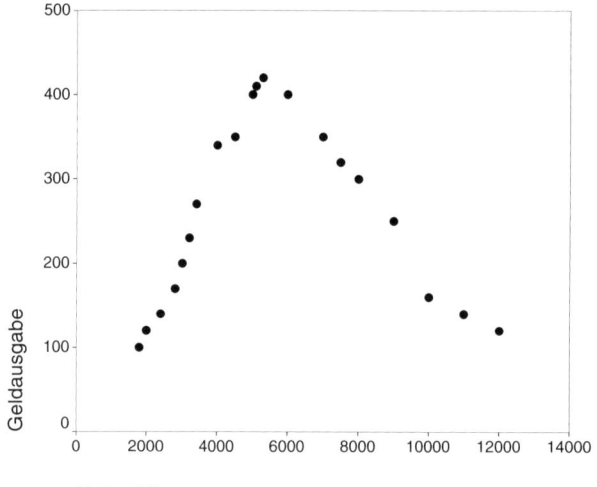

Abbildung 8.5: U-förmiger Zusammenhang

Nettoeinkommen	Einkaufsbetrag
1 800	50
2 000	60
2 400	70
2 800	85
3 000	100
3 200	115
3 400	135
4 000	170
4 500	175
5 000	200
5 100	205
5 300	210
6 000	200
7 000	175
7 500	160
8 000	150
9 000	125
10 000	80
11 000	70
12 000	60

Tabelle 8.26: Nettoeinkommen und Kaufbetrag

Niemand wird also bestreiten können, dass ein deutlicher Zusammenhang zwischen Einkommen und Geldausgabe besteht. Dennoch erhalten Sie, wenn Sie nun den Korrelationskoeffizienten berechnen, einen Wert nahe null. Die Berechnung des Korrelationskoeffizienten ist daher nur bei linearen Zusammenhängen sinnvoll und versagt etwa bei U-förmigen Zusammenhängen völlig.

Es empfiehlt sich bei intervallskalierten Variablen deshalb dringend, vor Berechnung des Korrelationskoeffizienten zunächst das zugehörige Streudiagramm zu betrachten.

Je nach Skalenniveau der beteiligten Variablen gibt es verschiedene Verfahren zur Berechnung des Korrelationskoeffizienten. Eine Übersicht über die in den nachfolgenden Kapiteln behandelten Verfahren gibt Tabelle 8.27.

Ein weiteres Kapitel beschäftigt sich mit der Regressionsanalyse, also der Analyse der Art des Zusammenhangs von intervallskalierten und normalverteilten Variablen.

Skalenniveau	Verfahren
beide Variablen intervallskaliert und normalverteilt	Produkt-Moment-Korrelation nach Pearson; Intraclass Correlation Coefficient (ICC); partielle Korrelation
mindestens eine Variable ordinalskaliert oder nicht normalverteilt	Rangkorrelation nach Spearman; Rangkorrelation nach Kendall
eine Variable dichotom, die andere intervallskaliert und normalverteilt	punktbiseriale Korrelation
beide Variablen dichotom	Vierfelderkorrelation

Tabelle 8.27: Skalenniveaus und Korrelationskoeffizienten

8.2.1   Die Produkt-Moment-Korrelation

Der Produkt-Moment-Korrelationskoeffizient, auch Maßkorrelationskoeffizient oder Korrelationskoeffizient nach Pearson genannt, ist sozusagen der „klassische" Korrelationskoeffizient zur Beschreibung des Zusammenhangs zwischen zwei intervallskalierten und normalverteilten Variablen.

$\Rightarrow$ Von 15 zufällig ausgewählten Staaten mögen die Variablen „tägliche Kalorienaufnahme" und „Lebenserwartung der Männer" vorliegen. Die Werte dieser beiden Variablen sind in Tabelle 8.28 enthalten.

In die Tabelle sind ferner die Quadrate der Werte und das Produkt der jeweiligen Wertepaare enthalten. Diese Größen werden zur Berechnung des Korrelationskoeffizienten benötigt. Dieser ist definiert durch

$$r = \frac{\sum\limits_{i=1}^{n} (x_i - \bar{x}) \cdot (y_i - \bar{y})}{(n-1) \cdot s_x \cdot s_y}$$

Dabei sind $\bar{x}$ und $\bar{y}$ die Mittelwerte sowie s_x und s_y die Standardabweichungen der beiden korrelierten Variablen. Man sieht es der Formel nicht unbedingt an, aber der Produkt-Moment-Korrelationskoeffizient r nimmt, wie jeder andere Korrelationskoeffizient auch, Werte zwischen -1 und $+1$ an.

Für den praktischen Gebrauch ist allerdings die folgende Formel zu empfehlen:

$$r = \frac{n \cdot \sum\limits_{i=1}^{n} x_i \cdot y_i - \sum\limits_{i=1}^{n} x_i \cdot \sum\limits_{i=1}^{n} y_i}{\sqrt{\left(n \cdot \sum\limits_{i=1}^{n} x_i^2 - \left(\sum\limits_{i=1}^{n} x_i \right)^2 \right) \cdot \left(n \cdot \sum\limits_{i=1}^{n} y_i^2 - \left(\sum\limits_{i=1}^{n} y_i \right)^2 \right)}}$$

Land	Kalorien (x)	Lebenserw. (y)	x^2	y^2	$x \cdot y$
Argentinien	3113	68	9690769	4624	211684
Australien	3216	74	10342656	5476	237984
Österreich	3495	73	12215025	5329	255135
Bangladesh	2021	53	4084441	2809	107113
Bolivien	1916	59	3671056	3481	113044
Botswana	2375	60	5640625	3600	142500
Brasilien	2751	57	7568001	3249	156807
Burkina Faso	2288	47	5234944	2209	107536
Burundi	1932	46	3732624	2116	88872
Kambodscha	2166	50	4691556	2500	108300
Kamerun	2217	55	4915089	3025	121935
Kanada	3482	74	12124324	5476	257668
Zentralafrika	2036	41	4145296	1681	83476
Chile	2581	71	6661561	5041	183251
China	2639	67	6964321	4489	176813
	38228	895	101682288	55105	2352118

Tabelle 8.28: Rechenschritte zur Produkt-Moment-Korrelation

Die im gegebenen Beispiel benötigten Werte kann man der Summenzeile der Tabelle 8.28 entnehmen. Damit ergibt sich:

$$r = \frac{15 \cdot 2352118 - 38228 \cdot 895}{\sqrt{(15 \cdot 101682288 - 38228^2) \cdot (15 \cdot 55105 - 895^2)}} = 0,836$$

Sie werden zugeben, dass niemand, der noch bei Trost ist, alle diese Rechnungen noch per Hand ausführen wird, insbesondere dann nicht, wenn nicht fünfzehn, sondern beispielsweise einige hundert Fälle zu verarbeiten sind.

Es ergibt sich also eine hohe positive Korrelation zwischen der täglich aufgenommenen Kalorienmenge und der Lebenserwartung.

Die statistische Absicherung des Korrelationskoeffizienten gegen null erfolgt über die t-verteilte Prüfgröße

$$t = \frac{|r| \cdot \sqrt{n - 2}}{\sqrt{1 - r^2}}$$

bei

$$df = n - 2$$

Freiheitsgraden.

Im gegebenen Beispiel ergibt sich

$$t = \frac{0{,}836 \cdot \sqrt{15 - 2}}{\sqrt{1 - 0{,}836^2}} = 5{,}493$$

Wie ein Blick in die t-Tabelle ausweist, ist dies bei $15 - 2 = 13$ Freiheitsgraden ein höchst signifikanter Wert ($p < 0{,}001$).

Eine besondere Bedeutung kommt auch dem Quadrat des Korrelationskoeffizienten zu, welches als *Bestimmtheitsmaß* (auch: *Determinationskoeffizient*) bezeichnet wird:

$$B = r^2$$

Das Bestimmtheitsmaß gibt den Anteil der gemeinsamen Varianz der beiden Variablen wieder. Im gegebenen Beispiel wird

$$B = 0{,}836^2 = 0{,}699$$

In Prozenten ausgedrückt bedeutet dies, dass der Anteil der gemeinsamen Varianz der beiden Variablen Kalorienaufnahme und Lebenserwartung 69,9 % beträgt.

8.2.2   Die Rangkorrelation nach Spearman

Der Rangkorrelationskoeffizient nach Spearman wird zwischen zwei Variablen berechnet, die mindestens ordinalskaliert sind. Sie ist auch bei intervallskalierten Variablen zu benutzen, wenn keine Normalverteilung gegeben ist.

Wie bei allen nichtparametrischen Verfahren werden nicht die eigentlichen Messwerte formelmäßig verarbeitet, sondern die diesen Werten zugeordneten Rangplätze. So ist die Rangkorrelation nach Spearman vor allem auch dann der Korrelation nach Pearson vorzuziehen, wenn Ausreißer vorhanden sind. Dies soll das folgende Beispiel zeigen.

⇒   In Tabelle 8.29 sind von siebzehn asiatischen Staaten die Einwohnerdichte und die Geburtenrate (bezogen auf 1000 Einwohner) aufgeführt. Zwischen beiden Variablen soll der Korrelationskoeffizient bestimmt werden.

Bei der Einwohnerdichte gibt es zwei Ausreißer (Hongkong und Singapur). Die damit verbundene große Standardabweichung geht bei der Korrelation nach Pearson zu Lasten des Korrelationskoeffizienten, so dass die Berechnung der Rangkorrelation nach Spearman vorzuziehen ist.

Im ersten Rechenschritt erstellen Sie für beide Variablen eine Rangreihe der Werte, wobei Sie dem höchsten Wert den Rangplatz 1 verleihen und bei gleichen Werten entsprechend gemittelte Rangplätze vergeben. Anschließend bestimmen Sie die Differenz d der zugehörigen Rangplatzpaare und hieraus das Quadrat d^2.

Eine Kontrollmöglichkeit bildet die Tatsache, dass die Summe der Rangplätze einer Variablen den Wert

$$\frac{n \cdot (n + 1)}{2}$$

Land	Dichte	Geburtsrate	Dichte Rang	Geburtsrate Rang	d_i	d_i^2
Afghanistan	25	53	17	1	16	256
Bangladesh	800	35	3	4	−1	1
Kambodscha	55	45	16	2	14	196
China	124	21	12	11	1	1
Hongkong	5494	13	1	16	−15	225
Indien	283	29	7	5,5	1,5	2,25
Indonesien	102	24	14	9,5	4,5	20,25
Japan	330	11	6	17	−11	121
Malaysia	58	29	15	5,5	9,5	90,25
Nordkorea	189	24	10	9,5	0,5	0,25
Pakistan	143	42	11	3	8	64
Philippinen	221	27	8	7,5	0,5	0,25
Südkorea	447	16	5	14	−9	81
Singapur	4456	16	2	14	−12	144
Taiwan	582	16	4	14	−10	100
Thailand	115	19	13	12	1	1
Vietnam	218	27	9	7,5	1,5	2,25
			153	153	0	1305,5

Tabelle 8.29: Rechenschritte zur Rangkorrelation nach Spearman

haben muss, wobei n die Anzahl der Messwertpaare ist. Die Summe der Rangplatz-Differenzen muss 0 ergeben.

Der Rangkorrelationskoeffizient nach Spearman berechnet sich nach der Formel

$$r = 1 - \frac{6 \cdot \sum\limits_{i=1}^{n} d_i^2}{n \cdot (n^2 - 1)}$$

In unserem Beispiel ergibt sich somit

$$r = 1 - \frac{6 \cdot 1305{,}5}{17 \cdot (289 - 1)} = -0{,}600$$

Es zeigt sich also ein mittlerer gegenläufiger Zusammenhang zwischen Einwohnerdichte und Geburtenrate: Je größer die Einwohnerdichte eines Landes, desto geringer ist die Geburtenrate.

Die Absicherung gegen null erfolgt über die t-verteilte Prüfgröße

$$t = \frac{|r| \cdot \sqrt{n-2}}{\sqrt{1-r^2}}$$

bei

$$df = n - 2$$

Freiheitsgraden.

Im gegebenen Beispiel erhält man

$$t = \frac{0{,}600 \cdot \sqrt{17-2}}{\sqrt{1-0{,}600^2}} = 2{,}905$$

Nach der t-Tabelle ist dies bei $17 - 2 = 15$ Freiheitsgraden ein signifikanter Wert ($p <$ 0,05).

Im Falle mehrfach auftretender Messwerte benutzt man zur Berechnung des Korrelationskoeffizienten eine etwas modifizierte Formel.

Bei der Einwohnerdichte gibt es keine wiederholt auftretenden Werte, jedoch bei der Geburtenrate:

der Wert 29 tritt 2-mal auf,

der Wert 27 tritt 2-mal auf,

der Wert 24 tritt 2-mal auf,

der Wert 16 tritt 3-mal auf.

Bezeichnet man diese Häufigkeiten mit m, so ist jeweils der Term

$$m^3 - m$$

zu bilden und über alle Häufigkeiten zum Korrekturglied T aufzusummieren. Im gegebenen Beispiel wird dann

$$T = 3 \cdot (2^3 - 2) + (3^3 - 3) = 3 \cdot 6 + 24 = 42$$

Entsprechende Häufigkeiten bei der anderen Variablen wären gegebenenfalls hinzuzuzählen.

Die Formel für den Korrelationskoeffizienten lautet unter Berücksichtigung des Korrekturgliedes:

$$r = 1 - \frac{6 \cdot \sum\limits_{i=1}^{n} d_i^2}{n \cdot (n^2 - 1) - \frac{T}{2}}$$

Im gegebenen Beispiel ergibt dies

$$r = 1 - \frac{6 \cdot 1305{,}5}{17 \cdot (289 - 1) - 21} = -0{,}607$$

Der Betrag des Korrelationskoeffizienten hat sich also geringfügig erhöht.

8.2.3   Die Rangkorrelation nach Kendall

Der Korrelationskoeffizient nach Kendall (*Kendalls Tau* genannt) wird, ebenso wie der Rangkorrelationskoeffizient nach Spearman, zwischen zwei mindestens ordinalskalierten Variablen berechnet. Das Vorgehen soll anhand eines Beispiels erläutert werden, bei dem die eine Variable bereits in Form einer Rangreihe vorliegt.

⇒   In Tabelle 8.30 ist für die Vereine der Fußball-Bundesliga der Tabellenstand der Stadiongröße gegenübergestellt. Es soll überprüft werden, ob die Stadiongröße mit dem Tabellenplatz korreliert.

Der erste Schritt bei der Korrelationsberechnung nach Kendall besteht darin, dass man die Rangreihe der ersten Variablen in aufsteigender Folge aufschreibt und die andere entsprechend zuordnet. In diesem Zusammenhang spricht man auch von einer *Ankerreihe* und einer *Vergleichsreihe*. Im gegebenen Beispiel ist der bereits in aufsteigender Folge notierte Tabellenplatz die Ankerreihe. Die Vergleichsreihe besteht aus den Rangplätzen der Stadiongröße. Zu beachten ist dabei, dass dem größten Stadion der Rangplatz 1 zugeordnet wurde.

Ob diese Zuordnung aufsteigend oder absteigend erfolgt, ist im Grunde gleichgültig. Die Art der Zuordnung ist dann allerdings bei der Deutung der Richtung des Korrelationskoeffizienten im Auge zu behalten; im vorliegenden Beispiel wurde dem größten Stadion der Rangplatz 1 zugeordnet, weil vermutet werden kann, dass ein größeres Stadion auch einen besseren Tabellenplatz impliziert.

Bei einer positiven Korrelation steht zu erwarten, dass die Vergleichsreihe ähnlich monoton aufsteigt wie die Ankerreihe. Die Anzahl der Störungen dieser Monotonie stellt daher ein Maß für die Höhe des Zusammenhangs dar.

Eine solche Störung (*Inversion* genannt) liegt vor, wenn in der Vergleichsreihe einem Rangplatz ein niedrigerer folgt. Beim Verein auf Tabellenplatz 1 ist dies 10-mal der Fall, beim Verein auf dem 3. Tabellenplatz 3-mal usw. Schwierigkeiten bereiten in diesem Zusammenhang die Vereine auf dem 2. und 5. Tabellenplatz mit gleicher Stadiongröße und daher entsprechend gleichen Rangplätzen. Als Kompromiss wurde hier eine „halbe" Inversion hinzugerechnet. Die Anzahl der Inversionen ist in der mit *I* bezeichneten Spalte eingetragen.

Im Sinne der Erwartung bei einer positiven Korrelation ist der umgekehrte Fall, dass nämlich in der Vergleichsreihe einem Rangplatz höhere folgen. Die Anzahl dieser *Proversionen* ist in der mit *P* bezeichneten Spalte eingetragen.

Tabellenplatz	Stadiongröße	Rang	I	P
1	30000	11	10	7
2	72000	2,5	1,5	14,5
3	65000	5	3	12
4	80000	1	0	14
5	72000	2,5	0	13
6	25000	14	8	4
7	41000	10	5	6
8	45000	9	4	6
9	59000	7	2	7
10	15000	18	8	0
11	70000	4	0	7
12	23000	16	5	1
13	58000	8	1	4
14	24000	15	3	1
15	64000	6	0	3
16	22000	17	2	0
17	26000	13	1	0
18	28000	12		
Summe			53,5	99,5

Tabelle 8.30: Rechenschritte zur Rangkorrelation nach Kendall

Die Summe aus I und P muss in der i-ten Zeile den Wert $n - i$ haben, wobei n die Fallzahl (die Anzahl der Wertepaare) ist. Man sollte immer I und P bestimmen und die Richtigkeit des Auszählens anhand dieser Beziehung überprüfen. In der letzten Zeile entfällt natürlich die Bestimmung von I und P.

Man bildet nun die Summen von I und P und bildet hieraus die Kendall-Summe S:

$$S = \sum P - \sum I$$

Im gegebenen Beispiel ergibt sich also

$$S = 99{,}5 - 53{,}5 = 46$$

Nach der Summenbildung hat man eine weitere Kontrollmöglichkeit; es gilt nämlich

$$\sum I + \sum P = \frac{n \cdot (n-1)}{2}$$

Im vorliegende Fall ergibt sich

$$53,5 + 99,5 = \frac{18 \cdot 17}{2}$$

Beide Seiten ergeben übereinstimmend den Wert 153.

Der Korrelationskoeffizient *Kendalls Tau* berechnet sich zu

$$\tau = \frac{2 \cdot S}{n \cdot (n - 1)}$$

Im gegebenen Beispiel erhält man hiermit

$$\tau = \frac{2 \cdot 46}{18 \cdot 17} = 0,301$$

Die Signifikanzüberprüfung erfolgt über die standardnormalverteilte Prüfgröße

$$z = \frac{|\tau|}{\sqrt{\dfrac{2 \cdot (2 \cdot n + 5)}{9 \cdot n \cdot (n - 1)}}}$$

Dies ergibt im vorliegenden Fall

$$z = \frac{0,301}{\sqrt{\dfrac{2 \cdot (2 \cdot 18 + 5)}{9 \cdot 18 \cdot 17}}} = 1,74$$

Nach der z-Tabelle ist dies ein nicht signifikanter Wert ($p = 0,082$). Es besteht also lediglich eine Tendenz zur Signifikanz dahingehend, dass ein besserer Tabellenplatz mit einem größeren Stadion einhergeht.

Berechnet man den Rangkorrelationskoeffizienten nach Spearman, so ergibt sich die signifikante Korrelation $r = 0,498$. Im Normalfall ist es so, dass der Kendall-Koeffizient kleiner ist als der Spearman-Koeffizient, so dass beide Koeffizienten nicht unbedingt miteinander vergleichbar sind. Schwierigkeiten bereiten bei der Berechnung von Kendalls Tau auch geteilte Rangplätze, für die recht komplizierte Rechengänge vorgeschlagen werden.

So erscheint die Berechnung von Kendalls Tau im Normalfall nicht sonderlich empfehlenswert. Nur in dem Fall, dass starke Ausreißerdifferenzen auftreten, erweist sich Kendalls Tau als überlegen, nämlich unempfindlicher. Dazu betrachten wir das in Tabelle 8.31 dargestellte Extrembeispiel.

Ankerreihe	Vergleichsreihe	I	P
1	15	14	0
2	2	1	12
3	3	1	11
4	4	1	10
5	5	1	9
6	6	1	8
7	7	1	7
8	8	1	6
9	9	1	5
10	10	1	4
11	11	1	3
12	12	1	2
13	13	1	1
14	14	1	0
15	1		
Summe		27	78

Tabelle 8.31: Extrembeispiel zur Rangkorrelation nach Kendall

Hiermit ergibt sich

$$S \;=\; 78 - 27 = 51$$

$$\tau \;=\; \frac{2 \cdot 51}{15 \cdot 14} = 0{,}486$$

$$z \;=\; \frac{0{,}486}{\sqrt{\dfrac{2 \cdot (2 \cdot 15 + 5)}{9 \cdot 15 \cdot 14}}} = 2{,}53$$

Dies ist nach der z-Tabelle ein signifikanter Wert ($p = 0{,}011$). Bei Berechnung der Spearman-Korrelation ergibt sich hingegen der nicht signifikante Wert $r = 0{,}300$.

8.2.4   Der Intraclass Correlation Coefficient (ICC)

Der Intraclass Correlation Coefficient (ICC) ist als Korrelationskoeffizient dann zu verwenden, wenn die Übereinstimmung von zwei Variablen nicht nur, wie bei den anderen Koeffizienten, bezüglich ihrer Richtung („je größer die eine, desto größer die andere") bestimmt werden soll, sondern auch bezüglich des mittleren Niveaus der beiden Variablen. Die Berechnung des ICC ist dabei auch auf mehr als zwei Variablen ausdehnbar.

⇒ Das Prinzip des ICC und die zugehörigen Rechenschritte sollen anhand eines typischen Beispiels erläutert werden. Vierzehn Frauen wurden nach ihrem Gewicht gefragt; die gegebenen Antworten wurden anschließend dem tatsächlich gemessenen Gewicht gegenübergestellt. Die geschätzten und gemessenen Werte sind in Tabelle 8.32 enthalten.

Gewicht geschätzt	Gewicht gemessen
48	51
48	50
50	50
50	52
52	53
58	63
63	70
56	70
48	49
63	63
58	59
58	58
52	56
60	62

Tabelle 8.32: Geschätzte und gemessene Gewichtsangaben

Berechnet man zwischen den geschätzten und den gemessenen Gewichtsangaben den Produkt-Moment-Korrelationskoeffizienten, so erhält man die hohe Korrelation $r = 0{,}858$. Je höher also das tatsächliche Gewicht, desto höher ist auch die geschätzte Gewichtsangabe. Dies ist natürlich nicht allzu überraschend, so dass bemerkenswerter die Tatsache erscheint, dass die geschätzten Werte in der Regel unter den gemessenen Werten liegen.

So ergibt sich für die gemessenen Werte als Mittelwert 57,6 kg, während der Mittelwert der geschätzten Werte 54,6 kg beträgt. Überprüft man die mittlere Differenz von 3 kg mit dem t-Test für abhängige Stichproben auf Signifikanz, so erhält man die Prüfgröße $t = 2{,}984$, welche sich bei $df = 13$ Freiheitsgraden als signifikant erweist. Die realen Gewichtswerte werden also signifikant unterschätzt.

Mit dem ICC versucht man beide Aspekte (Korrelation, Unterschiede im mittleren Niveau der Werte) in einer Maßzahl zu vereinigen. Diese hat die Bedeutung und den Wertebereich eines Korrelationskoeffizienten, erreicht aber nur dann hohe Werte, wenn neben der Richtung auch das Niveau der beteiligten Variablen übereinstimmt.

Bei der Berechnung des ICC sind Ausdrücke zu bestimmen, die teilweise auch bei der Durchführung der einfaktoriellen Varianzanalyse mit Messwiederholung (siehe Kap. 9.1) relevant sind. Dabei seien die folgenden Bezeichnungen verwendet.

k Anzahl der zu korrelierenden Variablen

n Anzahl der Fälle

x_{ij} Wert der i-ten Variablen beim j-ten Fall ($i = 1, \ldots, k; j = 1, \ldots, n$)

Damit sind die folgenden Rechenschritte zu durchlaufen.

$$T_j \;=\; \sum_{i=1}^{k} x_{ij} \qquad\qquad j = 1, \ldots, n$$

$$S \;=\; \sum_{j=1}^{k} T_j$$

$$SAQ(\text{gesamt}) \;=\; \sum_{i=1}^{k} \sum_{j=1}^{n} x_{ij}^2 - \frac{S^2}{k \cdot n}$$

$$SAQ(\text{Zeilen}) \;=\; \frac{1}{k} \cdot \sum_{j=1}^{n} T_j^2 - \frac{S^2}{k \cdot n}$$

$$df(\text{Zeilen}) \;=\; n - 1$$

$$MQ(\text{Zeilen}) \;=\; \frac{SAQ(\text{Zeilen})}{df(\text{Zeilen})}$$

$$SAQ(\text{Rest}) \;=\; SAQ(\text{gesamt}) - SAQ(\text{Zeilen})$$

$$df(\text{Rest}) \;=\; n \cdot (k - 1)$$

$$MQ(\text{Rest}) \;=\; \frac{SAQ(\text{Rest})}{df(\text{Rest})}$$

$$ICC \;=\; \frac{MQ(\text{Zeilen}) - MQ(\text{Rest})}{MQ(\text{Zeilen}) + (k - 1) \cdot MQ(\text{Rest})}$$

Die Signifikanzüberprüfung erfolgt über die Prüfgröße

$$F = \frac{MQ(\text{Zeilen})}{MQ(\text{Rest})}$$

Diese Größe ist F-verteilt mit $(n - 1, n \cdot (k - 1))$ Freiheitsgraden.

Im gegebenen Beispiel ergibt sich:

$$k = 2$$
$$n = 14$$
$$T_1 = 99 \quad T_2 = 98 \quad \ldots \quad T_{14} = 122$$
$$S = 1570$$

$$SAQ(\text{gesamt}) = 89164 - \frac{1570^2}{2 \cdot 14} = 1131{,}9$$

$$SAQ(\text{Zeilen}) = \frac{1}{2} \cdot 178018 - \frac{1570^2}{2 \cdot 14} = 976{,}9$$

$$df(\text{Zeilen}) = 14 - 1 = 13$$

$$MQ(\text{Zeilen}) = \frac{976{,}9}{13} = 75{,}1$$

$$SAQ(\text{Rest}) = 1131{,}9 - 976{,}9 = 155$$

$$df(\text{Rest}) = 14 \cdot (2 - 1) = 14$$

$$MQ(\text{Rest}) = \frac{155}{14} = 11{,}07$$

$$ICC = \frac{75{,}1 - 11{,}07}{75{,}1 + (2 - 1) \cdot 11{,}07} = 0{,}743$$

Da die mittleren Niveaus der beiden Variablen nicht übereinstimmen, ist der ICC kleiner als der Produkt-Moment-Korrelationskoeffizient.

Die Signifikanzüberprüfung ergibt

$$F = \frac{75{,}1}{11{,}07} = 6{,}784$$

Nach der F-Tabelle ist dies bei (13, 14) Freiheitsgraden ein höchst signifikanter Wert ($p < 0{,}001$).

Um zu demonstrieren, wie der ICC insbesondere auch vom mittleren Niveau der beteiligten Variablen abhängig ist, seien die Werte der Tabelle 8.33 betrachtet. In dieser Tabelle wurde jeweils der ICC zwischen der Variablen x und den Variablen y_1 bis y_4 bestimmt (beim Produkt-Moment-Korrelationskoeffizienten ergibt sich stets der Wert 1).

Der ICC kann, wie die Formeln ausweisen, auch bei $k > 2$ berechnet werden. So ergibt sich für das in Kap. 9.1 vorgestellte Beispiel (Cholesterinwert zu vier Zeitpunkten) $ICC = 0{,}701$.

x	y_1	y_2	y_3	y_4
10	10	20	30	100
20	20	30	40	200
30	30	40	50	300
40	40	50	60	400
50	50	60	70	500
ICC	1,000	0,818	0,429	$-0,493$

Tabelle 8.33: ICC bei verschiedenen Wertekonstellationen

8.2.5   Die Vierfelderkorrelation

Die Vierfelderkorrelation wird zwischen zwei dichotomen Variablen berechnet.

⇒   Als Beispiel betrachten wir den Zusammenhang zwischen Alkohol- und Nikotinkonsum bei 99 männlichen Patienten einer Klinik, der durch die in Tabelle 8.34 wiedergegebene Vierfeldertafel belegt wird.

	Nichtraucher	Raucher
Nichttrinker	$a = 25$	$b = 7$
Trinker	$c = 25$	$d = 42$

Tabelle 8.34: Vierfeldertafel

Mit den Buchstaben a, b, c und d werden üblicherweise die Häufigkeiten der Vierfeldertafel bezeichnet. Die Häufigkeiten a und d wirken dabei im Sinne eines positiven, b und
c im Sinne eines negativen Zusammenhangs.

Der Vierfelder-Korrelationskoeffizient wird nach folgender Formel berechnet:

$$r = \frac{a \cdot d - b \cdot c}{\sqrt{(a+b) \cdot (c+d) \cdot (a+c) \cdot (b+d)}}$$

Im gegebenen Beispiel ergibt sich damit

$$r = \frac{25 \cdot 42 - 7 \cdot 25}{\sqrt{32 \cdot 67 \cdot 50 \cdot 49}} = 0,382$$

Die Absicherung gegen null erfolgt über die χ^2-verteilte Prüfgröße

$$\chi^2 = (a + b + c + d) \cdot r^2$$

bei 1 Freiheitsgrad.

Dies führt im vorliegenden Beispiel zu

$$\chi^2 = 99 \cdot 0,382^2 = 14,446$$

Nach der χ^2-Tabelle ist dies bei 1 Freiheitsgrad ein sehr signifikanter Wert ($p < 0{,}001$). Es ist also ein sehr signifikanter, wenn auch betragsmäßig geringer Zusammenhang zwischen Trink- und Rauchgewohnheit nachgewiesen.

Erstaunliches tritt zutage, wenn Sie für den Zusammenhang zwischen zwei dichotomen Variablen anstelle der Vierfelderkorrelation die Korrelation nach Pearson oder die Rangkorrelation nach Spearman berechnen: Sie erhalten für alle drei Korrelationskoeffizienten denselben Wert. Der Vorteil der Vierfelderkorrelation liegt aber in der relativen Einfachheit der Formel.

8.2.6   Die punktbiseriale Korrelation

Die punktbiseriale Korrelation wird zwischen einer dichotomen und einer intervallskalierten, normalverteilten Variablen berechnet.

⇒   Von zehn Männern und sechs Frauen wurde die Körpergröße bestimmt (Tabelle 8.35). Es soll die Korrelation zwischen Geschlecht und Körpergröße berechnet werden.

Geschlecht	Körpergröße
weiblich	157
männlich	180
männlich	175
männlich	179
männlich	162
männlich	170
männlich	180
männlich	176
weiblich	157
weiblich	160
männlich	159
weiblich	160
weiblich	162
männlich	169
männlich	170
weiblich	159

Tabelle 8.35: Geschlecht und Körpergröße

Der punktbiseriale Korrelationskoeffizient berechnet sich nach der Formel

$$r = \frac{\bar{x}_1 - \bar{x}_2}{(n_1 + n_2) \cdot s} \cdot \sqrt{n_1 \cdot n_2}$$

Dabei bedeuten im gegebenen Beispiel:

$\bar{x}_1$ Mittelwert der Körpergröße bei den Männern

$\bar{x}_2$ Mittelwert der Körpergröße bei den Frauen

s gemeinsame Standardabweichung

n_1 Anzahl der Männer

n_2 Anzahl der Frauen

Entsprechende Berechnung ergibt im vorliegenden Fall

$$\bar{x}_1 = 172{,}0 \qquad \bar{x}_2 = 159{,}2 \qquad s = 8{,}66 \qquad n_1 = 10 \qquad n_2 = 6$$

Damit wird

$$r = \frac{172{,}0 - 159{,}2}{(10 + 6) \cdot 8{,}66} \cdot \sqrt{10 \cdot 6} = 0{,}716$$

Es besteht also ein hoher Zusammenhang zwischen Geschlecht und Körpergröße dahingehend, dass Männer größer sind (wegen $\bar{x}_1 > \bar{x}_2$).

Die Absicherung gegen null erfolgt über die t-verteilte Prüfgröße

$$t = |r| \cdot \sqrt{\frac{n_1 + n_2 - 2}{1 - r^2}}$$

bei

$$df = n_1 + n_2 - 2$$

Freiheitsgraden.

Im gegebenen Beispiel wird

$$t = 0{,}716 \cdot \sqrt{\frac{10 + 6 - 2}{1 - 0{,}716^2}} = 3{,}838$$

Aus der t-Tabelle ergibt sich, dass dies bei $df = 10 + 6 - 2 = 14$ Freiheitsgraden ein sehr signifikanter Wert ist ($p < 0{,}01$).

8.2.7   Die partielle Korrelation

⇒   Von achtzehn zufällig ausgewählten Ländern sind drei Variablen erhoben worden und in Tabelle 8.36 zusammengestellt: die tägliche Kalorienaufnahme, der Prozentsatz der Leute, die lesen können, und das Brutto-Inlandsprodukt.

Nach Überprüfung mit dem Kolmogorov-Smirnov-Test erweisen sich diese drei Variablen als hinreichend normalverteilt, so dass zur Beurteilung des Zusammenhangs zwischen diesen drei Variablen die Korrelation nach Pearson berechnet werden darf. Die Ergebnisse sind in Tabelle 8.37 eingetragen.

Land	tägliche Kalorienaufnahme	Leute, die lesen können (%)	Brutto-Inlandsprodukt
Ägypten	3336	48	748
Äthiopien	1667	24	122
Bolivien	1916	78	730
Deutschland	3443	99	17539
Frankreich	3465	99	18944
Großbritannien	3149	99	15974
Honduras	2247	73	1030
Japan	2956	99	19860
Kolumbien	2598	87	1538
Liberien	2382	40	409
Niederlande	3151	99	17245
Österreich	3495	99	18396
Paraguay	2757	90	1500
Ruanda	1971	50	292
Schweden	2960	99	16900
Somalia	1906	24	2126
Thailand	2316	93	1800
Türkei	3236	81	3721

Tabelle 8.36: Datenbeispiel zur partiellen Korrelation

	Leute, die lesen können (%)	Brutto-Inlandsprodukt
tägliche Kalorienaufnahme	$r = 0{,}671$	$r = 0{,}719$
Leute, die lesen können (%)		$r = 0{,}698$

Tabelle 8.37: Korrelationskoeffizienten nach Pearson

Alle Korrelationen erweisen sich als sehr bzw. höchst signifikant. So besteht mit $r = 0{,}671$ ein recht hoher Zusammenhang zwischen der täglichen Kalorienaufnahme und dem prozentualen Anteil der Leute, die lesen können.

Es ist dies der typische Fall, wo der Korrelationskoeffizient lediglich einen formalen, nicht aber einen unmittelbaren kausalen Zusammenhang beschreibt. Der Zusammenhang wird vielmehr von einer anderen Variablen mitbestimmt; diese ist im vorliegenden Fall das Brutto-Inlandsprodukt. Dieses korreliert in etwa gleicher Höhe sowohl mit der täglichen Kalorienaufnahme als auch mit dem prozentualen Anteil der Leute, die lesen können, wobei hier der kausale Zusammenhang unmittelbar einsichtig ist.

Die Berechnung so genannter partieller Korrelationen bietet die Möglichkeit, solche *Störvariablen*, die derartige *Scheinkorrelationen* erzeugen, auszuschließen.

Versieht man die beiden zu korrelierenden Variablen mit den Ziffern 1 und 2 sowie die Störvariable mit 3 und bezeichnet man die paarweise berechneten Korrelationskoeffizienten mit r_{12}, r_{13} bzw. r_{23}, so berechnet sich der partielle Korrelationskoeffzient nach der Formel

$$r_{12.3} = \frac{r_{12} - r_{13} \cdot r_{23}}{\sqrt{(1 - r_{13}^2) \cdot (1 - r_{23}^2)}}$$

Im gegebenen Beispiel ergibt sich damit

$$r_{12.3} = \frac{0{,}671 - 0{,}719 \cdot 0{,}698}{\sqrt{(1 - 0{,}719^2) \cdot (1 - 0{,}698^2)}} = 0{,}340$$

Die Absicherung gegen null erfolgt über die t-verteilte Prüfgröße

$$t = |r_{12.3}| \cdot \sqrt{\frac{n - 2}{1 - r_{12.3}^2}}$$

bei

$$df = n - 3$$

Freiheitsgraden.

Im gegebenen Beispiel ergibt sich

$$t = 0{,}340 \cdot \sqrt{\frac{18 - 2}{1 - 0{,}340^2}} = 1{,}534$$

Dies ist, wie die t-Tabelle ausweist, bei $df = 18 - 3 = 15$ Freiheitsgraden ein nicht signifikanter Wert. Zwischen der täglichen Kalorienaufnahme und dem prozentualen Anteil der Leute, die lesen können, konnte also kein kausaler Zusammenhang nachgewiesen werden.

Im gegebenen Beispiel wurde der Fall *einer* Störvariablen behandelt; es können auch mehrere Störvariablen herauspartialisiert werden, was entsprechend zu partiellen Korrelationen höherer Ordnung führt. So lautet die Formel für die partielle Korrelation zweiter Ordnung zwischen den Variablen 1 und 2 unter Eliminierung der Variablen 3 und 4:

$$r_{12.34} = \frac{r_{12.3} - r_{14.3} \cdot r_{24.3}}{\sqrt{(1 - r_{14.3}^2) \cdot (1 - r_{24.3}^2)}}$$

In eine partielle Korrelation höherer Ordnung gehen also ausschließlich partielle Korrelationen niedrigerer Ordnung ein, was zu einem erheblichen Rechenaufwand führt.

⇒   Die Gefahr der Scheinkorrelation lauert überall, so dass vor diesem Phänomen nicht ausdrücklich genug gewarnt werden kann. So wurden von 193 Patienten einer Klinik u. a. die folgenden Variablen erhoben:

▦   Geschlecht (Codierung: 1 = männlich, 2 = weiblich)

▦   Alkoholkonsum (Codierung: 1 = keiner, 2 = mäßig, 3 = stark, 4 = sehr stark)

▦   Körpergröße

Berechnet man die Rangkorrelation zwischen Alkoholkonsum und Körpergröße, so erhält man mit $r = 0,374$ einen höchst signifikanten Wert, was bedeutet, dass große Leute mehr trinken als kleine. Trotzdem sollte man sich hüten, diese sensationelle Entdeckung zu veröffentlichen, denn auch hier würde man einer Scheinkorrelation aufsitzen.

Ermittelt man nämlich die Rangkorrelationen beider Variablen zum Geschlecht (was bei einer dichotomen Variablen gestattet ist), so erhält man zwischen Geschlecht und Alkoholkonsum einen Koeffizienten von $r = -0,480$ und zwischen Geschlecht und Körpergröße einen solchen von $r = -0,754$. Dies bedeutet unter Beachtung der entsprechenden Codierungen, dass Frauen weniger trinken als Männer und kleiner sind als Männer. Dies führt zur erwähnten Scheinkorrelation zwischen Alkoholkonsum und Körpergröße, was schließlich auch durch die Berechnung des partiellen Korrelationskoeffizienten zwischen Alkoholkonsum und Körpergröße bei Eliminierung des Geschlechts bewiesen wird:

$$r = \frac{0,374 - (-0,480 \cdot -0,754)}{\sqrt{(1 - 0,480^2) \cdot (1 - 0,754^2)}} = 0,021$$

Dies ist ein Wert nahe bei null und nicht signifikant, wie über die Prüfgröße t bewiesen wird:

$$t = 0,021 \cdot \sqrt{\frac{191}{1 - 0,021^2}} = 0,290$$

In diesem Zusammenhang sei noch darauf hingewiesen, dass die partiellen Korrelationskoeffizienten auf Produkt-Moment-Korrelationen nach Pearson aufbauen. Da diese im gegebenen Beispiel ähnliche Werte wie die durchgeführten Rangkorrelationen ergeben, sollte die Störung dieser Voraussetzung hier nicht allzu sehr ins Gewicht fallen.

8.3   Regression

Die Korrelationsrechnung bestimmt die Stärke des Zusammenhangs zwischen zwei Variablen; mit Hilfe der Regressionsrechnung soll der Zusammenhang formelmäßig erfasst werden. Man versucht Formeln zu finden, nach denen man aus der Kenntnis des Wertes der einen Variablen den zu erwartenden Wert der anderen (abhängigen) Variablen bestimmen kann. Dabei unterscheidet man zwischen linearen und nichtlinearen Zusammenhängen.

8.3.1   Lineare Regression

In dem am häufigsten vorkommenden Fall des linearen Zusammenhangs sind die Parameter b und a der Geradengleichung

$$y = b \cdot x + a$$

zu ermitteln. Diese so genannte Regressionsgerade ist diejenige Gerade, für welche die Summe der Quadrate der Abweichungen aller Punkte von dieser Geraden ein Minimum wird. Dabei sind die Abstände parallel zur Ordinate gemeint, so dass es bei der Regressionsrechnung von wesentlicher Bedeutung ist, welche der beiden gegebenen Variablen die abhängige Variable ist, die dann auf der Ordinate (y-Achse) aufzutragen ist.

Den Parameter b nennt man den *Regressionskoeffizienten*; seine geometrische Bedeutung liegt darin, dass er den Tangens des Steigungswinkels der Regressionsgeraden angibt. Das Vorzeichen von b richtet sich offensichtlich nach dem des zugehörigen Korrelationskoeffizienten; bei positiver Korrelation ist auch b positiv, bei negativer Korrelation auch b negativ. Der Parameter a ist der Ordinatenabschnitt und gibt den Punkt wieder, an dem die Regressionsgerade die y-Achse schneidet.

Werden mit x die Werte der unabhängigen und mit y die Werte der abhängigen Variable bezeichnet und sind $\bar{x}$ und $\bar{y}$ deren Mittelwerte, so ist der Regressionskoeffizient definiert durch

$$b = \frac{\sum\limits_{i=1}^{n} (x_i - \bar{x}) \cdot (y_i - \bar{y})}{\sum\limits_{i=1}^{n} (x_i - \bar{x})^2}$$

In der Praxis verwendet man besser die folgende Formel:

$$b = \frac{\sum\limits_{i=1}^{n} (x_i \cdot y_i) - \frac{1}{n} \cdot \sum\limits_{i=1}^{n} x_i \cdot \sum\limits_{i=1}^{n} y_i}{\sum\limits_{i=1}^{n} x_i^2 - \frac{1}{n} \cdot \left(\sum\limits_{i=1}^{n} x_i \right)^2}$$

Der Ordinatenabschnitt a berechnet sich nach Kenntnis von b zu

$$a = \frac{\sum\limits_{i=1}^{n} y_i - b \cdot \sum\limits_{i=1}^{n} x_i}{n}$$

In die Formeln für b und a gehen ausschließlich Größen ein, die bereits bei der Berechnung des Produkt-Moment-Korrelationskoeffizienten anfallen (siehe Kap. 8.2.1).

⇒   Wir greifen auf das dort vorgestellte Beispiel zurück und wollen die betreffenden Messpunkte zunächst in einem Streudiagramm darstellen (Abbildung 8.6), wobei die Lebenserwartung die abhängige Variable (auf der y-Achse) und die Kalorienaufnahme die unabhängige Variable (auf der x-Achse) sein soll.

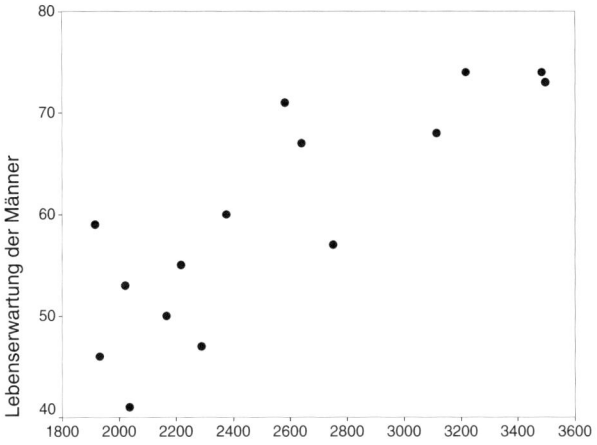

Abbildung 8.6: Linearer Zusammenhang

Es ist deutlich ein linearer Zusammenhang zu erkennen; seine Stärke war mit $r = 0{,}836$ beschrieben worden. Für den Regressionskoeffizienten ergibt sich mit den in Kap. 8.2.1 berechneten Zwischengrößen

$$b = \frac{2352118 - \frac{1}{15} \cdot 38228 \cdot 895}{101682288 - \frac{1}{15} \cdot 38228^2} = 0{,}0167$$

Für den Ordinatenabschnitt ergibt sich

$$a = \frac{895 - 0{,}0167 \cdot 38228}{15} = 17{,}11$$

Die Gleichung der Regressionsgeraden lautet somit

$$y = 0{,}0167 \cdot x + 17{,}11$$

Diese Regressionsgerade ist in Abbildung 8.7 in das Streudiagramm eingezeichnet. Zum Zeichnen per Hand genügt die Kenntnis des Ordinatenabschnitts und eine weitere x-y-Koordinate.

Da mit x die Kalorienaufnahme und mit y die Lebenserwartung der Männer gemeint ist, gilt letztlich die Vorhersagegleichung

$$\text{Lebenserwartung} = 0{,}0167 \cdot \text{Kalorienaufnahme} + 17$$

Eine Kalorienaufnahme von z. B. 3 000 Kalorien pro Tag impliziert danach eine Lebenserwartung von 67 Jahren:

$$\text{Lebenserwartung} = 0{,}0167 \cdot 3\,000 + 17 = 67$$

Eine solche Regressionsrechnung bei linearem Zusammenhang sollte nur vorgenommen werden, wenn die Punktwolke nicht allzu sehr um die Regressionsgerade streut, da dann

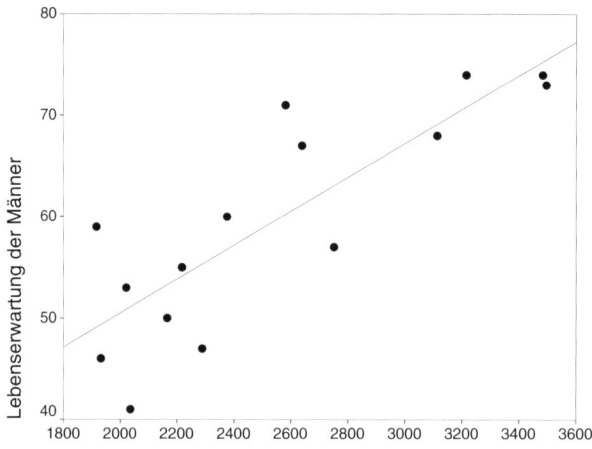

Abbildung 8.7: Regressionsgerade

die Vorhersage allzu unsicher wird. Auf alle Fälle muss natürlich der Korrelationskoeffizient überhaupt signifikant sein.

Absicherung des Regressionskoeffizienten

Als Maß für den Voraussagefehler kann man den so genannten *Standardfehler der Schätzung* berechnen, der üblicherweise mit $s_{y.x}$ bezeichnet wird. Dessen Berechnung gestaltet sich recht aufwendig; es sind dabei die folgenden Rechenschritte zu durchlaufen:

$$Q_x = \sum_{i=1}^{n} x_i^2 - \frac{1}{n} \cdot \left(\sum_{i=1}^{n} x_i \right)^2$$

$$Q_y = \sum_{i=1}^{n} y_i^2 - \frac{1}{n} \cdot \left(\sum_{i=1}^{n} y_i \right)^2$$

$$Q_{xy} = \sum_{i=1}^{n} x_i \cdot y_i - \frac{1}{n} \cdot \sum_{i=1}^{n} x_i \cdot \sum_{i=1}^{n} y_i$$

$$s_{y.x} = \sqrt{\frac{Q_y - \dfrac{Q_{xy}^2}{Q_x}}{n-2}}$$

Dabei ist Q_x der Nenner in der Formel für den Regressionskoeffizienten. Im gegebenen Beispiel wird

$$Q_x = 101682288 - \frac{1}{15} \cdot 38228^2 = 4256960$$

$$Q_y = 55105 - \frac{1}{15} \cdot 895^2 = 1703{,}33$$

$$Q_{xy} = 2352118 - \frac{1}{15} \cdot 38228 \cdot 895 = 71180{,}75$$

$$s_{y.x} = \sqrt{\frac{1703{,}33 - \dfrac{71180{,}75^2}{4256960}}{13}} = 6{,}283$$

Damit berechnet man die Standardabweichung des Regressionskoeffizienten

$$s_b = \frac{s_{y.x}}{\sqrt{Q_x}}$$

und hieraus die Standardabweichung des Ordinatenabschnitts

$$s_a = s_b \cdot \sqrt{\frac{\sum x^2}{n}}$$

In unserem Beispiel ergibt sich

$$s_b = \frac{6{,}283}{\sqrt{4256960}} = 0{,}003$$

$$s_a = 0{,}003 \cdot \sqrt{\frac{101682288}{15}} = 7{,}928$$

Der Standardfehler der Schätzung $s_{y.x}$ kann dazu benutzt werden, um die Regressionsgerade herum zwei Regressionslinien zu ermitteln, die ein Vertrauensband einschließen, welches z. B. 95 % der Punkte der Punktwolke enthält. Dabei weitet sich dieses Vertrauensband auf beiden Seiten aus.

Auf die Wiedergabe der Formeln, die nun endgültig nicht mehr von Hand auswertbar sind, soll verzichtet werden. Die Einzeichnung des 95 %-Konfidenzintervalls in Abbildung 8.8 hat der Computer übernommen.

Mit Hilfe folgender Formel für die Prüfgröße t kann man überprüfen, ob sich der gegebene Regressionskoeffizient b signifikant von einem Regressionskoeffizienten β unterscheidet:

$$t = \frac{|b - \beta|}{s_{y.x}} \cdot \sqrt{Q_x}$$

Diese Prüfgröße ist t-verteilt mit

$$df = n - 2$$

Freiheitsgraden.

Im gegebenen Beispiel ergibt sich bei der Überprüfung gegen null

$$t = \frac{0{,}0167}{6{,}283} \cdot \sqrt{4256960} = 5{,}491$$

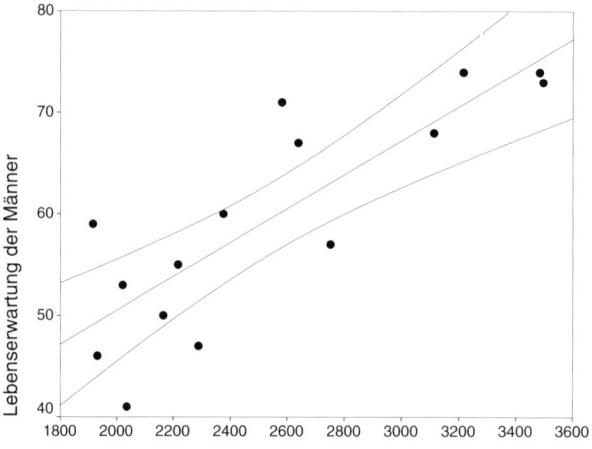

Abbildung 8.8: Regressionsgerade mit Konfidenzintervall

Wie die t-Tabelle ausweist, ist dies bei $df = 15 - 2 = 13$ Freiheitsgraden ein höchst signifikanter Wert ($p < 0{,}001$).

8.3.2   Vergleich zweier Regressionskoeffizienten

Die Überprüfung, ob sich zwei Regressionskoeffizienten b_1 und b_2 signifikant voneinander unterscheiden, erfolgt mit der t-verteilten Prüfgröße

$$t = \frac{|b_1 - b_2|}{\sqrt{\dfrac{s_{y1.x1}^2 \cdot (n_1 - 2) + s_{y2.x2}^2 \cdot (n_2 - 2)}{n_1 + n_2 - 4} \cdot \left(\dfrac{1}{Q_{x1}} + \dfrac{1}{Q_{x2}}\right)}}$$

bei

$$df = n_1 + n_2 - 4$$

Freiheitsgraden.

In der Datei rrsyst.dat sind von 197 Patienten einer Klinik die folgenden Variablen gespeichert: Geschlecht (codiert mit 1 = männlich, 2 = weiblich), Alter und systolischer Blutdruck.

Mit steigendem Alter nimmt der Blutdruck zu. Berechnet man den entsprechenden Korrelationskoeffizienten, so ergibt sich bei den Männern $r = 0{,}317$ und bei den Frauen $r = 0{,}494$. Bei den Frauen erscheint der Anstieg des Blutdrucks mit fortschreitendem Alter steiler, was durch den größeren Regressionskoeffizienten $b = 0{,}854$ (gegenüber $b = 0{,}492$ bei den Männern) belegt wird. Es soll geprüft werden, ob der Unterschied der beiden Regressionskoeffizienten signifikant ist.

Die zur Berechnung der Prüfgröße t benötigten Zwischengrößen sind in Tabelle 8.38 zusammengestellt.

	Männer	Frauen
b	0,492	0,854
$\sum x$	4555	5339
$\sum y$	13988	14375
$\sum x^2$	228647	309657
$\sum y^2$	2022484	2164725
$\sum x \cdot y$	652976	799185
Q_x	19071	18790,5
Q_y	46078,5	56147,3
Q_{xy}	9386,7	16040,8
$s_{y.x}$	20,674	21,029
n	99	98

Tabelle 8.38: Rechenschritte zum Vergleich zweier Regressionskoeffizienten

Damit wird

$$t = \frac{|0,492 - 0,854|}{\sqrt{\frac{20,674^2 \cdot 97 + 21,029^2 \cdot 96}{99 + 98 - 4} \cdot \left(\frac{1}{19071} + \frac{1}{18790,5}\right)}} = 1,689$$

Dies ist bei $df = 99 + 98 - 4 = 193$ Freiheitsgraden ein nicht signifikanter Wert, wie die t-Tabelle ausweist. Der Unterschied im Anstieg des Blutdrucks mit fortschreitendem Alter zwischen Männern und Frauen ist also nicht signifikant.

8.3.3 Nichtlineare Regression

Bei nichtlinearen Zusammenhängen, die eher seltener auftreten, gibt es praktisch unbegrenzt viele Möglichkeiten der formelmäßigen Gestaltung. Die Rechengänge sind dabei in der Regel so kompliziert, dass sie nur noch mit einem entsprechenden Computerprogramm erledigt werden können. Dabei ist aus der Erfahrung bzw. der Theorie heraus oder durch Probieren die Gestalt der Formel vorzugeben; der Computer liefert dann eine optimale Schätzung der in der Formel enthaltenen Parameter.

Einige nichtlineare Zusammenhänge allerdings lassen sich durch Logarithmieren in lineare Zusammenhänge überführen. Es sind exponentielle Zusammenhänge der Form

$$y = a \cdot e^{b \cdot x}$$
$$y = a \cdot b^x$$
$$y = a \cdot x^b$$

Dabei ist e^x die Umkehrfunktion des natürlichen Logarithmus mit der Eulerschen Zahl $e = 2{,}71828\ldots$

Das Vorgehen in diesen Fällen soll anhand zweier Beispiele erläutert werden.

⇛ In einem Gedächtnistest wurden den Versuchspersonen 30 Ortsnamen aus der äußeren Mongolei vorgegeben. Dann wurde über einen Zeitraum von zehn Tagen festgehalten, wie viele Namen jeweils noch im Gedächtnis geblieben sind. Die gemittelten Werte über die Versuchspersonen sind in Tabelle 8.39 enthalten.

Tag (x)	Anzahl Namen (y)	$\ln(y)$
1	24,9	3,21
2	19,7	2,98
3	17,0	2,83
4	13,2	2,58
5	11,0	2,40
6	8,5	2,14
7	7,9	2,07
8	5,8	1,76
9	5,5	1,70
10	5,0	1,61

Tabelle 8.39: Gedächtnisleistungen an aufeinander folgenden Tagen

Ein Streudiagramm mit dem Tag auf der x-Achse und der Namenanzahl auf der y-Achse ist in Abbildung 8.9 wiedergegeben.

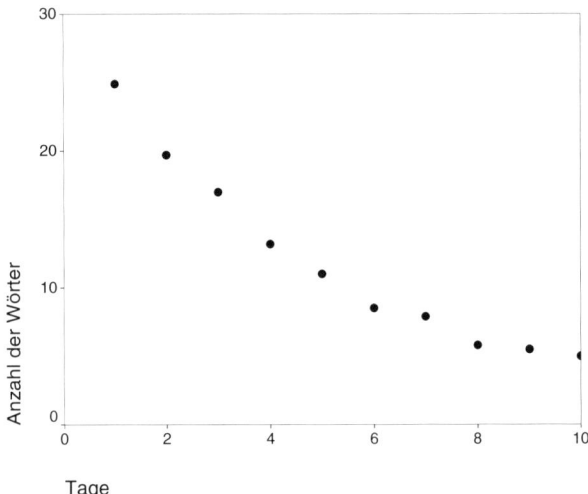

Abbildung 8.9: Nichtlinearer Abfall

Der Zusammenhang ist offensichtlich nicht linear. Eine bessere Beschreibung soll mit der Beziehung

$$y = a \cdot e^{b \cdot x}$$

versucht werden.

Die Logarithmierung beider Seiten ergibt

$$\ln(y) = \ln(a) + \ln(e^{b \cdot x})$$
$$\ln(y) = \ln(a) + b \cdot x$$

Dieses ist eine lineare Gleichung mit $\ln y$ als abhängiger Variabler. Ein Streudiagramm (Abbildung 8.10) mit dem Tag auf der x-Achse und dem natürlichen Logarithmus der Namenzahl auf der y-Achse zeigt tatsächlich einen linearen Zusammenhang.

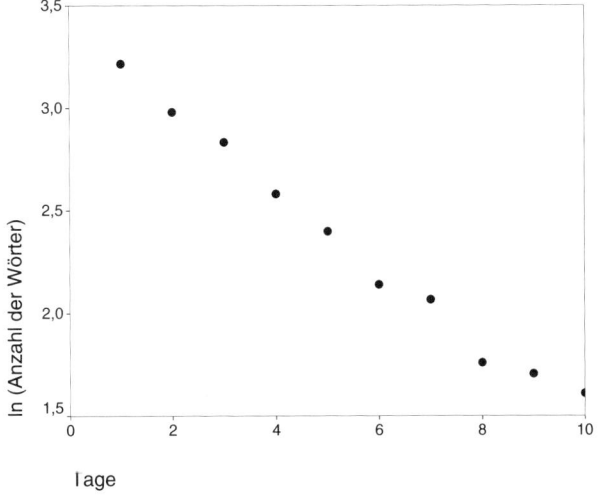

Abbildung 8.10: Linearer Abfall nach Logarithmierung

Die Regressionsrechnung mit $\ln(y)$ als abhängiger und x als unabhängiger Variable ergibt

$$b = -0{,}185 \qquad \ln(a) = 3{,}347$$

Hieraus folgt

$$a = e^{3{,}347} = 28{,}4$$

Die gefundene Gleichung lautet also schließlich

$$\text{Namenanzahl} = 28{,}4 \cdot e^{-0{,}185 \cdot \text{Tage}}$$

Nach dieser Gleichung ist z. B. die Zahl der gemerkten Namen nach 5 Tagen

$$28{,}4 \cdot e^{-0{,}185 \cdot 5} = 11{,}3$$

Der tatsächliche Wert ist 11,0, stimmt also mit dem vorhergesagten sehr gut überein.

Ähnlich verfahren Sie, wenn Sie als Regressionsgleichung

$$y = a \cdot b^x$$

wählen. Logarithmieren beider Seiten ergibt

$$\begin{aligned} \ln(y) &= \ln(a) + \ln(b^x) \\ \ln(y) &= \ln(a) + \ln(b) \cdot x \end{aligned}$$

Sie führen wieder eine Regressionsanalyse mit $\ln(y)$ als abhängiger und x als unabhängiger Variable durch, der sich dabei ergebende Regressionskoeffizient hat dann aber die Bedeutung von $\ln(b)$, so dass Sie hieraus nach

$$b = e^{\ln(b)}$$

den Parameter b berechnen müssen. Für den Ordinatenabschnitt gilt entsprechendes.

Schließlich sei ein Beispiel für einen Zusammenhang nach der Gleichung

$$y = a \cdot x^b$$

gezeigt.

⇒⇒   Auf diese Weise ist bei Fischen das Gewicht von der Länge abhängig. Die entsprechenden Messungen an 16 Fischen sind in Tabelle 8.40 wiedergegeben.

Ein Streudiagramm mit der Länge auf der x-Achse und dem Gewicht auf der y-Achse (Abbildung 8.11) zeigt einen nichtlinearen Zusammenhang.

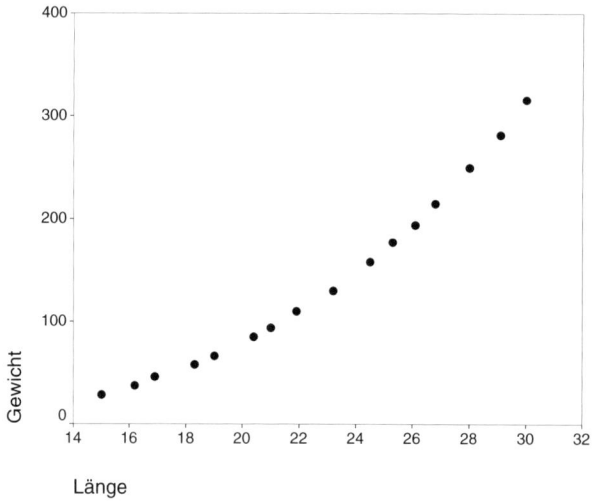

Abbildung 8.11: Nichtlinearer Anstieg

Beidseitiges Logarithmieren der Gleichung

$$y = a \cdot x^b$$

Länge (x)	Gewicht (y)	$\ln(x)$	$\ln(y)$
15,0	28,3	2,71	3,34
16,2	37,3	2,79	3,62
16,9	45,8	2,83	3,82
18,3	58,0	2,91	4,06
19,0	66,4	2,94	4,20
20,4	85,1	3,02	4,44
21,0	93,9	3,04	4,54
21,9	110,0	3,09	4,70
23,2	129,9	3,14	4,87
24,5	157,9	3,20	5,06
25,3	177,1	3,23	5,18
26,1	194,1	3,26	5,27
26,8	214,7	3,29	5,37
28,0	249,7	3,33	5,52
29,1	281,4	3,37	5,64
30,0	315,7	3,40	5,75

Tabelle 8.40: Länge und Gewicht von Fischen

ergibt

$$\ln(y) = \ln(a) + \ln(x^b)$$
$$\ln(y) = \ln(a) + b \cdot \ln(x)$$

Tragen Sie $\ln(x)$ und $\ln(y)$ in einem Streudiagramm (Abbildung 8.12) auf, erkennen Sie einen linearen Zusammenhang.

Führen Sie eine Regressionsrechnung mit $\ln(y)$ als abhängiger und $\ln(x)$ als unabhängiger Variabler durch, so erhalten Sie

$$b = 3{,}436 \qquad \ln(a) = -5{,}928$$

Hieraus folgt

$$a = e^{-5{,}928} = 0{,}0027$$

und damit die Beziehung

$$Gewicht = 0{,}0027 \cdot Länge^{3{,}436}$$

Damit ergibt sich z. B. für einen 21 cm langen Fisch ein Gewicht von

$$0{,}0027 \cdot 21^{3{,}436} = 94{,}3$$

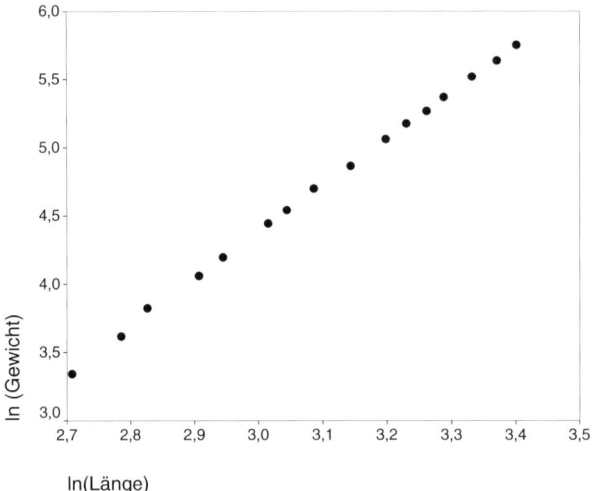

Abbildung 8.12: Linearer Anstieg nach Logarithmierung

Als tatsächlicher Wert hatte sich 93,9 ergeben.

Weitere Möglichkeiten, um nichtlineare Beziehungen zu beschreiben, sind Polynome, z. B. quadratische Gleichungen

$$y = a + b_1 \cdot x + b_2 \cdot x^2$$

oder kubische Gleichungen

$$y = a + b_1 \cdot x + b_2 \cdot x^2 + b_3 \cdot x^3$$

Die Schätzung der betreffenden Parameter bei diesen und anderen Formeln ist nur noch mit entsprechenden Computerprogrammen zu leisten.

8.4   Kreuztabellen

Zwei nominalskalierte oder ordinalskalierte Variablen mit nicht zu vielen Kategorien können in Form einer *Kreuztabelle* miteinander in Beziehung gebracht werden. Mit Hilfe einer χ^2-Analyse kann dann überprüft werden, ob es signifikant auffällige Kategorienkombinationen gibt. Für nominalskalierte Variablen mit mehr als zwei Kategorien ist dies die einzige Möglichkeit, Beziehungen untereinander aufzudecken. Spezielle Verfahren gibt es für die Beziehungen zwischen zwei dichotomen Variablen (Vierfeldertafeln).

8.4.1   Chiquadrat-Mehrfeldertest

⇛   Das Prinzip einer Kreuztabelle und die Rechenschritte einer χ^2-Analyse sollen anhand des folgendes Beispiels erläutert werden. An einer deutschen Universität wurden

Studierende u. a. über ihre politische Einstellung befragt. Hierbei waren die Antwortkategorien „eher links — Mitte — eher rechts" vorgegeben. Ferner waren die jeweiligen Fächergruppen anzugeben.

Kann man die politische Einstellung noch als ordinalskalierte Variable betrachten, sind die Fächergruppen nominalskaliert, so dass die einzige Möglichkeit, beide Variablen miteinander in Beziehung zu bringen, in der Erstellung einer Kreuztabelle mit anschließender χ^2-Analyse besteht. Diese Kreuztabelle ist als Tabelle 8.41 wiedergegeben.

Fächergruppe	eher links	Mitte	eher rechts	Zeilensumme
Rechtswissenschaften	52	24	35	111
Wirtschaftswissenschaften	28	16	37	81
Sozialwissenschaften	215	39	11	265
Sprachwissenschaften	247	64	35	346
Naturwissenschaften	152	41	51	244
Medizin	82	35	31	148
Spaltensumme	776	219	200	1195

Tabelle 8.41: Kreuztabelle mit beobachteten Häufigkeiten und Randsummen

Diese Tabelle enthält die *beobachteten Häufigkeiten* aller Kategorienkombinationen, ferner die *Zeilensummen* und *Spaltensummen*. So gibt es z. B. 35 Studierende der Rechtswissenschaften mit eher rechter politischer Grundeinstellung, bei den Naturwissenschaften sind es deren 51, also mehr. Allerdings ist auch die Gesamtzahl in den Naturwissenschaften mit 244 höher als diejenige in den Rechtswissenschaften mit 111.

Zur besseren Beurteilung der Häufigkeiten ist also eine Prozentuierung mit Bezug auf die Zeilensummen sinnvoll. Diese Zeilenprozentuierung ist in Tabelle 8.42 eingetragen.

Die 35 Studierenden der Rechtswissenschaften mit eher rechter politischer Grundeinstellung sind von den insgesamt 111 befragten Studierenden der Rechtswissenschaften 31,5 %; die 51 Studierenden der Naturwissenschaften sind von den insgesamt 244 Studierenden der Naturwissenschaften 20,9 %. In den Rechtswissenschaften ist eher rechte Grundeinstellung also stärker verbreitet als in den Naturwissenschaften. Betrachtet man alle Fächergruppen, so ist eher linke politische Grundeinstellung mit 81,1 % am stärksten in den Sozialwissenschaften verbreitet, eher rechte Einstellung am stärksten mit 45,7 % in den Wirtschaftswissenschaften.

Die Zeilenprozentuierung ist also ein probates Hilfsmittel zum übersichtlichen Vergleich der Zeilenkategorien, hier der Fächergruppen. Die Alternative zur Zeilenprozentuierung ist die auf die jeweilige Spaltensumme vorgenommene Prozentuierung. Diese erscheint im gegebenen Fall vom sachlogischen Gesichtspunkt her nicht so sinnvoll. Im Regelfall ist es so, dass entweder die Zeilen- oder Spaltenprozente eine sinnvolle Prozentuierung wiedergeben, sehr selten aber Zeilen- und Spaltenprozente zugleich.

Fächergruppe	eher links	Mitte	eher rechts	Zeilensumme
Rechtswissenschaften	52	24	35	111
	46,8 %	21,6 %	31,5 %	
Wirtschaftswissenschaften	28	16	37	81
	34,6 %	19,8 %	45,7 %	
Sozialwissenschaften	215	39	11	265
	81,1 %	14,7 %	4,2 %	
Sprachwissenschaften	247	64	35	346
	71,4 %	18,5 %	10,1 %	
Naturwissenschaften	152	41	51	244
	62,3 %	16,8 %	20,9 %	
Medizin	82	35	31	148
	55,4 %	23,6 %	20,9 %	
Spaltensumme	776	219	200	1195

Tabelle 8.42: Kreuztabelle mit Zeilenprozentuierung

Bisher wurde der Zusammenhang zwischen der Zeilen- und Spaltenvariable lediglich beschrieben und mit Hilfe der passenden Prozentuierung transparent gemacht; nun soll die entsprechende Signifikanzberechnung folgen. Die zugehörige Fragestellung könnte lauten „Unterscheiden sich die einzelnen Fächergruppen signifikant bezüglich der vorherrschenden politischen Grundeinstellung?"; korrekter formuliert lautet sie aber „Unterscheiden sich die beobachteten Häufigkeiten signifikant von den erwarteten Häufigkeiten?"

Dabei sind die *erwarteten Häufigkeiten* diejenigen, die man unter Zugrundelegung der gegebenen Randsummen (Zeilen- und Spaltensummen) bei Gleichverteilung erhalten würde.

Bezeichnet man die Anzahl der Zeilen mit k, die Anzahl der Spalten mit m und die beobachtete Häufigkeit in der i-ten Zeile und j-ten Spalte mit fo_{ij} (fo = Frequenz observiert), so berechnet sich die zugehörige erwartete Häufigkeit fe_{ij} (fe = Frequenz erwartet) zu

$$fe_{ij} = \frac{Zeilensumme \cdot Spaltensumme}{Gesamtsumme} \qquad (i = 1, \ldots, k; j = 1, \ldots, m)$$

Die erwartete Häufigkeit ist also das Produkt aus zugehöriger Zeilen- und Spaltensumme, dividiert durch die Gesamtsumme. Z. B. beträgt die erwartete Häufigkeit für die Studierenden der Sozialwissenschaften und eher linker politischer Grundeinstellung

$$fe_{31} = \frac{265 \cdot 776}{1195} = 172,1$$

Die erwartete Häufigkeit ist ein theoretischer Wert, so dass Sie sich an der Dezimalstelle nicht stören sollten. Tabelle 8.43 enthält die beobachteten und erwarteten Häufigkeiten für alle Felder der Kreuztabelle.

Fächergruppe	eher links	Mitte	eher rechts	Zeilensumme
Rechtswissenschaften	52	24	35	111
	72,1	20,3	18,6	
Wirtschaftswissenschaften	28	16	37	81
	52,6	14,8	45,7	
Sozialwissenschaften	215	39	11	265
	172,1	48,6	44,4	
Sprachwissenschaften	247	64	35	346
	224,7	63,4	57,9	
Naturwissenschaften	152	41	51	244
	158,4	44,7	40,8	
Medizin	82	35	31	148
	96,1	27,1	24,8	
Spaltensumme	776	219	200	1195

Tabelle 8.43: Kreuztabelle mit erwarteten Häufigkeiten

Z. B. wären also ca. 53 eher links eingestellte Studierende der Wirtschaftswissenschaften zu erwarten gewesen, tatsächlich sind es nur 28. Bei den Sozialwissenschaften wären ca. 44 eher rechts eingestellte Studierende zu erwarten gewesen, tatsächlich beobachtet wurden aber nur 11. Bei den Wirtschaftswissenschaften sind die eher links eingestellten Studierenden also unterrepräsentiert, bei den Sozialwissenschaften sind dies die eher rechts eingestellten Studierenden. Bei letzterer Fächergruppe sind dagegen die eher links eingestellten Studierenden überrepräsentiert: 215 tatsächlich beobachtete bei nur etwa 172 zu erwartenden.

Betrachtet man die Naturwissenschaften, so wurden 152 eher links eingestellte Studierende beobachtet, erwartet wurden ca. 158 Studierende. Hier liegt die tatsächlich beobachtete Häufigkeit also offenbar im Rahmen der Erwartung.

So ergibt sich die Frage, ob die Unterschiede zwischen den beobachteten und erwarteten Häufigkeiten signifikant sind. Hierzu berechnet man zunächst in jedem Feld der Kreuztabelle das *quadrierte standardisierte Residuum*

$$\frac{(fo_{ij} - fe_{ij})^2}{fe_{ij}} \qquad (i = 1, \ldots, k; j = 1, \ldots, m)$$

Diese Residuen werden über alle Felder der Kreuztabelle zur Prüfgröße χ^2 aufsummiert:

$$\chi^2 = \sum_{i=1}^{k} \sum_{j=1}^{m} \frac{(fo_{ij} - fe_{ij})^2}{fe_{ij}}$$

Diese Prüfgröße ist χ^2-verteilt mit

$$df = (k-1) \cdot (m-1)$$

Freiheitsgraden.

Zum Beispiel ergibt sich im Falle der eher links eingestellten Studierenden der Sozial-wissenschaften das folgende quadrierte standardisierte Residuum:

$$\frac{(215 - 172{,}1)^2}{172{,}1} = 10{,}69$$

Die quadrierten standardisierten Residuen sind mit den beobachteten und erwarteten Häufigkeiten für alle Felder in Tabelle 8.44 eingetragen.

Die Aufsummierung der Residuen über alle Felder ergibt die Prüfgröße χ^2:

$$\chi^2 = 130{,}87$$

Dies ist nach der χ^2-Tabelle (Tabelle 4) bei

$$df = (6-1) \cdot (3-1) = 10$$

Freiheitsgraden ein höchst signifikanter Wert ($p < 0{,}001$).

Dies bedeutet, dass die Nullhypothese, beobachtete und erwartete Häufigkeiten würden sich nirgends unterscheiden, verworfen werden muss. Es drängt sich nun die Frage auf, in welchen Zellen genau es signifikante Unterschiede gibt.

Auskunft hierüber geben die quadrierten standardisierten Residuen

$$\frac{(fo_{ij} - fe_{ij})^2}{fe_{ij}}$$

Je nachdem, welchen Grenzwert diese Residuen überschreiten, gilt für den Unterschied zwischen beobachteter und erwarteter Häufigkeit:

> $> 3{,}84$ signifikant ($p < 0{,}05$, *)
> $> 6{,}64$ sehr signifikant ($p < 0{,}01$, **)
> $> 10{,}83$ höchst signifikant ($p < 0{,}001$, ***)

In Tabelle 8.45, die als Endergebnis der χ^2-Analyse gelten kann, sind die so markierten Signifikanzniveaus eingetragen.

Fächergruppe	eher links	Mitte	eher rechts	Zeilensumme
Rechtswissenschaften	52	24	35	111
	72,1	20,3	18,6	
	5,59	0,66	14,52	
Wirtschaftswissenschaften	28	16	37	81
	52,6	14,8	45,7	
	11,50	0,09	40,54	
Sozialwissenschaften	215	39	11	265
	172,1	48,6	44,4	
	10,69	1,88	25,08	
Sprachwissenschaften	247	64	35	346
	224,7	63,4	57,9	
	2,22	0,01	9,06	
Naturwissenschaften	152	41	51	244
	158,4	44,7	40,8	
	0,26	0,31	2,53	
Medizin	82	35	31	148
	96,1	27,1	24,8	
	2,07	2,29	1,57	
Spaltensumme	776	219	200	1195

Tabelle 8.44: Kreuztabelle mit quadrierten standardisierten Residuen

Zusammenfassend lässt sich feststellen, dass eher linke politische Grundeinstellung in den Sozialwissenschaften überrepräsentiert ist, eher rechte Einstellung vor allem in den Wirtschaftswissenschaften, aber auch in den Rechtswissenschaften. Die Naturwissenschaften und die Medizin liegen im Schnitt.

Die Erstellung von Kreuztabellen zwischen nominal- und ordinalskalierten Variablen mit anschließender χ^2-Analyse dürfte inzwischen das bei Benutzung eines Computerprogramms am häufigsten angewandte statistische Verfahren sein. Den aufgezeigten Rechenschritten folgend, ist die Ausgabe der beobachteten Häufigkeiten, der passenden Prozentuierung, der erwarteten Häufigkeiten und der quadrierten standardisierten Residuen zu empfehlen. Das Programmsystem SPSS gibt allerdings hier die nicht quadrierten standardisierten Residuen aus.

Der χ^2-Test unterliegt aber einer Voraussetzung: Die erwarteten Häufigkeiten in den Feldern der Kreuztabelle müssen mindestens den Wert 5 haben; in 20 % der Felder sind Werte < 5 erlaubt. Um dies gegebenenfalls zu erreichen, können Sie versuchen, sachlo-

Fächergruppe	eher links	Mitte	eher rechts	Zeilensumme
Rechtswissenschaften	52	24	35	111
	72,1	20,3	18,6	
	*		***	
Wirtschaftswissenschaften	28	16	37	81
	52,6	14,8	45,7	
	***		***	
Sozialwissenschaften	215	39	11	265
	172,1	48,6	44,4	
	**		***	
Sprachwissenschaften	247	64	35	346
	224,7	63,4	57,9	
			**	
Naturwissenschaften	152	41	51	244
	158,4	44,7	40,8	
Medizin	82	35	31	148
	96,1	27,1	24,8	
Spaltensumme	776	219	200	1195

Tabelle 8.45: Kreuztabelle mit Signifikanzniveaus

gisch ähnliche Kategorien zusammenzufassen oder schwach besetzte Kategorien in der Analyse auszulassen.

Schöne Anwendungen der χ^2-Analyse findet man in dem Buch „Die Akte Astrologie" von Gunter Sachs. Er untersuchte u. a. 358 763 Heiraten der Jahre 1987 bis 1994 in der Schweiz und stellte dabei die jeweiligen Kombinationshäufigkeiten der Sternzeichen fest. In einer χ^2-Analyse fand er dann heraus, dass bei insgesamt 25 von den möglichen 144 Kombinationen signifikante Unterschiede zwischen beobachteten und erwarteten Häufigkeiten auftraten. Vor allem Heiraten zwischen gleichen Sternzeichen fanden mit meist signifikant erhöhter Häufigkeit statt.

Kontingenzkoeffizient

Da mit einer nominalskalierten Variablen keine Ordnungsrelation verbunden ist, kann mit solchen Variablen bekanntlich kein Korrelationskoeffizient berechnet werden. Trotzdem hat man auch hier ein Maß entwickelt, das den Grad der Verbundenheit der beiden Variablen angeben soll.

Die im gegebenen Beispiel erhaltenen Ergebnisse kann man schließlich verbal auch so verstehen, dass ein Zusammenhang zwischen Fächergruppen und politischer Grundeinstellung dahingehend besteht, dass in manchen Fächergruppen eher linke, in anderen Fächergruppen eher rechte politische Grundeinstellung überrepräsentiert ist. Dieses für nominalskalierte Variablen entwickelte „Zusammenhangsmaß" heißt *Kontingenzkoeffizient*.

Dieser berechnet sich unmittelbar aus der Prüfgröße χ^2 und der Gesamtfallzahl n zu

$$C = \sqrt{\frac{\chi^2}{\chi^2 + n}}$$

Im gegebenen Beispiel erhält man hiermit

$$C = \sqrt{\frac{130{,}87}{130{,}87 + 1195}} = 0{,}314$$

Nach der Formel für den Kontingenzkoeffizienten ist stets $0 < C < 1$, wobei hohe Werte von C einen hohen Zusammenhang bedeuten. Gleichzeitig macht die Formel deutlich, dass der Wert 1 nie erreicht werden kann.

Der maximal erreichbare Wert hängt von der Größe der zugrunde liegenden Kreuztabelle ab. Für quadratische Kreuztabellen mit k Zeilen bzw. Spalten beträgt er

$$C_{\max} = \sqrt{\frac{k - 1}{k}}$$

Ist die Zeilen- verschieden von der Spaltenzahl, lässt sich $C_{\max}$ abschätzen, indem man die Werte für die beiden entsprechenden quadratischen Tafeln mittelt.

Dies ergibt im gegebenen Beispiel

$$\sqrt{\frac{3 - 1}{3}} = 0{,}816 \qquad \sqrt{\frac{6 - 1}{6}} = 0{,}913 \qquad C_{\max} = \frac{0{,}816 + 0{,}913}{2} = 0{,}865$$

Kontingenzkoeffizienten werden über Kreuztabellen verschiedener Größe also erst vergleichbar, wenn man sie anhand des maximal erreichbaren Wertes relativiert:

$$C_{\text{korr}} = \frac{C}{C_{\max}}$$

Im vorliegenden Fall ergibt sich

$$C_{\text{korr}} = \frac{0{,}314}{0{,}865} = 0{,}363$$

Eine Signifikanzüberprüfung des Kontingenzkoeffizienten braucht nicht mehr vorgenommen zu werden; sie erfolgte bereits über die Prüfgröße χ^2 bei der χ^2-Analyse.

Zwei Varianten des Kontingenzkoeffizienten sind Cramers φ-Koeffizient und Cramers V.

Cramers φ-Koeffizient

Dieser Koeffizient macht nur Sinn für eine Vierfeldertafel (siehe Kap. 8.4.2), da er sonst auch Werte > 1 annehmen kann:

$$\varphi = \sqrt{\frac{\chi^2}{n}}$$

Für Vierfeldertafeln liegt der Wert des φ-Koeffizienten zwischen 0 und 1.

Cramers V

Der Vorteil von Cramers V gegenüber dem Kontingenzkoeffizienten liegt darin, dass alle Werte zwischen 0 und 1 erreicht werden können:

$$V = \sqrt{\frac{\chi^2}{n \cdot (k - 1)}}$$

Dabei ist k die kleinere der beiden Anzahlen der Zeilen und Spalten.

Im gegebenen Beispiel wird

$$V = \sqrt{\frac{130{,}87}{1195 \cdot (3 - 1)}} = 0{,}234$$

Aus dem Vergleich der beiden Formeln für den Kontingenzkoeffizient und für Cramers V ergibt sich, dass Cramers V stets kleiner ist als der Kontingenzkoeffizient.

8.4.2   Chiquadrat-Vierfeldertest

Besteht eine Kreuztabelle lediglich aus zwei Zeilen und zwei Spalten, insgesamt also aus vier Feldern, so vereinfachen sich die Rechenschritte. In diesem häufig vorkommenden Fall wird der χ^2-Vierfeldertest ausgeführt.

$\Rightarrow$ In einer Befragung von Studierenden über die Computer-Nutzung im Alltag wurden diese u. a. danach gefragt, ob sie das Internet nutzen. Das Ergebnis ist, getrennt nach Geschlecht, in Tabelle 8.46 als Vierfeldertafel dargestellt.

In der Tabelle sind auch die Randsummen und die Zeilenprozentuierung eingetragen. So nutzen also 73,1 % der männlichen Studierenden das Internet, aber nur 60,0 % der weiblichen Studierenden. Die Frage, ob dieser Unterschied signifikant ist, wird mit dem χ^2-Vierfeldertest geklärt.

Wie bei der Vierfelderkorrelation auch, werden dabei die Felder der Vierfeldertafel mit den Buchstaben a, b, c und d bezeichnet:

a	b
c	d

	Internet-Nutzung	keine Internet-Nutzung	Summe
männlich	449	165	614
	73,1 %	26,9 %	
weiblich	369	246	615
	60,0 %	40,0 %	
Summe	818	411	1229

Tabelle 8.46: Vierfeldertafel

Die Prüfgröße χ^2 berechnet sich zu

$$\chi^2 = \frac{(a \cdot d - b \cdot c)^2 \cdot n}{(a+b) \cdot (c+d) \cdot (a+c) \cdot (b+d)}$$

Dabei ist

$$n = a + b + c + d$$

die Gesamtsumme der Häufigkeiten.

Die Prüfgröße χ^2 ist χ^2-verteilt mit 1 Freiheitsgrad.

Im gegebenen Beispiel wird

$$\chi^2 = \frac{(369 \cdot 165 - 246 \cdot 449)^2 \cdot 1229}{615 \cdot 614 \cdot 818 \cdot 411} = 23{,}787$$

Nach der χ^2-Tabelle ist dies bei 1 Freiheitsgrad ein höchst signifikanter Wert ($p < 0{,}001$). Männliche Studierende nutzen das Internet also höchst signifikant häufiger als weibliche Studierende.

Der χ^2-Vierfeldertest hat sehr viel zu tun mit der Berechnung der Vierfelderkorrelation (siehe Kap. 8.2.5). Ein Vergleich der beiden Formeln für die Testgröße χ^2 des χ^2-Tests und den Vierfelder-Korrelationskoeffizienten r ergibt die Beziehung

$$r = \sqrt{\frac{\chi^2}{n}}$$

Dabei ist das Vorzeichen von r negativ, falls $b \cdot c > a \cdot d$ ist.

Dies ist im gegebenen Beispiel der Fall, so ergibt sich für den Vierfelder-Korrelationskoeffizienten

$$r = -\sqrt{\frac{23{,}787}{1229}} = -0{,}139$$

Die Aussage des Chiquadrat-Tests, männliche Studierende nutzten das Internet höchst signifikant häufiger als weibliche, kann man unter Benutzung des Vierfelder-Korrelationskoeffizienten und seines Vorzeichens sowie der Codierung der beteiligten Variablen auch so formulieren: Zwischen Geschlecht und Internet-Nutzung besteht ein höchst signifikanter, aber betragsmäßig nur sehr geringer Zusammenhang dahingehend, dass männliche Studierende das Internet häufiger nutzen.

Die angegebene Formel für den χ^2-Wert gilt nur für den Fall, dass die Gesamtsumme n der Häufigkeiten mindestens 40 beträgt. Im anderen Fall benutzt man eine Formel mit der so genannten Yates-Korrektur:

$$\chi^2 = \frac{(|a \cdot d - b \cdot c| - \frac{n}{2})^2 \cdot n}{(a+b) \cdot (c+d) \cdot (a+c) \cdot (b+d)}$$

Für sehr kleine Fallzahlen wurde der exakte Test nach Fisher und Yates entwickelt. Diesem ist ein eigenes Kapitel (Kap. 8.4.3) gewidmet.

Relatives Risiko und odds ratio

Im Zusammenhang mit Vierfeldertafeln sind in bestimmten Situationen zwei Begriffe von Bedeutung, die man *relatives Risiko* und *odds ratio* nennt. Dabei wird eine so genannte Risikovariable, die angibt, ob ein bestimmtes Ereignis eintrifft oder nicht, in Abhängigkeit von einer unabhängigen (ursächlichen) und ebenfalls dichotomen Variablen untersucht.

Solche Risikovariablen treten vornehmlich in der Medizin auf; sie geben dann an, ob eine bestimmte Krankheit auftritt oder nicht. Im gegebenen Beispiel könnte man leicht boshaft die Internet-Nutzung als Risikovariable betrachten und das Geschlecht als ursächliche Variable.

Als *Inzidenzrate* bezeichnet man im gegebenen Beispiel bei beiden Kategorien des Geschlechts das Verhältnis der Internet-Nutzer zur Gesamtzahl der Frauen bzw. Männer. So ist die Inzidenzrate bei den Frauen

$$\frac{369}{369 + 246} = 0,600$$

und bei den Männern

$$\frac{449}{449 + 165} = 0,731$$

Diese Werte entsprechen den Zeilenprozenten der Vierfeldertafel. Der Quotient aus den beiden Inzidenzraten wird relatives Risiko genannt, wobei die höhere der beiden Inzidenzraten im Zähler steht, so dass sich für das relative Risiko stets ein Wert $\geqslant 1$ ergibt:

$$relatives\ Risiko = \frac{0,731}{0,600} = 1,218$$

Das „Risiko, der Internet-Nutzung zu verfallen", liegt also bei den Männern um das 1,218-fache höher als bei den Frauen.

Eine etwas andere Variante ist das odds ratio. Die „Chancen" (odds) bei den Frauen, der Internet-Nutzung anheim zu fallen, sind $369/246 = 1{,}500$, bei den Männern sind sie $449/165 = 2{,}721$. Das Chancenverhältnis (odds ratio) ist demnach

$$odds\ ratio = \frac{2{,}721}{1{,}500} = 1{,}814$$

Auch hier wird der größere Wert stets in den Zähler gestellt.

Die Rechenvorschriften für relatives Risiko und odds ratio seien noch einmal formelmäßig dargestellt, wobei die Bedeutung der Buchstaben a, b, c und d aus Tabelle 8.47 hervorgeht.

	Ereignis tritt ein	Ereignis tritt nicht ein
Kategorie der ursächlichen Variablen mit höherer Inzidenzrate	a	b
Kategorie der ursächlichen Variablen mit niedrigerer Inzidenzrate	c	d

Tabelle 8.47: Bezeichnungen beim relativen Risiko und odds ratio

$$relatives\ Risiko = \frac{a \cdot (c+d)}{c \cdot (a+b)}$$

$$odds\ ratio = \frac{a \cdot d}{b \cdot c}$$

$\Rightarrow$ Die Begriffe seien noch einmal an einem Beispiel aus der Medizin erläutert. Eine Untersuchung über das Auftreten von Angststörungen brachte das in Tabelle 8.48 dargestellte Ergebnis.

	Angststörung	keine Angststörung
Frauen	$a = 154$	$b = 592$
Männer	$c = 79$	$d = 715$

Tabelle 8.48: Angststörungen bei Frauen und Männern

Damit ergibt sich:

$$relatives\ Risiko = \frac{154 \cdot (79 + 715)}{79 \cdot (154 + 592)} = 2{,}075$$

$$odds\ ratio = \frac{154 \cdot 715}{592 \cdot 79} = 2{,}354$$

Das odds ratio weist aus, dass die Gefahr, eine Angststörung zu bekommen, bei Frauen gegenüber Männern um das 2,354-fache erhöht ist.

8.4.3   Der exakte Test nach Fisher und Yates

Bei sehr kleinen Häufigkeiten der Vierfeldertafel (Häufigkeiten < 5) ist der Chiquadrat-Vierfeldertest nicht anwendbar. In diesen Fällen kann der exakte Test nach Fisher und Yates angewandt werden. Dieser gestattet, das Signifikanzniveau exakt zu bestimmen, indem bei den gegebenen Randsummen die Wahrscheinlichkeit der gegebenen Häufigkeitsverteilung und die Wahrscheinlichkeiten der „unwahrscheinlicheren" Verteilungen bestimmt werden.

Neun Personen mit einer seltenen Hautkrankheit, einer Unterart der Pustulosis, wurden u.a. nach ihrem Nikotinkonsum befragt und einem Kontrollkollektiv gegenübergestellt. Die Ergebnisse sind in Tabelle 8.49 festgehalten.

	Raucher	Nichtraucher
Pustulosis	$a = 7$	$b = 2$
Kontrolle	$c = 3$	$d = 6$

Tabelle 8.49: Vierfeldertafel mit kleinen Häufigkeiten

In der Pustulosis-Gruppe ist der Anteil der Raucher also höher als in der Kontrollgruppe. Wegen der geringen Häufigkeiten kommt zur Signifikanzprüfung der exakte Test nach Fisher und Yates zur Anwendung.

Bezeichnet man wie beim Chiquadrat-Vierfeldertest die auftretenden Häufigkeiten mit a, b, c und d (wie in obiger Vierfeldertafel geschehen), ist die exakte Wahrscheinlichkeit dafür, dass sich bei den gegebenen Randsummen die Häufigkeiten wie gegeben verteilen:

$$p_0 = \frac{\binom{a+c}{a} \cdot \binom{b+d}{b}}{\binom{a+b+c+d}{a+b}}$$

In diese Formel gehen so genannte Binomialkoeffizienten ein, die folgendermaßen definiert sind:

$$\binom{n}{k} = \frac{n \cdot (n-1) \cdot (n-2) \cdot \ldots \cdot (n-k+1)}{1 \cdot 2 \cdot \ldots \cdot k}$$

Gesprochen wird dies „n über k", und es ist

$$\binom{n}{0} = 1$$

festgesetzt.

Der wohl „berühmteste" Binomialkoeffizient ist

$$\binom{49}{6} = \frac{49 \cdot 48 \cdot 47 \cdot 46 \cdot 45 \cdot 44}{1 \cdot 2 \cdot 3 \cdot 4 \cdot 5 \cdot 6} = 13983816$$

Dies ist die Anzahl der Möglichkeiten, aus 49 Zahlen deren 6 auszuwählen. Lottospieler wissen, dass sie planmäßig so viele Tippreihen ausfüllen müssen, um sicher einen Sechser zu erwischen.

Im gegebenen Beispiel wird

$$p_0 = \frac{\binom{7+3}{7} \cdot \binom{2+6}{2}}{\binom{7+2+3+6}{7+2}} = \frac{120 \cdot 28}{24310} = 0{,}138$$

Zur gegebenen Verteilung gibt es zwei unwahrscheinlichere Verteilungen. Diese sind

8	1
2	7

und

9	0
1	8

Hierfür ergeben sich die Wahrscheinlichkeiten

$$p_1 = \frac{\binom{8+2}{8} \cdot \binom{1+7}{1}}{\binom{8+1+2+7}{8+1}} = \frac{45 \cdot 8}{24310} = 0{,}015$$

$$p_2 = \frac{\binom{9+1}{9} \cdot \binom{0+8}{0}}{\binom{9+0+1+8}{9+0}} = \frac{10 \cdot 1}{24310} = 0{,}000$$

Die Gesamtwahrscheinlichkeit wird demnach

$$p = p_0 + p_1 + p_2 = 0{,}138 + 0{,}015 + 0{,}000 = 0{,}153$$

Die Wahrscheinlichkeit dafür, dass bei den gegebenen Randsummen die gegebene Häufigkeitsverteilung oder noch unwahrscheinlichere auftreten, ist also 0,153. Da dieser Wert größer ist als die Signifikanzgrenze von 0,05, liegt also kein signifikanter Unterschied zwischen der Pustulosis-Gruppe und der Kontrollgruppe bezüglich des Raucheranteils vor.

Im vorliegenden Beispiel hätte man nach der Berechnung von p_0 den Rechenvorgang schon abbrechen können, da mit $p = 0{,}138$ bereits ein nicht signifikanter Wert erreicht war. Weitere Summanden konnten den Wahrscheinlichkeitswert ja nur erhöhen.

Ferner sei festgehalten, dass bei der Berechnung der Wahrscheinlichkeiten der einzelnen Verteilungen der Nenner unverändert bleibt. Er braucht also nur einmal berechnet zu werden.

$\Rrightarrow$ Der Überlieferung nach entwickelte Fisher den Test anlässlich eines für Briten bedeutenden wissenschaftlichen Experiments. Eine Bekannte hatte behauptet, sie könne es einer Tasse Tee ansehen, ob zuerst der Tee oder zuerst die Milch eingegossen worden sei.

Fisher wollte dies überprüfen und setzte seiner Bekannten insgesamt acht Tassen Tee mit Milch vor, von denen vier zuerst mit Tee und vier zuerst mit Milch gefüllt worden waren. Die Bekannte landete jeweils drei Treffer und lag einmal daneben. Die Ergebnisse sind in Tabelle 8.50 zusammengestellt.

	Milch geraten	Tee geraten
Milch gegossen	$a = 3$	$b = 1$
Tee gegossen	$c = 1$	$d = 3$

Tabelle 8.50: Fishers Tee-Test

In diesem Falle wird

$$p_0 = \frac{\binom{3+1}{3} \cdot \binom{1+3}{1}}{\binom{3+1+1+3}{3+1}} = \frac{4 \cdot 4}{70} = 0{,}229$$

Hier kann die Berechnung bereits abgebrochen werden, da sich schon ein nicht signifikanter Wert ergeben hat.

8.4.4   Der Chiquadrat-Test nach McNemar

Grundlage dieses Chiquadrat-Tests ist wie beim Chiquadrat-Vierfeldertest oder beim exakten Test nach Fisher und Yates eine Vierfeldertafel. Anders als dort behandelt er aber den Fall von abhängigen Stichproben.

$\Rrightarrow$ Insgesamt 290 Patienten einer Zahnklinik mit Zahnfleischbluten wurden einer Behandlung unterzogen, die als Nebeneffekt auch das Zahnfleischbluten stoppen sollte. In der Tat hatten nach der Behandlung 199 Patienten, das sind 68,6 %, kein Zahnfleischbluten mehr. Andererseits trat bei den insgesamt 377 Patienten, die vor der Behandlung kein Zahnfleischbluten hatten, nach der Behandlung in 63 Fällen, das sind 16,7 %, Zahnfleischbluten auf. Lässt sich sagen, dass die Behandlung insgesamt einen signifikant günstigen Einfluss auf das Verhindern von Zahnfleischbluten hatte?

Im Gegensatz zu den bisherigen Varianten des Chiquadrat-Tests haben wir nun für jeden Fall (hier: jeden Patienten) zwei Angaben, die entsprechend einander zugeordnet werden können. Das Vierfelderschema, das in Tabelle 8.51 dargestellt ist, sieht nun entsprechend etwas anders aus.

	Zahnfleischbluten nach	kein Zahnfleischbluten nach
Zahnfleischbluten vor	91	$b = 199$
kein Zahnfleischbluten vor	$c = 63$	314

Tabelle 8.51: Vierfelderschema für den McNemar-Test

In die Formel für die Prüfgröße χ^2 gehen nur die beiden mit b und c bezeichneten Häufigkeiten ein, welche die Änderungen zwischen den beiden Zeitpunkten angeben:

$$\chi^2 = \frac{(|b - c| - 1)^2}{b + c}$$

Diese Prüfgröße ist χ^2-verteilt mit 1 Freiheitsgrad.

Im gegebenen Beispiel wird

$$\chi^2 = \frac{(|199 - 63| - 1)^2}{199 + 63} = 69{,}561$$

Dies ist nach der χ^2-Tabelle bei 1 Freiheitsgrad ein höchst signifikanter Wert ($p < 0{,}001$). Durch die Behandlung ist das Zahnfleischbluten also höchst signifikant zurückgegangen.

8.4.5 Cohens Kappa

Cohens Kappa-Koeffizient kann nur für quadratische Kreuztabellen berechnet werden, in denen dieselben Codierungen für die Zeilen- und Spaltenvariable verwendet wurden. Im typischen Anwendungsfall wurden Personen oder Objekte durch zwei Beurteiler begutachtet. Kappa gibt dann den Grad der Übereinstimmung zwischen den beiden Beurteilungen an, wobei der Koeffizient Werte zwischen 0 und 1 annehmen kann.

⇒ In einer Zahnklinik wurden insgesamt 1199 Zähne von zwei Zahnärzten nach ihrem Gesundheitszustand beurteilt. Nach einer genau definierten Fünfer-Skala konnten dabei Skalenwerte zwischen 0 (völlig gesund) bis 4 (total kariös) vergeben werden. Die Ergebnisse sind in Tabelle 8.52 eingetragen, wobei die Beurteilungen des einen Zahnarztes in den Zeilen, die Beurteilungen des anderen in den Spalten abgetragen sind.

	0	1	2	3	4	Summe
0	636	54	26	18		734
1	60	56	24	3		143
2	31	18	55	10	4	118
3	11	3	9	82	13	118
4	1			2	83	86
Summe	739	131	114	115	100	1199

Tabelle 8.52: Übereinstimmung von zwei Beurteilern

Als einfaches Übereinstimmungsmaß könnte man den Anteil der übereinstimmenden
Beurteilungen an der Gesamtzahl der Vergleiche heranziehen. Dabei stehen die Häufigkeiten für die Übereinstimmungen in der Diagonalen der Kreuztabelle. Als Übereinstimmungsmaß würde sich dann ergeben:

$$\frac{636 + 56 + 55 + 82 + 83}{1199} = \frac{912}{1199} = 0{,}761$$

Dieses einfache Übereinstimmungsmaß berücksichtigt nicht, dass auch bei zufälliger Zuordnung ein gewisses Maß an Übereinstimmung zu erwarten ist, so dass nur der darüber
hinausgehende Anteil als ein Maß für die Güte der Übereinstimmung gelten kann.

Bezeichnet man die Zeilen- bzw. Spaltenzahl mit k, die Gesamtsumme der Häufigkeiten
mit n, die Zeilensummen der Kreuztabelle mit z_i, die Spaltensummen mit s_i und die
Häufigkeiten in der Diagonalen mit d_i (jeweils $i = 1, \ldots, k$), so ist Kappa definiert durch

$$Kappa = \frac{n \cdot \sum\limits_{i=1}^{k} d_i - \sum\limits_{i=1}^{k} z_i \cdot s_i}{n^2 - \sum\limits_{i=1}^{k} z_i \cdot s_i}$$

Die Summe der Produkte aus Zeilen- und Spaltensummen steht sowohl im Zähler als
auch im Nenner und braucht natürlich nur einmal berechnet zu werden. Die benötigten
Zwischenergebnisse sind in Tabelle 8.53 zusammengestellt.

Kategorie	Zeilensumme	Spaltensumme	Produkt	Diagonale
0	734	739	542426	636
1	143	131	18733	56
2	118	114	13452	55
3	118	115	13570	82
4	86	100	8600	83
Summe	1199	1199	596781	912

Tabelle 8.53: Rechenschritte zu Cohens Kappa

Damit ergibt sich

$$Kappa = \frac{1199 \cdot 912 - 596781}{1199^2 - 596781} = 0{,}591$$

Der Maximalwert von Kappa wird erreicht, wenn alle Häufigkeiten in der Diagonalen
stehen. In diesem Falle wird

$$\sum_{i=1}^{k} d_i = n$$

Damit sind Zähler und Nenner gleich, und Kappa hat den Wert 1. Nachteilig bei der Anwendung auf ordinalskalierte Variablen wie im gegebenen Beispiel ist bei der Berechnung von Kappa, dass alle Häufigkeiten abseits der Diagonalen einheitlich als Nicht-Übereinstimmung gewertet werden. So eignet sich Kappa als Übereinstimmungsmaß eigentlich nur bei nominalskalierten Variablen. Bei ordinalskalierten Variablen sollte besser der Rangkorrelationskoeffizient nach Spearman benutzt werden, der gegebenenfalls kleine von großen Abweichungen unterscheiden kann. So ergibt sich in diesem Beispiel ein Rangkorrelationskoeffizient von 0,748, der somit deutlich höher als der Kappa-Koeffizient ist.

Eine Signifikanzüberprüfung von Kappa erscheint hinfällig, da eine überzufällige Übereinstimmung selbstverständlich sein sollte.

9 Beziehungen zwischen mehreren abhängigen Variablen

In Kap. 8.1 wurden der t-Test für abhängige Stichproben und der Wilcoxon-Test vorgestellt, die zum Vergleich von zwei abhängigen Stichproben dienen. Die Erweiterung dieser Signifikanztests auf mehrere abhängige Stichproben sind die einfaktorielle Varianzanalyse mit Messwiederholung bzw. der Friedman-Test.

Ebenso lässt sich der in Kap. 8.4.4 erläuterte Chiquadrat-Test nach McNemar auf mehrere abhängige Stichproben erweitern. Dieser Test heißt Cochrans Q.

9.1 Einfaktorielle Varianzanalyse mit Messwiederholung

Die einfaktorielle Varianzanalyse mit Messwiederholung dient zum Vergleich von mehr als zwei abhängigen Stichproben hinsichtlich ihrer Mittelwerte. Wie bei der in Kap. 8.1.3 vorgestellten Varianzanalyse ohne Messwiederholung müssen auch hier die Werte der Stichproben normalverteilt und Varianzenhomogenität über die Stichproben hinweg gegeben sein.

Bei den meisten Anwendungen handelt es sich um zeitliche Verläufe, so auch im folgenden Beispiel, das eine Erweiterung des in Kap. 8.1.2 vorgestellten Beispiels auf mehr als zwei Zeitpunkte darstellt.

⇒ Eine Mineralwasserfirma behauptet, ihr Mineralwasser senke den Cholesterinspiegel. Acht Probanden tranken drei Wochen lang dieses Wasser; die Werte zu Beginn des Versuchs sowie nach einer Woche, zwei Wochen und drei Wochen sind in Tabelle 9.1 enthalten.

Es soll überprüft werden, ob sich diese Mittelwerte signifikant voneinander unterscheiden, d.h. ob das Mineralwasser tatsächlich eine signifikante Wirkung auf den Cholesterinspiegel hat. Da jeweils die Werte zu den vier Zeitpunkten über die Versuchspersonen eindeutig einander zugeordnet werden können, haben wir es hier mit abhängigen Stichproben zu tun. Dabei werden die folgenden Bezeichnungen verwendet.

k — Anzahl der Stichproben (Versuchsbedingungen)

n — Anzahl der Fälle (Versuchspersonen)

x_{ij} — Wert der i-ten Stichprobe (Versuchsbedingung) beim j-ten Fall
$(i = 1, \ldots, k; j = 1, \ldots, n)$

$\bar{x}_i$ — Mittelwert der i-ten Stichprobe (Spaltenmittelwerte; $i = 1, \ldots, k$)

$\bar{y}_j$ — Mittelwert des j-ten Falles (Zeilenmittelwerte; $j = 1, \ldots, n$)

$\bar{x}$ — Mittelwert aller Werte

Ausgangswert	1. Woche	2. Woche	3. Woche
267	238	191	206
248	232	246	207
321	307	295	282
272	295	270	269
355	348	330	275
264	260	262	281
270	266	295	263
252	249	220	219
$\bar{x}_1 = 281{,}1$	$\bar{x}_2 = 274{,}4$	$\bar{x}_3 = 263{,}6$	$\bar{x}_4 = 250{,}3$

Tabelle 9.1: Cholesterinwerte im zeitlichen Verlauf

Gegenüber der einfaktoriellen Varianzanalyse ohne Messwiederholung wird folgende erweiterte Varianzzerlegung vorgenommen:

$$\sum_{i=1}^{k}\sum_{j=1}^{n}(x_{ij}-\bar{x})^2 = n \cdot \sum_{i=1}^{k}(\bar{x}_i-\bar{x})^2 + k \cdot \sum_{j=1}^{n}(\bar{y}_j-\bar{x})^2 + \sum_{i=1}^{k}\sum_{j=1}^{n}(x_{ij}-\bar{x}_i-\bar{y}_j+\bar{x})^2$$

Das erste Glied auf der rechten Seite ist die Summe der Abweichungsquadrate zwischen den Spalten, SAQ(Spalten) genannt. Das zweite Glied ist die Summe der Abweichungsquadrate zwischen den Zeilen, SAQ(Zeilen) genannt. Das dritte Glied ist die Summe der Abweichungen der Beobachtungswerte von den „erwarteten" Werten, SAQ(Rest) genannt. Es gilt also die Beziehung

$$SAQ(\text{gesamt}) = SAQ(\text{Zeilen}) + SAQ(\text{Spalten}) + SAQ(\text{Rest})$$

Die Variabilität zwischen den Zeilen, also zwischen den Versuchspersonen, ist ohne Bedeutung. Nach der Berechnung der entsprechenden mittleren Quadratsummen wird daher mittels der F-Statistik die Variabilität zwischen den Spalten gegen die Restvariabilität getestet.

Im Einzelnen sind die folgenden Rechenschritte zu durchlaufen.

$$S_i \;\; = \;\; \sum_{j=1}^{n} x_{ij} \qquad\qquad\qquad i = 1,\ldots,k$$

$$T_j \;\; = \;\; \sum_{i=1}^{k} x_{ij} \qquad\qquad\qquad j = 1,\ldots,n$$

$$S \;\; = \;\; \sum_{i=1}^{k} S_i$$

$$SAQ(\text{gesamt}) \;\; = \;\; \sum_{i=1}^{k}\sum_{j=1}^{n} x_{ij}^2 - \frac{S^2}{k \cdot n}$$

$$SAQ(\text{Zeilen}) = \frac{1}{k} \cdot \sum_{j=1}^{n} T_j^2 - \frac{S^2}{k \cdot n}$$

$$SAQ(\text{Spalten}) = \frac{1}{n} \cdot \sum_{i=1}^{k} S_i^2 - \frac{S^2}{k \cdot n}$$

$$SAQ(\text{Rest}) = SAQ(\text{gesamt}) - SAQ(\text{Zeilen}) - SAQ(\text{Spalten})$$

$$df(\text{Spalten}) = k - 1$$

$$df(\text{Rest}) = (k-1) \cdot (n-1)$$

$$MQ(\text{Spalten}) = \frac{SAQ(\text{Spalten})}{df(\text{Spalten})}$$

$$MQ(\text{Rest}) = \frac{SAQ(\text{Rest})}{df(\text{Rest})}$$

$$F = \frac{MQ(\text{Spalten})}{MQ(\text{Rest})}$$

Dieser F-Wert ist F-verteilt mit

$$df = (k - 1, (k-1) \cdot (n-1))$$

Freiheitsgraden.

Im gegebenen Beispiel erhält man die folgenden Ergebnisse.

$$
\begin{aligned}
S_1 &= 2249 & S_2 &= 2195 & S_3 &= 2109 & S_4 &= 2002 \\
T_1 &= 902 & T_2 &= 933 & T_3 &= 1205 & T_4 &= 1106 \\
T_5 &= 1308 & T_6 &= 1067 & T_7 &= 1094 & T_8 &= 940 \\
S &= 8555
\end{aligned}
$$

$$SAQ(\text{gesamt}) = 2333923 - \frac{8555^2}{4 \cdot 8} = 46797{,}3$$

$$SAQ(\text{Zeilen}) = \frac{1}{4} \cdot 9289143 - \frac{8555^2}{4 \cdot 8} = 35160$$

$$SAQ(\text{Spalten}) = \frac{1}{8} \cdot 18331911 - \frac{8555^2}{4 \cdot 8} = 4363{,}1$$

$$SAQ(\text{Rest}) = 46797{,}3 - 35160 - 4363{,}1 = 7274{,}2$$

$$df(\text{Spalten}) = 4 - 1 = 3$$

$$df(\text{Rest}) = (4-1) \cdot (8-1) = 21$$

$$MQ(\text{Spalten}) = \frac{4363{,}1}{3} = 1454{,}4$$

$$MQ(\text{Rest}) = \frac{7274{,}2}{21} = 346{,}4$$

$$F = \frac{1454{,}4}{346{,}4} = 4{,}20$$

Dies ist nach der F-Tabelle bei (3, 21) Freiheitsgraden ein signifikanter Wert ($p < 0{,}05$).

Es wird also über die Zeitpunkte hinweg ein signifikanter Abfall der Cholesterinwerte festgestellt. Ähnlich wie bei der einfaktoriellen Varianzanalyse ohne Messwiederholung kann man auch hier fragen, welche Stichproben (hier: Zeitpunkte) sich im Signifikanzfall voneinander unterscheiden.

Post-hoc-Tests

Für paarweise Vergleiche der einzelnen Stichproben steht im Prinzip der t-Test für abhängige Stichproben zur Verfügung; korrekter ist aber auch hier die Anwendung eines Post-hoc-Testes.

Aus der Vielzahl der hierfür entwickelten Tests soll wieder der Scheffé-Test vorgestellt werden.

Zum Vergleich der beiden Mittelwerte $\bar{x}_l$ und $\bar{x}_m$ ($1 \leqslant l, m \leqslant k$) berechnet man die Prüfgröße

$$F = \frac{n \cdot (\bar{x}_l - \bar{x}_m)^2}{2 \cdot (k-1) \cdot \mathrm{MQ(Rest)}}$$

Diese Prüfgröße ist F-verteilt mit

$$df = (k-1, (k-1) \cdot (n-1))$$

Freiheitsgraden.

Wir wollen überprüfen, ob bereits nach einer Woche ein signifikanter Abfall zu verzeichnen ist, und berechnen

$$F = \frac{8 \cdot (281{,}1 - 274{,}4)^2}{2 \cdot 3 \cdot 346{,}4} = 0{,}17$$

Dies ist nach der F-Tabelle bei (3, 21) Freiheitsgraden deutlich ein nicht signifikanter Wert. Führt man alle möglichen paarweisen Vergleiche durch, so erweist sich lediglich der Abfall vom Ausgangswert auf den Wert nach drei Wochen als signifikant.

9.2   Der Friedman-Test

Der von J. E. Friedman entwickelte Test dient zum Vergleich von mehr als zwei abhängigen Stichproben, wobei nicht, wie bei der einfachen Varianzanalyse mit Messwiederholung, die Voraussetzung der Normalverteilung erfüllt sein muss. Häufigster Anwendungsfall ist der, dass eine Messung zu verschiedenen Zeitpunkten vorgenommen wurde.

⇒   Fünfzehn Patienten mit erhöhtem Blutdruck wurden mit einem blutdrucksenkenden Medikament behandelt. Tabelle 9.2 zeigt die Werte des systolischen Blutdrucks vor der Behandlung sowie die Werte nach einer Beobachtungszeit von einem Monat, sechs Monaten und zwölf Monaten.

Nr.	vor	1 Monat	6 Monate	12 Monate
1	170	135	155	160
2	160	155	150	155
3	165	155	145	145
4	170	165	145	145
5	170	165	155	150
6	160	155	160	150
7	170	160	155	150
8	160	150	160	155
9	160	155	155	155
10	165	155	150	150
11	170	170	150	155
12	160	150	150	155
13	155	150	150	145
14	165	160	150	150
15	180	160	140	140

Tabelle 9.2: Blutdruckwerte im zeitlichen Verlauf

Berechnet man zu den vier Zeitpunkten jeweils den Median, so erhält man der Reihe nach die Werte 165, 155, 150 und 150; Mittelwertsberechnung würde die Werte 165,3, 156,0, 151,3 und 150,7 ergeben.

Getestet werden soll, ob der offensichtliche Blutdruckabfall über die vier Zeitpunkte signifikant ist, oder, etwas präziser formuliert, ob die Nullhypothese „Alle vier Zeitpunkte zeigen gleiche zentrale Tendenzen" beizubehalten oder abzulehnen ist.

Zu beachten ist, dass, wie im vorliegenden Fall gegeben, nur komplette Verläufe in die Berechnungen einbezogen werden können.

Für jeden Patienten (allgemein: für jeden Fall) wird eine Rangreihe der Werte erstellt, wobei der kleinste Wert den Rangplatz 1 erhält und bei gleichen Werten entsprechend gemittelte Rangreihen vergeben werden. Diese Rangzuordnungen sind in Tabelle 9.3 enthalten.

Die Rangsummen zu den einzelnen Zeitpunkten (allgemein: in den k Stichproben) werden mit $T_i (i = 1, \ldots, k)$ bezeichnet. Im gegebenen Beispiel ist also

$$k = 4 \quad T_1 = 58{,}5 \quad T_2 = 37 \quad T_3 = 28{,}5 \quad T_4 = 26$$

Nr.	vor	1 Monat	6 Monate	12 Monate
1	4	1	2	3
2	4	2,5	1	2,5
3	4	3	1,5	1,5
4	4	3	1,5	1,5
5	4	3	2	1
6	3,5	2	3,5	1
7	4	3	2	1
8	3,5	1	3,5	2
9	4	2	2	2
10	4	3	1,5	1,5
11	3,5	3,5	1	2
12	4	1,5	1,5	3
13	4	2,5	2,5	1
14	4	3	1,5	1,5
15	4	3	1,5	1,5
Summe	58,5	37	28,5	26

Tabelle 9.3: Rangplätze für den Friedman-Test

Bezeichnet man mit n den (für alle Stichproben gleichen) Stichprobenumfang (hier $n = 15$), so gilt die Kontrollbeziehung

$$\sum_{i=1}^{k} T_i = \frac{n \cdot k \cdot (k+1)}{2}$$

Im vorliegenden Fall ergibt sich

$$58,5 + 37 + 28,5 + 26 = \frac{15 \cdot 4 \cdot 5}{2}$$

Beide Seiten ergeben übereinstimmend den Wert 150.

Die von Friedman angegebene Prüfgröße ist

$$\chi^2 = \frac{12}{n \cdot k \cdot (k+1)} \cdot \sum_{i=1}^{k} T_i^2 - 3 \cdot n \cdot (k+1)$$

Diese Prüfgröße ist Chiquadrat-verteilt mit

$$df = k - 1$$

Freiheitsgraden.

Im gegebenen Beispiel erhält man

$$\chi^2 = \frac{12}{15 \cdot 4 \cdot 5} \cdot (58{,}5^2 + 37^2 + 28{,}5^2 + 26^2) - 3 \cdot 15 \cdot 5 = 26{,}180$$

$$df = 4 - 1 = 3$$

Nach der Chiquadrat-Tabelle ist der berechnete Chiquadrat-Wert auf der 0,001-Stufe signifikant (kritischer Tabellenwert bei drei Freiheitsgraden: 16,266).

Nicht geklärt mit dem Friedman-Test ist die Frage, welche Zeitpunkte sich im Einzelnen signifikant voneinander unterscheiden. Dies müsste man gegebenenfalls paarweise mit dem Wilcoxon-Test überprüfen (siehe Kap. 8.1.5). Führt man diese Tests im gegebenen Beispiel durch, stellt man signifikante Unterschiede zwischen dem Zeitpunkt vor Behandlung und allen Folgezeitpunkten fest; zwischen den Folgezeitpunkten sind die Unterschiede nicht signifikant.

Für die Fälle $k = 3$ und $n < 10$ sowie $k = 4$ und $n < 5$ ist die Chiquadrat-Verteilung der Prüfgröße nicht gegeben. Man benutzt in diesen beiden Fällen Tabelle 8 des Anhangs A, in der die kritischen Grenzwerte zu drei Signifikanzniveaus angegeben sind. Ist der berechnete Wert größer oder gleich dem Tabellenwert, liegt Signifikanz auf der betreffenden Stufe vor.

9.3   Cochrans Q

Dieser Test ist eine Erweiterung des χ^2-Tests nach McNemar für den Fall, dass mehr als zwei abhängige Stichproben bezüglich einer dichotomen Variablen miteinander verglichen werden sollen.

Vierzehn Kurgäste führten über sieben ausgewählte Kurtage ein Tagebuch, in dem sie festhalten sollten, ob sie sich an dem jeweiligen Tag eher gut ($+$) oder eher schlecht ($-$) fühlten. Die Einträge sind in Tabelle 9.4 aufgeführt.

Die Anzahl der Fälle (hier: Probanden) sei n, die Anzahl der Variablen (hier: Tage) sei k. Ferner seien z_i ($i = 1, \ldots, n$) die für jeden Probanden (jede Zeile) und s_j ($j = 1, \ldots, k$) die für jeden Tag (jede Spalte) ermittelten positiven Rückmeldungen ($+$).

Die Anzahl der positiven Rückmeldungen nimmt über die Tage hinweg zu, wie auch noch einmal deutlich aus Tabelle 9.5 hervorgeht.

Mit Cochrans Q soll überprüft werden, ob diese Änderung des Befindens über die Tage hinweg signifikant ist.

Die Prüfgröße Q berechnet sich zu

$$Q = \frac{(k-1) \cdot \left(k \cdot \sum_{j=1}^{k} s_j^2 - \left(\sum_{j=1}^{k} s_j \right)^2 \right)}{k \cdot \sum_{i=1}^{n} z_i - \sum_{i=1}^{n} z_i^2}$$

Proband	Tag 1	Tag 2	Tag 3	Tag 4	Tag 5	Tag 6	Tag 7	z_i	z_i^2
1	−	−	−	−	+	+	−	2	4
2	−	−	+	+	+	+	+	5	25
3	−	+	−	+	+	−	+	4	16
4	+	+	−	+	+	+	+	6	36
5	−	−	+	+	+	+	−	4	16
6	−	−	+	+	+	−	+	4	16
7	+	+	−	−	+	+	−	4	16
8	−	+	+	−	−	+	+	4	16
9	+	+	+	+	−	+	+	6	36
10	−	+	+	+	+	−	+	5	25
11	−	−	−	−	+	−	+	2	4
12	−	−	−	+	−	+	+	3	9
13	−	−	+	+	+	+	+	5	25
14	−	−	+	−	+	+	+	4	16
Summe	3	6	8	9	11	10	11	58	260

Tabelle 9.4: Kurtagebuch

	Tag 1	Tag 2	Tag 3	Tag 4	Tag 5	Tag 6	Tag 7
eher gut	3	6	8	9	11	10	11
eher schlecht	11	8	6	5	3	4	3

Tabelle 9.5: Angaben zu Cochrans Q

Diese Prüfgröße ist χ^2-verteilt mit

$$df = k - 1$$

Freiheitsgraden.

Zu beachten ist, dass

$$\sum_{i=1}^{n} z_i = \sum_{j=1}^{k} s_j$$

Im gegebenen Beispiel ist

$$\sum_{j=1}^{k} s_j^2 = 9 + 36 + 64 + 81 + 121 + 100 + 121 = 532$$

und damit

$$Q = \frac{(7-1) \cdot (7 \cdot 532 - 58^2)}{7 \cdot 58 - 260} = 14{,}795$$

Dies ist nach der χ^2-Tabelle bei $df = 7 - 1 = 6$ Freiheitsgraden ein signifikanter Wert ($p < 0{,}05$).

10 Multivariate Analysemethoden

Multivariate Analysemethoden untersuchen das gleichzeitige Zusammenwirken von mehr als zwei Variablen und sind das Salz in der Suppe der statistischen Analysen. Wegen ihrer Rechenaufwendigkeit haben sie gerade im Computerzeitalter an Bedeutung gewonnen. Die Entwicklung ständig neuer Methoden und entsprechender Computerprogramme schreitet unaufhaltsam voran.

In diesem Kapitel sollen sieben der wichtigsten Methoden anhand passender Beispiele vorgestellt werden, wobei in der Regel die einzelnen Rechenschritte nicht aufgezeigt werden. Es geht dem Verfasser vielmehr darum, die Zielrichtung und die wesentlichen Ergebnisse der Methoden aufzuzeigen und möglicherweise Appetit auf nähere Beschäftigung anhand der entsprechenden Spezialliteratur zu machen. Die Diskussion der Ergebnisse erfolgt in der Regel in Anlehnung an das Computerprogramm SPSS.

Dabei wollen wir die multivariaten Methoden einteilen in Methoden mit einer definierten Zielvariablen und in Methoden ohne eine solche. Die letztere Gruppe, auch *strukturentdeckende* Verfahren genannt, dienen zur Entdeckung von Zusammenhängen zwischen Variablen (oder Objekten), wobei alle Variablen gleichrangig behandelt werden. Bei der erstgenannten Gruppe von Verfahren lässt sich eine Variable als Zielvariable (abhängige Variable) definieren, die unter der Wirkung von mehreren Einflussvariablen (unabhängigen Variablen) analysiert wird.

10.1 Methoden ohne Zielvariable

Bei diesen Methoden erfolgt keine Unterscheidung in abhängige und unabhängige Variablen. Die bekanntesten Verfahren sind die Faktorenanalyse und die Clusteranalyse.

Die Faktorenanalyse bündelt Variablen anhand der in die Analyse eingehenden Fälle zu Faktoren, so dass eine größere Anzahl von Variablen zu einer kleineren Anzahl solcher Faktoren reduziert wird. Dabei werden untereinander hoch korrelierende Variablen in einen Faktor aufgenommen.

Die Clusteranalyse hingegen bündelt die einzelnen Fälle (Personen, Objekte) anhand der in die Analyse eingehenden Variablen zu Clustern. Dabei werden die Variablenwerte zu Abstandsmessungen in einem entsprechend dimensionierten Raum benutzt; ähnliche Fälle werden in einem Cluster vereinigt.

10.1.1 Faktorenanalyse

Die Faktorenanalyse ist ein Verfahren, das eine größere Anzahl von Variablen auf eine kleinere Anzahl hypothetischer Größen, *Faktoren* genannt, zurückführt. Diese Faktoren werden durch Variablengruppen gebildet, die untereinander stark korreliert sind, während zu verschiedenen Faktoren gehörige Variablen nur schwach oder gar nicht miteinander korrelieren. So soll die Faktorenanalyse weitgehend voneinander unabhängige Faktoren liefern, welche die Zusammenhänge zwischen den Variablen möglichst vollständig erklären.

⇒   Als Beispiel soll eine Befragung von 530 Urlauberinnen und Urlaubern in Kenia herangezogen werden, die u. a. die Gründe für ihren Kenia-Urlaub nennen sollten. Auf einer Skala von 1 = trifft gar nicht zu bis 5 = trifft völlig zu sollten sie angeben, inwieweit die in Tabelle 10.1 aufgeführten sechzehn Gründe zutreffen.

1	preisgünstiges Angebot
2	Interesse an der Natur
3	kulturelle Sehenswürdigkeiten
4	schönes Wetter
5	gute Bade- und Sportmöglichkeiten
6	Mentalität der Einheimischen
7	gute Erholung
8	Tapetenwechsel
9	ausspannen, abschalten
10	auch mal bedient werden
11	Gelegenheit zu Bekanntschaften
12	Flirt und Liebe
13	braun werden
14	sich sportlich betätigen
15	etwas für die Bildung tun
16	Tier- und Pflanzenwelt kennen lernen

Tabelle 10.1: Gründe für einen Kenia-Urlaub

Offenbar werden mit diesen *Items* verschiedene Aspekte abgedeckt, unter denen man Urlaub machen kann. So zielen etwa die Items 2 und 16 auf das Interesse an der Natur ab; sie korrelieren höchst signifikant miteinander mit einem Korrelationskoeffizienten $r = 0,372$.

Die beiden Items 5 und 14 hingegen haben sportliche Betätigung zum Inhalt und korrelieren höchst signifikant mit $r = 0,304$. Hingegen gibt es keinerlei Zusammenhang zwischen den beiden Items 2 und 16 (Interesse an der Natur) einerseits und den beiden Items 5 und 14 (sportliche Betätigung) andererseits. Man wird von einer Faktorenanalyse also erwarten können, dass die beiden Itempaare in jeweils einen separaten Faktor (Variablengruppe) aufgenommen werden.

Das Verfahren der Faktorenanalyse ist sehr rechenaufwendig, so dass man sich fragen muss, wie man ohne Hilfe eines Computers jemals eine Faktorenanalyse rechnen konnte. Ausgangspunkt der Faktorenanalyse ist die Matrix der Produkt-Moment-Korrelationen zwischen den beteiligten Variablen; dies bedeutet, dass auf alle Fälle nominalskalierte Variablen mit mehr als zwei Kategorien von der Analyse ausgeschlossen sind.

Zu dieser symmetrischen Korrelationsmatrix werden dann die so genannten *Eigenwerte* und die dazugehörigen *Eigenvektoren* bestimmt; dieses sind Größen, die in der Matrizenrechnung eine bestimmte Bedeutung haben. Dabei gibt es zu jeder Matrix so viele Eigenwerte (und damit Eigenvektoren), wie ihre Zeilen- bzw. Spaltenzahl angibt. Bezieht man also m Variablen in eine Faktorenanalyse ein, so werden auch m Eigenwerte bestimmt (deren Summe m ergibt).

Die Eigenvektoren bilden die Faktoren, wobei ein zusätzliches so genanntes *Rotationsverfahren* (am gebräuchlichsten: orthogonale Rotation nach der Varimax-Methode) für Eindeutigkeit sorgt. Die Elemente der Eigenvektoren heißen *Faktorladungen*. Diese gelten als eigentliches Ergebnis der Faktorenanalyse. Dabei werden üblicherweise so viele Faktoren als relevant angesehen, wie es Eigenwerte gibt, deren Betrag größer als 1 ist.

Das klingt alles recht verwirrend, daher sollen zur Verdeutlichung die Ergebnisse diskutiert werden, die z. B. das Programmsystem SPSS anhand der gegebenen Datendatei (kenia.dat) liefert. Zunächst seien in Tabelle 10.2 die ermittelten Eigenwerte aufgelistet.

Faktor	Eigenwert	erklärte Varianz
1	1,922	12,0 %
2	1,501	9,4 %
3	1,267	7,9 %
4	1,222	7,6 %
5	1,139	7,1 %
6	1,032	6,4 %
7	0,975	6,1 %
8	0,928	5,8 %
9	0,919	5,7 %
10	0,865	5,4 %
11	0,823	5,1 %
12	0,778	4,9 %
13	0,760	4,7 %
14	0,722	4,5 %
15	0,615	3,8 %
16	0,533	3,3 %

Tabelle 10.2: Eigenwerte

Die Eigenwerte sind in absteigender Folge sortiert. Sechs Eigenwerte sind größer als 1; daher werden sechs Faktoren „extrahiert". Aus dem Betrag der Eigenwerte und der Eigenwertsumme m kann mit Hilfe der Formel

$$\frac{Eigenwert}{m} \cdot 100$$

der durch den betreffenden Faktor aufgeklärte Varianzanteil ermittelt werden. Beim ersten Faktor ergibt dies

$$\frac{1{,}922}{16} \cdot 100 = 12{,}0\,\%$$

Der erste Faktor, wie auch immer dieser sich zusammensetzt, erklärt also 12,0 % der Gesamtvarianz (d. h. der Gesamtinformation, die durch die 16 Items wiedergegeben wird).

Die Bedeutung der sechs extrahierten Faktoren ist Tabelle 10.3 zu entnehmen, welche die Faktorladungen dieser Faktoren enthält.

Item	Faktor					
	1	2	3	4	5	6
1	0,099	−0,066	−0,021	**0,382**	0,199	0,320
2	0,001	**0,811**	−0,059	0,149	−0,057	0,036
3	−0,128	0,005	0,081	**0,703**	0,076	−0,087
4	**0,578**	−0,078	0,145	−0,180	0,151	0,235
5	0,265	0,071	**0,706**	0,014	0,076	−0,040
6	0,062	0,189	−0,053	0,096	**0,648**	−0,200
7	**0,469**	−0,020	−0,085	0,176	0,239	−0,444
8	**0,449**	0,140	−0,081	−0,063	0,423	0,105
9	**0,587**	−0,171	−0,060	0,114	−0,050	−0,077
10	**0,465**	0,197	0,048	0,188	−0,461	−0,053
11	−0,012	−0,069	0,136	0,097	**0,517**	0,137
12	0,096	0,008	−0,027	0,030	0,036	**0,799**
13	**0,534**	0,053	0,229	−0,042	−0,059	0,061
14	−0,063	−0,023	**0,836**	0,094	−0,014	0,027
15	0,082	0,062	0,028	**0,669**	−0,027	0,024
16	−0,074	**0,788**	0,107	−0,101	0,121	−0,051

Tabelle 10.3: Faktorladungen

Die Faktorladungen haben den Rang von Korrelationskoeffizienten und bewegen sich daher wie diese in den Grenzen zwischen −1 und +1. Betrachten Sie etwa Item 2, so korreliert dies mit Abstand am höchsten mit Faktor 2 („es lädt am höchsten auf Faktor 2"). Item 1 lädt am höchsten auf Faktor 4; die Faktorladung ist aber bei weitem nicht so hoch.

Um die einzelnen Items (Variablen) den sechs Faktoren zuzuordnen, suchen Sie zeilenweise die höchste Faktorladung heraus; in der Tabelle sind diese fett gedruckt. Auf diese Weise können Sie feststellen, aus welchen Variablenbündeln die einzelnen Faktoren bestehen. Diese sind in Tabelle 10.4 zusammengestellt.

Faktor	Items	Bedeutung
1	4	schönes Wetter
1	7	gute Erholung
1	8	Tapetenwechsel
1	9	ausspannen, abschalten
1	10	auch mal bedient werden
1	13	braun werden
2	2	Interesse an der Natur
2	16	Tier- und Pflanzenwelt kennen lernen
3	5	gute Bade- und Sportmöglichkeiten
3	14	sich sportlich betätigen
4	1	preisgünstiges Angebot
4	3	kulturelle Sehenswürdigkeiten
4	15	etwas für die Bildung tun
5	6	Mentalität der Einheimischen
5	11	Gelegenheit zu Bekanntschaften
6	12	Flirt und Liebe

Tabelle 10.4: Faktoren

Es ist nun an Ihnen, sozusagen ein „Aha-Erlebnis" zu haben, die Faktorenzusammensetzung zu verstehen und die Faktoren mit einem Namen zu versehen. Dies dürfte im gegebenen Beispiel ohne große Mühe gelingen, wie Tabelle 10.5 zu entnehmen ist.

Faktor	Name
1	Erholung
2	Natur
3	Sport
4	Kultur und Bildung
5	Bevölkerung kennen lernen
6	Flirt und Liebe

Tabelle 10.5: Namen für die Faktoren

In den Faktor 4 (Kultur und Bildung) ist auch Item 1 (preisgünstiges Angebot) einge-flossen; dies kann so gedeutet werden, dass insbesondere Bildungsreisende auf ein preis-günstiges Angebot achten.

Zu bemerken ist, dass es auch negative Ladungen gibt. So lädt zum Beispiel Item 7 (gute Erholung) mit $-0{,}444$ recht stark negativ auf Faktor 6 (Flirt und Liebe). Dies bedeutet, dass Liebesurlauber auf gute Erholung ausdrücklich keinen Wert legen.

Wir haben also 16 Variablen (Items) auf 6 Faktoren zurückgeführt. So wie jeder Variablen fallweise ein Wert zugeordnet ist (nämlich ein ganzzahliger Score von 1 bis 5), so kann man auch jedem Faktor einen Wert zuordnen. Man spricht in diesem Zusammenhang von *Faktorwerten*; diese sind die Werte eines Falles in Bezug auf einen Faktor und haben die Bedeutung von z-Werten, bewegen sich also etwa im Bereich zwischen -3 und $+3$. Diese Faktorwerte sind so konstruiert, dass sich aus ihnen und aus den Faktorladungen die Variablenwerte wieder rekonstruieren lassen.

Für einige ausgewählte Fälle seien die berechneten Faktorwerte in Tabelle 10.6 angege-ben.

Fall	Erholung	Natur	Sport	Bildung	Bevölkerung	Flirt
22	0,234	0,512	−1,203	−0,565	3,444	−0,421
41	2,663	−1,016	−0,347	−1,008	0,890	−0,587
56	−1,930	−0,165	2,506	−0,392	−1,163	−0,001
111	1,220	0,535	−0,532	3,276	0,244	0,057
123	1,739	−0,739	−0,785	0,055	0,386	3,423
444	−0,288	2,111	−1,238	2,263	1,020	−0,634

Tabelle 10.6: Faktorwerte

Bei Fall 22 handelt es sich um einen Urlauber, der vor allem Kontakt zur einheimischen Bevölkerung sucht. Erholung steht im Vordergrund für Urlauber 41, Sport für Urlauber 56, Kultur und Bildung für Urlauber 111 und ein Urlaubsflirt für Urlauber 123. Sowohl Interesse an der Natur als auch an Kultur und Bildung besteht bei Urlauber 444.

Mit Hilfe der Faktorenanalyse haben wir also die recht unübersichtliche Menge von sechzehn Variablen auf die überschaubare Anzahl von sechs Faktoren zurückgeführt, so dass die Faktorenanalyse auch als datenreduzierendes Verfahren bezeichnet wird. Die ermittelten Faktorenwerte können Sie nun mit anderen Variablen, etwa mit den soziodemographischen Variablen des gegebenen Beispiels (Datei kenia.dat), in Beziehung bringen, um herauszufinden, wie sich die einzelnen Urlaubertypen zusammensetzen.

Zusammenfassend lässt sich sagen, dass folgende Ergebnisse bei der Faktorenanalyse von besonderer Bedeutung sind:

- Die Eigenwerte als Kriterium für die Anzahl der zu extrahierenden Faktoren und als Maß für den Anteil der aufgeklärten Varianz.

- Die Faktorladungen zur Deutung der extrahierten Faktoren.

- Die Faktorwerte als Mittel der Datenreduktion.

Ihren Ursprung hat die Faktorenanalyse in der Psychologie; sie wird auch heute noch dort am häufigsten eingesetzt. Als Anfang der Faktorenanalyse wird dabei allgemein eine Publikation von Spearman aus dem Jahre 1904 angesehen, die sich mit Intelligenzforschung beschäftigte. Mehrere Statistiker, unter ihnen Pearson, beeinflussten die Entwicklung, bis schließlich Thurstone die heutige Form der Faktorenanalyse mathematisch begründete.

Die Faktorenanalyse ist ein spannendes Verfahren, das seit dem Einsatz von Computern auch die Lösung größerer Probleme gestattet. Ihren Reiz macht nicht zuletzt die Denkarbeit aus, die bei der Deutung der Faktoren erbracht werden muss.

10.1.2   Clusteranalyse

Mit Hilfe der Clusteranalyse wird versucht, gegebene Fälle anhand von gegebenen Variablen in Gruppen (Cluster) einzuteilen, so dass Fälle eines Clusters bezüglich dieser Variablen ähnliche Werte und Fälle aus verschiedenen Clustern möglichst unähnliche Variablenwerte aufweisen. Wenn man so will, ist die Clusteranalyse das Gegenstück zur Faktorenanalyse; bei dieser werden Variablen anhand von Fällen zu Faktoren „geclustert" (siehe Kap. 10.1.1).

Das Verfahren soll anhand zweier Beispiele erläutert werden. Dabei ist im ersten Beispiel eine klare Clusterstruktur vorgegeben, die dann von der Clusteranalyse korrekt reproduziert wird.

⇒   An 51 Vögeln einer bestimmten Art wurden die Schnabel- und die Fußlänge (jeweils in mm) gemessen. Zusammen mit dem Geschlecht sind die Werte in Tabelle 10.7 zusammengestellt.

Trägt man die Schnabellänge und die Fußlänge gegeneinander in einem Streudiagramm auf, so erhält man das in Abbildung 10.1 dargestellte Streudiagramm.

Recht deutlich sind zwei voneinander getrennte Punktehaufen (Cluster) zu erkennen. Führt man eine entsprechende Clusteranalyse durch, so werden diese beiden Cluster

M	74,5	121	M	78,1	130	W	84,7	137
M	74,8	121	M	80,3	130	W	87,7	137
M	77,2	121	M	77,3	131	W	88,7	137
M	79,4	124	M	75,8	132	W	81,3	138
M	79,4	126	M	85,8	134	W	85,1	138
M	76,6	127	M	76,5	135	W	88,3	138
M	79,1	127	M	77,3	135	W	88,7	138
M	80,8	127	M	75,7	137	W	89,6	138
M	74,4	128	M	84,8	139	W	92,0	138
M	78,6	128	M	86,2	137	W	85,4	139
M	79,1	128	W	78,4	125	W	91,6	139
M	77,0	129	W	79,1	126	W	85,8	140
M	77,5	129	W	81,9	128	W	83,0	141
M	77,5	129	W	76,9	135	W	83,7	141
M	81,5	129	W	88,9	136	W	88,1	142
M	75,4	130	W	80,2	137	W	88,9	142
M	77,0	130	W	82,9	137	W	88,9	143

Tabelle 10.7: Schnabel- und Fußlänge von Vögeln

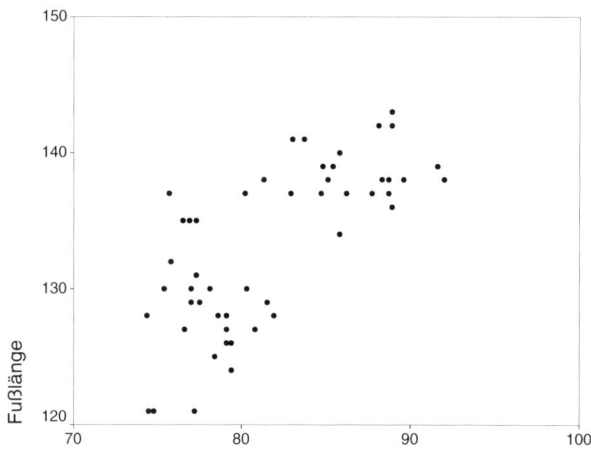

Abbildung 10.1: Streudiagramm mit zwei Clustern

von der Analyse entsprechend herausgefunden. In Abbildung 10.2 sind die einzelnen
Punkte mit der entsprechenden Clusterzugehörigkeit gekennzeichnet.

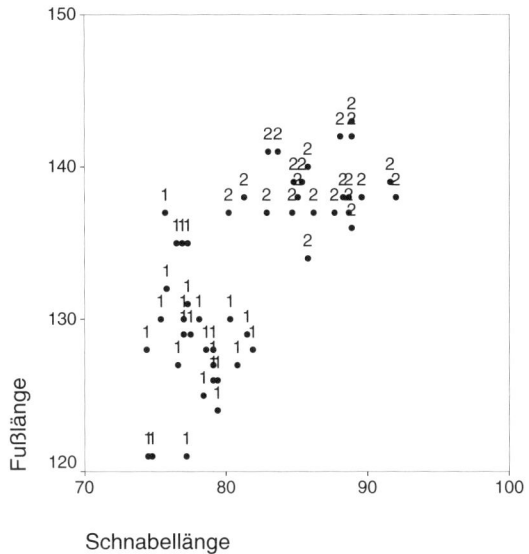

Abbildung 10.2: Kennzeichnung der Clusterzugehörigkeit

Mit Ausnahme der vier Punkte links oben, deren Clusterzuordnung zunächst nicht klar
zu sein scheint, hätte man zum Erkennen der beiden Cluster aus zwei Gründen sicherlich
kein kompliziertes Verfahren und keinen Computer benötigt:

▪ Die Clusterung erfolgt anhand von nur zwei Variablen, so dass eine optisch über-
sichtliche Darstellung in der Ebene möglich ist.

▪ Die Trennung der vorhandenen Punkte in zwei Gruppen ist schon rein optisch recht
eindeutig.

Diese beiden Voraussetzungen sind natürlich in der Regel nicht gegeben. Clusteranalysen können prinzipiell anhand beliebig vieler Variablen durchgeführt werden. Bei drei
Variablen kann mit guten Grafikprogrammen noch eine dreidimensionale Darstellung
erfolgen, bei vier Variablen und mehr können aber nur noch Mathematiker die entstehenden Räume theoretisch beschreiben.

Zudem ist meist, insbesondere bei hohen Variablen- und Fallzahlen, eine mehr oder weniger diffuse Durchmischung gegeben, so dass in vielen Fällen eine plausible Clusterung
auch mit der ausgefeiltesten Methode nicht gelingen kann.

⇒   Das Prinzip der Clusteranalyse soll anhand eines weiteren Beispiels erläutert werden. Die Fälle, die geclustert werden sollen, seien die fünfzehn Staaten der europäischen
Union. Die Variablen, anhand derer die Clusterung erfolgen soll, seien die folgenden:

- Beitrittsjahr

- Bevölkerungsdichte

- Bevölkerungswachstum (in Prozent)

- Bruttoinlandsprodukt pro Kopf in US-Dollar

- Inflationsrate

- Lebenserwartung Männer

- Lebenserwartung Frauen

Die einzelnen Werte sind in Tabelle 10.8 eingetragen.

Land	Beitritt	Dichte	Wachstum	BIP	Infl.	Männer	Frauen
Belgien	1952	334,5	0,25	22750	1,00	74	81
Dänemark	1973	122,0	0,19	23690	1,70	73	78
Deutschland	1952	229,7	−0,02	37396	0,90	73	80
Finnland	1995	15,2	0,28	20150	1,50	73	80
Frankreich	1952	107,4	0,35	22030	0,70	75	83
Griechenland	1981	80,0	0,27	12540	4,80	76	81
Großbritannien	1973	242,2	0,09	20730	2,70	75	80
Irland	1973	50,7	0,16	20710	2,40	74	79
Italien	1952	190,0	0,00	19998	1,80	75	81
Luxemburg	1952	162,8	1,07	30140	1,60	73	80
Niederlande	1952	422,0	0,50	21110	2,00	75	81
Österreich	1995	97,9	0,60	22070	0,90	74	80
Portugal	1986	106,1	−0,06	14270	2,80	72	79
Schweden	1995	19,7	0,25	19790	−0,10	76	81
Spanien	1986	78,8	0,09	15930	1,80	76	82

Tabelle 10.8: Ausgewählte Angaben über die EU-Staaten

Wir wollen zunächst wieder zwei Variablen herausgreifen, und zwar die Bevölkerungs-dichte und die Lebenserwartung. Dabei wollen wir die Lebenserwartungen der Männer und Frauen zu einem gemeinsamen Wert mitteln. Ein Streudiagramm dieser beiden Variablen mit der Bevölkerungsdichte auf der Abszisse und der Lebenserwartung auf der Ordinate hat das in Abbildung 10.3 wiedergegebene Aussehen.

Ein Cluster ist links oben deutlich erkennbar: Spanien, Frankreich, Schweden und Griechenland haben geringe Bevölkerungsdichte und hohe Lebenserwartung gemein. Ob weitere typische Cluster gefunden werden, soll eine Clusteranalyse bestimmen.

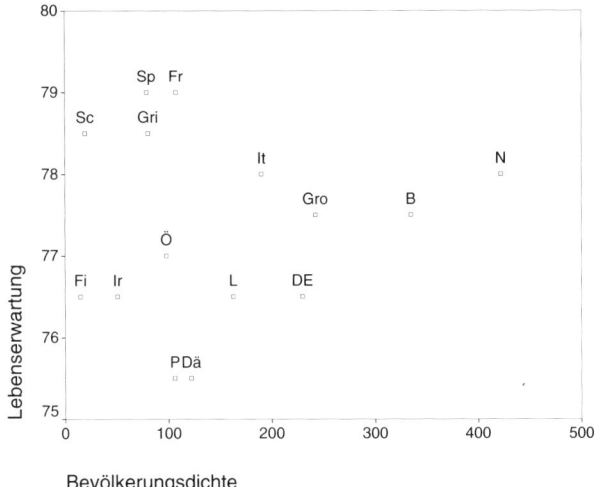

Abbildung 10.3: Streudiagramm

Das entscheidende Kriterium, ob zwei Punkte des Streudiagramms in das gleiche Cluster oder in verschiedene Cluster eingeordnet werden, ist offenbar der Abstand zwischen diesen beiden Punkten. Das gängigste von mehreren Abstandsmaßen zwischen zwei Punkten x und y einer Ebene ist dabei die Euklidische Distanz:

$$d = \sqrt{(x_1 - y_1)^2 + (x_2 - y_2)^2}$$

Dabei sind x_1 und x_2 die Koordinaten des ersten Punktes, y_1 und y_2 die Koordinaten des zweiten Punktes. Der Abstand etwa zwischen Deutschland und Frankreich wäre hiernach

$$d = \sqrt{(229,7 - 107,4)^2 + (76,5 - 79)^2} = 122,3$$

und derjenige zwischen Deutschland und Österreich

$$d = \sqrt{(229,7 - 97,9)^2 + (76,5 - 77)^2} = 131,8$$

Dieses Ergebnis, dass der Abstand Deutschlands zu Österreich größer ist als der zu Frankreich, ist angesichts des Streudiagramms zunächst unverständlich. Die Begründung für dieses Phänomen liegt darin, dass die Bevölkerungsdichte im Allgemeinen höhere Zahlenwerte aufweist als die Lebenserwartung und vor allem auch einen weit größeren Streubereich hat. So orientiert sich die Abstandsmessung fast ausschließlich an der dominierenden Variablen Bevölkerungsdichte.

Der Ausweg aus diesem Dilemma besteht in einer z-Transformation der Werte (siehe Kap. 2.3). Für Mittelwert und Standardabweichung der Bevölkerungsdichte über die fünfzehn Länder hinweg ergeben sich die Werte $\bar{x} = 150,6$ bzw. $s = 115,5$, für die Lebenserwartung $\bar{x} = 77,3$ bzw. $s = 1,16$. Damit ergibt sich z.B. als z-Wert für die Bevölkerungsdichte Deutschlands

$$z = \frac{229,7 - 150,6}{115,5} = 0,68$$

Entsprechend ergibt sich für die z-Werte der Bevölkerungsdichte von Frankreich und Österreich $-0,37$ bzw. $-0,46$. Die z-Werte der Lebenserwartung sind für Deutschland, Frankreich und Österreich der Reihe nach $-0,72$, $1,44$ bzw. $-0,29$. Mit diesen z-Werten wird dann der Abstand zwischen Deutschland und Frankreich

$$d = \sqrt{(0,68 + 0,37)^2 + (-0,72 - 1,44)^2} = 2,402$$

und der Abstand zwischen Deutschland und Österreich

$$d = \sqrt{(0,68 + 0,46)^2 + (-0,72 + 0,29)^2} = 1,218$$

Damit sind die Verhältnisse zurechtgerückt und die berechneten Abstände stehen in Einklang mit dem optischen Eindruck im Streudiagramm.

Auf die Notwendigkeit einer solchen z-Transformation sei ausdrücklich hingewiesen. Die Computerprogramme zur Clusteranalyse tragen dem Rechnung und bieten die Möglichkeit einer solchen z-Transformation an. Überflüssig ist eine solche z-Transformation bei gleichen Wertebereichen.

Neben dem vorgestellten Euklidischen Abstand, der formelmäßig vom zweidimensionalen auf einen beliebigen n-dimensionalen Raum erweiterbar ist, werden noch weitere Abstandsmaße vorgeschlagen, wobei nicht nur Abstände zwischen intervallskalierten Variablen, sondern z. B. auch zwischen dichotomen Variablen berechnet werden können.

Die Clusteranalyse in ihrer genauesten Variante (die so genannte *hierarchische* Clusteranalyse) geht so vor, dass sie mit einer Clusterlösung beginnt, bei der ein Cluster genau einen Fall (hier: ein Land) enthält. Anschließend wird die Abstandsmatrix zwischen den Fällen bestimmt und das Fallpaar mit dem geringsten Abstand herausgesucht. Im gegebenen Beispiel sind dies Dänemark und Portugal.

Diese beiden Fälle werden zu einem Cluster vereinigt, so dass sich die Clusteranzahl um ein Cluster reduziert. Die Koordinaten dieses Vereinigungsclusters bestimmen sich aus einer Mittelung der Koordinaten der einbezogenen Fälle.

Im zweiten Schritt wird die Abstandsmatrix entsprechend aktualisiert; im gegebenen Beispiel werden nun Frankreich und Spanien zu einem Cluster vereinigt. Dieses Verfahren kann so lange durchgezogen werden, bis nur noch zwei Cluster übrig bleiben. Die Frage, welche Clusterlösung die beste ist und ob es überhaupt eine solche beste Lösung gibt, wird durch die Entwicklung des Abstands der beiden Cluster beantwortet, die auf den einzelnen Schritten fusioniert werden. Dieser Abstand richtet sich nach dem gewählten Abstandsmaß und danach, ob eine z-Transformation (oder auch eine andere Transformation) der Werte vorgenommen wurde oder nicht.

Die Entwicklung des Abstands unter Zugrundelegung des beim Programmsystem SPSS voreingestellten quadrierten Euklidischen Abstands und einer z-Transformation der Werte ist Tabelle 10.9 zu entnehmen, welche die jeweiligen Fusionierungsschritte enthält.

Dabei sind die Länder fortlaufend durchnummeriert worden und das zweitgenannte Cluster ist nach der Fusionierung stets im ersten aufgegangen.

Schritt	fusionierte Länder	Abstand
1	2 mit 13	0,019
2	5 mit 15	0,061
3	4 mit 8	0,094
4	5 mit 6	0,214
5	3 mit 10	0,335
6	7 mit 9	0,390
7	5 mit 14	0,494
8	4 mit 12	0,526
9	1 mit 11	0,759
10	2 mit 3	1,338
11	2 mit 4	1,572
12	1 mit 7	2,257
13	2 mit 5	5,286
14	1 mit 2	5,321

Tabelle 10.9: Fusionierungsschritte

Die optimale Clusterzahl ist erreicht, wenn sich der Abstand sprunghaft erhöht; sie ist die Anzahl der Fälle minus der Schrittnummer, nach der dieser Sprung stattfindet.

Im gegebenen Beispiel erhöht sich der Abstand zwischen den entstehenden Clustern sprunghaft nach Schritt 12. Daher besteht die optimale Clusterlösung aus $15 - 12 = 3$ Clustern. Diese Cluster setzen sich gemäß Tabelle 10.10 zusammen.

1. Cluster	2. Cluster	3. Cluster
Belgien	Dänemark	Frankreich
Großbritannien	Deutschland	Griechenland
Italien	Finnland	Schweden
Niederlande	Irland	Spanien
	Luxemburg	
	Österreich	
	Portugal	

Tabelle 10.10: Clusterzugehörigkeit

Diese Clusterlösung erscheint auch nach dem optischen Eindruck sinnvoll, wie eine entsprechende Markierung im Streudiagramm der Abbildung 10.4 ausweist.

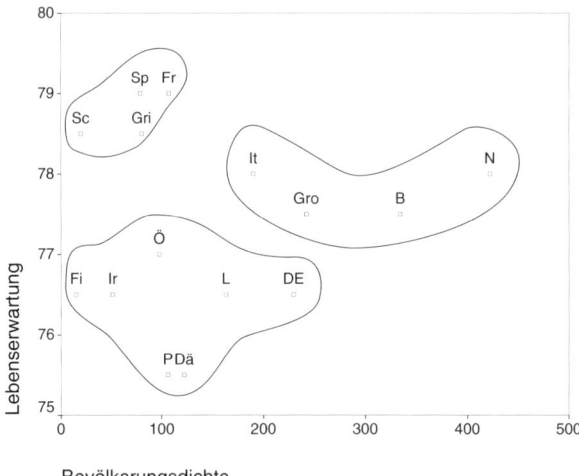

Abbildung 10.4: Lösung mit drei Clustern

Im ersten Cluster sind Länder mit hoher Bevölkerungsdichte und mittlerer Lebenserwartung enthalten, im zweiten Cluster Länder mit geringer bis mittlerer Bevölkerungsdichte
und geringerer Lebenserwartung, im dritten Cluster Länder mit geringer Bevölkerungsdichte und hoher Lebenserwartung. Eine solche Angabe der so genannten *Clusterprofile*
ist insbesondere dann notwendig, wenn die Clusterung anhand von mehr als zwei Variablen erfolgt und daher eine grafische Darstellung in der Ebene nicht mehr möglich
ist.

Wir wollen nun daran gehen, eine Clusterung der Länder anhand aller sieben Variablen vorzunehmen. Hier wird dann eine Abstandsmatrix im siebendimensionalen Raum
erstellt, was zwar unsere Vorstellungskraft sprengt, für die Mathematiker aber kein Problem darstellt. Bedenklicher ist die Tatsache, dass bei so vielen Variablen die Angabe der
Clusterprofile recht unüberschaubar wird. Aus diesem Grunde geht man häufig so vor,
dass man vor der Durchführung der Clusteranalyse eine Faktorenanalyse rechnet, um
die Anzahl der Variablen auf eine kleinere Anzahl von Faktoren zu reduzieren.

Führt man mit den gegebenen sieben Variablen eine Faktorenanalyse durch (siehe Kap.
10.1.1), so erhält man drei Faktoren, die insgesamt 76,9 % der Gesamtvarianz erklären
und durch die Faktorladungen der Tabelle 10.11 definiert sind.

Der erste Faktor wird durch das Beitrittsjahr und die Bevölkerungsdichte gebildet, und
zwar mit entgegengesetzten Ladungsvorzeichen, was darauf schließen lässt, dass die dicht
besiedelten Länder der Europäischen Union zuerst beigetreten sind. Da uns das Beitrittsjahr als nicht besonders wesentlich erscheint, wollen wir diesen Faktor *Bevölkerungsdichte* nennen.

Der zweite Faktor wird durch die Lebenserwartungen der Männer und Frauen geprägt
und soll daher *Lebenserwartung* heißen.

	1. Faktor	2. Faktor	3. Faktor
Beitrittsjahr	−0,919	0,043	−0,193
Bevölkerungsdichte	0,910	0,034	−0,024
Lebenserwartung Männer	−0,064	0,912	−0,159
Lebenserwartung Frauen	0,143	0,915	0,190
Inflationsrate	0,063	−0,060	−0,879
Bruttoinlandsprodukt	0,455	−0,399	0,688
Bevölkerungswachstum	0,084	0,034	0,533

Tabelle 10.11: Faktorladungen

Der dritte Faktor beinhaltet das Bruttoinlandsprodukt und mit entgegengesetztem Vorzeichen die Inflationsrate. Ferner ist mit gleichem Vorzeichen wie das Bruttoinlandsprodukt das Bevölkerungswachstum aufgenommen. Der Faktor soll *Wohlstand* genannt werden.

Die Faktorwerte zu diesen drei Faktoren sind in Tabelle 10.12 aufgeführt.

	Bevölkerungsdichte	Lebenserwartung	Wohlstand
Belgien	1,283	0,219	0,238
Dänemark	−0,200	−1,559	−0,144
Deutschland	1,153	−1,073	0,908
Finnland	−1,338	−0,647	0,299
Frankreich	0,243	1,463	1,028
Griechenland	−0,293	0,940	−2,003
Großbritannien	0,505	0,051	−0,964
Irland	−0,444	−0,736	−0,531
Italien	0,729	0,568	−0,470
Luxemburg	0,627	−0,728	1,514
Niederlande	1,754	0,633	−0,251
Österreich	−1,079	−0,212	0,959
Portugal	−0,582	−1,394	−1,388
Schweden	−1,575	1,044	1,103
Spanien	−0,782	1,431	−0,299

Tabelle 10.12: Faktorwerte

Aufgrund dieser Faktorwerte können die Eigenheiten eines Landes nun besser beurteilt werden. So ist Belgien ein Land mit hoher Bevölkerungsdichte, aber nur durchschnittlicher Lebenserwartung und von durchschnittlichem Wohlstand, Deutschland ein Land mit hoher Bevölkerungsdichte und hohem Wohlstand, aber vergleichsweise niedrigerer Lebenserwartung. Griechenland ist das Land mit dem geringsten Wohlstand, Frankreich das mit der höchsten Lebenserwartung usw.

Anhand dieser drei Faktoren kann eine Clusteranalyse im dreidimensionalen Raum vorgenommen werden. Betrachtet man hier den Fusionierungsverlauf und den Abstand zwischen den entstehenden Clustern, so ist ein leicht sprunghafter Anstieg nach dem neunten Schritt erkennbar, was auf eine optimale Clusterzahl von $15 - 9 = 6$ Cluster hinweist. Die Zuordnung der Länder zu diesen Clustern ist Tabelle 10.13 zu entnehmen.

Cluster	Länder
1	Belgien, Großbritannien, Italien, Niederlande
2	Dänemark, Irland, Portugal
3	Deutschland, Luxemburg
4	Finnland, Österreich, Schweden
5	Frankreich, Spanien
6	Griechenland

Tabelle 10.13: Clusterzugehörigkeit

Die Deutung der Cluster kann wieder über die Clusterprofile, hier also die Mittelwerte der Faktorwerte über die jeweils enthaltenen Länder, erfolgen. Diese Clusterprofile sind in Tabelle 10.14 aufgezeigt.

Cluster	Bevölkerungsdichte	Lebenserwartung	Wohlstand
1	1,068	0,368	−0,362
2	−0,409	−1,230	−0,688
3	0,890	−0,901	1,211
4	−1,331	0,062	0,787
5	−0,269	1,447	0,365
6	−0,293	0,940	−2,003

Tabelle 10.14: Clusterprofile

Im ersten Cluster sind Länder mit hoher Bevölkerungsdichte und durchschnittlicher Lebenserwartung bzw. durchschnittlichem Wohlstand zusammengefasst, im zweiten Cluster Länder mit vergleichsweise geringer Lebenserwartung bzw. geringem Wohlstand usw.

Die Clusterzugehörigkeit kann man im Anschluss an eine Clusteranalyse auch dazu benutzen, um Beziehungen zu anderen, nicht in die Clusteranalyse einbezogenen Variablen herzustellen. Ähnlich wie die Faktorenanalyse, ist auch die Clusteranalyse ein besonders spannendes statistisches Verfahren, das aber häufig daran scheitert, dass keine ausgeprägten Clusterstrukturen erkennbar sind.

Die hier beschriebenen hierarchischen Clusteranalysen können nach der Art der verwendeten Abstandsmaße und nach der Fusionierungsmethode unterschieden werden. So wurden Abstandsmaße für intervallskalierte und dichotome Variablen sowie für Häufigkeiten entwickelt.

Was die Fusionierung der Cluster anbelangt, so gibt es verschiedene Methoden, wie der Abstand zwischen zwei Clustern bestimmt werden kann. Die gängigste Methode („Linkage zwischen den Gruppen" genannt) ist es, den Durchschnitt der Abstände von allen möglichen Fallpaaren zu ermitteln, wobei jeweils ein Fall aus dem einen und ein Fall aus dem anderen Cluster genommen wird.

Die hierarchische Clusteranalyse ist ein außerordentlich rechenaufwendiges Verfahren, das bei hohen Fallzahlen (einige tausend Fälle) auch die stärksten Rechner ins Schwitzen bringt; außerdem könnten Sie Speicherplatzprobleme bekommen. So muss schließlich bei jedem Schritt die Distanzenmatrix zwischen den aktuellen Clustern bestimmt und nach der geringsten Distanz untersucht werden, so dass die Rechenzeit im Prinzip mit der dritten Potenz der Fallzahl ansteigt.

So hat man für große Fallzahlen andere Verfahren entwickelt, bei denen man aber die Anzahl der Cluster vorgeben muss. Die *Clusterzentren* werden dann iterativ berechnet. Um das Problem der vorzugebenden Clusterzahl zu lösen, geht man häufig so vor, dass man zunächst mit einer Zufallsauswahl der Fälle eine hierarchische Clusteranalyse durchführt und dann hieraus die Anzahl der Cluster entnimmt.

Die Clusteranalyse ist eine moderne statistische Methode, die wegen ihres großen Rechenaufwandes erst mit dem Aufkommen der Computer entwickelt wurde. Von einzelnen Ausnahmen abgesehen, gibt es zahlreiche Publikationen hierzu seit Mitte der sechziger Jahre. Die Clusteranalyse hat Eingang in alle gängigen Statistik-Programmsysteme gefunden. Mit dem Programm CLUSTAN von David Wishart gibt es auch ein Programmpaket, das sich ausschließlich mit Clusteranalysen beschäftigt.

10.2   Methoden mit Zielvariable

Diese Verfahren, von denen fünf der bekanntesten erläutert werden sollen (siehe Tabelle 10.15), werden unterschieden nach dem Skalenniveau der eingehenden Variablen.

Voraussetzung für die Anwendung dieser Verfahren ist also, dass der Anwender eine begründete Vermutung hat, welche Variable als von den anderen abhängig betrachtet werden kann.

10.2.1   Varianzanalyse

Einfaktorielle Varianzanalysen wurden bereits in den Kap. 8.1.3 und 9.1 behandelt. Sie dienen zum Vergleich von mehr als zwei unabhängigen bzw. abhängigen Stichproben hinsichtlich ihrer Mittelwerte. Im allgemeinen Fall analysieren Varianzanalysen die Abhängigkeit einer Variablen (univariate Analyse) oder mehrerer abhängiger Variabler (multivariate Analyse) von *mehreren* unabhängigen Variablen.

Verfahren	Zielvariable (abhängige Variable)	Einflussvariablen (unabhängige Variablen)
Varianzanalyse	intervall	nominal, ordinal, intervall (Kovarianzanalyse)
Diskriminanzanalyse	dichotom	intervall, dichotom
multiple lineare Regression	intervall	intervall, dichotom
logistische Regression	dichotom	intervall, dichotom
logit-loglineare Modelle	dichotom	nominal, ordinal

Tabelle 10.15: Multivariate Methoden mit Zielvariable

Falls diese unabhängigen Variablen nur diskrete Werte annehmen (Nominal- oder Ordinalniveau), werden sie auch als Faktoren bezeichnet. Allerdings ist es auch möglich,
intervallskalierte Einflussgrößen einzubringen. In diesem Fall spricht man von Kovariaten und entsprechend von einer Kovarianzanalyse.

Der typische Anwendungsfall einer Varianz- bzw. Kovarianzanalyse soll anhand eines
Beispiels aus der Psychologie erläutert werden; in diesem Fachgebiet wird das Verfahren
besonders häufig eingesetzt.

⇒   Ein Begriff aus der Gedächtnisforschung ist die so genannte „rückwirkende Hemmung". Man bezeichnet damit die Tatsache, dass das Behalten eines eingeprägten Stof-
fes durch eine unmittelbar nachfolgende psychisch anspannende Tätigkeit beeinträchtigt wird. Lernt ein Schüler etwa eine Reihe von Vokabeln und führt anschließend seine
Rechenaufgaben aus, so wird er die Vokabeln im Allgemeinen schlechter behalten, als
wenn er danach eine Ruhepause eingelegt hätte. Um herauszufinden, ob die rückwirkende Hemmung nicht nur eine Behaltensschwächung bewirkt, sondern auch der bei
einer Tätigkeit erzielte Übungsfortschritt beeinträchtigt wird, wurde eine entsprechende
Untersuchung durchgeführt.

Als zu übende Tätigkeit wurde ein Durchstreichtest ausgewählt. Es wurden vier Gruppen
von jeweils vier Schreibmaschinenzeichen vorgegeben, die dann in einer großen Liste
von solchen Zeichengruppen wiederzufinden und durchzustreichen waren. Die in einem
festgesetzten Zeitraum richtig durchgestrichenen Zeichengruppen können dann als die
von einer Versuchsperson erbrachte Leistung angesehen werden.

Insgesamt nahmen 36 Versuchspersonen an der Untersuchung teil, die den Durchstreichtest an zwei aufeinander folgenden Versuchstagen ausführten. Sie wurden in drei gleich
große Gruppen eingeteilt. Die erste Gruppe wurde am ersten Versuchstag nach der Aus-
führung des Durchstreichtests noch einem Konzentrationsleistungstest (Lösen von einfachen Rechenaufgaben) unterzogen, die zweite Gruppe wurde entlassen und ging dann
ihren normalen Beschäftigungen nach und die dritte Gruppe musste eine Ruhepause
einlegen. Schließlich wurden die drei Probandengruppen noch einmal halbiert; die eine
Hälfte führte den Versuch morgens, die andere abends durch. Die erzielten Ergebnisse
sind in Tabelle 10.16 eingetragen.

KLT	morgens	Tag 1	61	106	84	127	97	73
		Tag 2	88	151	120	164	118	88
	abends	Tag 1	72	49	107	80	87	103
		Tag 2	81	87	154	98	112	136
normal	morgens	Tag 1	45	85	60	81	41	70
		Tag 2	72	135	107	111	104	120
	abends	Tag 1	72	132	74	71	58	81
		Tag 2	130	170	118	100	113	104
Ruhepause	morgens	Tag 1	78	123	92	99	98	45
		Tag 2	131	160	143	147	138	100
	abends	Tag 1	101	71	71	33	69	71
		Tag 2	144	125	95	93	118	111

Tabelle 10.16: Leistungen in einem Durchstreichtest

Der Übungsfortschritt ergibt sich offensichtlich aus der Differenz der an beiden Tagen erzielten Leistungen und ist aus Tabelle 10.17 ersichtlich.

KLT	morgens	27	45	36	37	21	15
	abends	9	38	47	18	25	33
normal	morgens	27	50	47	30	63	50
	abends	58	38	44	29	55	23
Ruhepause	morgens	53	37	51	48	40	55
	abends	43	54	24	60	49	40

Tabelle 10.17: Differenzen als Maß für den Übungsfortschritt

Tabelle 10.18 enthält die Mittelwerte, Standardabweichungen und Fallzahlen in den sechs Probandengruppen.

Versuchsbedingung	Tageszeit	$\bar{x}$	s	n
KLT	morgens	30,17	11,18	6
	abends	28,33	13,82	6
normal	morgens	44,50	13,61	6
	abends	41,17	13,93	6
Ruhepause	morgens	47,33	7,28	6
	abends	45,00	12,59	6

Tabelle 10.18: Mittelwerte und Standardabweichungen

Zu beiden Tageszeiten zeigen also die Probanden, die den Konzentrationsleistungstest durchführen mussten, einen deutlich geringeren Übungsfortschritt als die beiden anderen Gruppen. Ferner ist bei allen drei Versuchsbedingungen der Übungsfortschritt morgens etwas größer als abends.

Zu prüfen ist also einerseits, ob sich der Übungsfortschritt zwischen den drei Versuchsbedingungen (KLT, normal, Ruhepause) signifikant unterscheidet, und andererseits, ob sich zwischen den beiden Tageszeiten signifikante Unterschiede ergeben.

Was die Signifikanzüberprüfung zwischen den drei Versuchsbedingungen anbelangt, so könnten wir getrennt nach den beiden Tageszeiten jeweils eine einfaktorielle Varianzanalyse durchführen (siehe Kap. 8.1.3). Zum Vergleich der beiden Tageszeiten schließlich käme, getrennt nach den drei Versuchsbedingungen, jeweils der t-Test nach Student in Frage (siehe Kap. 8.1.1). Voraussetzung für diese Tests wäre, dass die jeweils sechs Werte einer Stichprobe hinreichend normal verteilt sind.

Dies kann mit dem Kolmogorov-Smirnov-Test (siehe Kap. 7.1.2) überprüft werden, wobei anzumerken ist, dass bei einer solch kleinen Fallzahl die Normalverteilung nur beim Vorliegen von extremen Ausreißern nachhaltig gestört sein kann. Der Kolmogorov-Smirnov-Test ergibt in keiner der Gruppen eine signifikante Abweichung von der Normalverteilung.

Das geschilderte Vorgehen ist allerdings unbefriedigend. So ist beim Vergleich der beiden Tageszeiten mit dem t-Test die Fallzahl in beiden Gruppen jeweils nur 6, andererseits erscheint es nicht angebracht, die zu den drei Versuchsbedingungen gehörenden Werte einfach zusammenzuwerfen, wobei sich die Fallzahl auf jeweils 18 erhöhen würde. Ähnlich unbefriedigend ist die getrennte Durchführung der einfaktoriellen Varianzanalyse zu den beiden Tageszeiten.

Den Ausweg aus diesem Dilemma bietet die Varianzanalyse, in diesem Fall die zweifaktorielle Varianzanalyse. Der entscheidende Vorteil dieses Verfahrens ist, dass der Einfluss der beiden Faktoren Versuchsbedingung und Tageszeit auf die abhängige Variable Übungsfortschritt gleichzeitig untersucht wird. Dabei wurde bereits in Kap. 8.1.3 darauf hingewiesen, dass die möglicherweise leicht irreführende Bezeichnung „Varianzanalyse" daher stammt, dass die Grundlage des Verfahrens eine Varianzzerlegung ist.

Das vorliegende Beispiel einer (zweifaktoriellen) Varianzanalyse ist sozusagen der Standardfall einer Varianzanalyse: Alle (sechs) Gruppen sind voneinander unabhängig, und die Fallzahl ist in allen Gruppen gleich (nämlich 6). Bei solch geplanten Versuchen wie dem geschilderten sollte auf die Gleichheit der Fallzahl geachtet werden, da ungleiche Fallzahlen gewisse theoretische Schwierigkeiten bei der formelmäßigen Erfassung der einzelnen Rechenschritte nach sich ziehen. Die Ausprägungen (Kategorien) eines Faktors nennt man auch die Faktorstufen; die sich unter den verschiedenen Kombinationen der Faktorstufen ergebenden Gruppen nennt man auch Zellen.

Wie bei der einfaktoriellen Varianzanalyse (siehe Kap. 8.1.3) auch, hat die mehrfaktorielle Varianzanalyse zwei Voraussetzungen: Normalverteilung der Werte in den einzelnen Zellen und Varianzenhomogenität zwischen den Zellen. Die Normalverteilung kann mit

dem Kolmogorov-Smirnov-Test überprüft werden (siehe Kap. 7.1.2), die Varianzenhomogenität mit einem der in Kap. 8.1.3 vorgestellten Tests. Was im Falle der Störung
dieser Voraussetzungen getan werden kann, wird am Schluss dieses Kapitels erläutert.

Das Prinzip der mehrfaktoriellen (hier: zweifaktoriellen) Varianzanalyse ist, wie bei der
einfaktoriellen Varianzanalyse auch, eine Zerlegung der Gesamtvarianz in eine Varianz
innerhalb der Gruppen und eine Varianz zwischen den Gruppen. Dies ergibt dann zunächst einen Test auf eine „Gesamtsignifikanz", d. h. es wird die Frage geklärt, ob es
„irgendwo" signifikante Unterschiede gibt. In diesem Fall, und nur in diesem, ist es dann
erlaubt, weiter zu prüfen, wo genau (d. h. bei welchem Faktor und gegebenenfalls zwischen welchen Faktorstufen) diese Unterschiede begründet sind.

Niemand rechnet eine Varianzanalyse noch per Hand; dennoch sollen zum besseren Verständnis die einzelnen Rechenschritte beim vorliegenden einfachen Standardfall der Varianzanalyse (zwei Faktoren, gleiche Fallzahlen, keine Faktorstufen mit abhängigen Werten) im Folgenden angegeben werden.

Wir wollen die beiden Faktoren (hier: Versuchsbedingungen und Tageszeit) A und B
nennen und die folgenden Bezeichnungen einführen.

p Anzahl der Stufen des Faktors A

q Anzahl der Stufen des Faktors B

n Anzahl der Werte pro Zelle

x_{ijm} die gegebenen Einzelwerte ($i = 1, \ldots, p; j = 1, \ldots, q; m = 1, \ldots, n$)

S_{ij} Summen der Werte in den einzelnen Zellen ($i = 1, \ldots, p; j = 1, \ldots, q$)

G Gesamtsumme der Werte

Damit berechnet man der Reihe nach

$$S_{ij} \;=\; \sum_{m=1}^{n} x_{ijm} \qquad i = 1, \ldots, p; j = 1, \ldots, q$$

$$G \;=\; \sum_{i=1}^{p} \sum_{j=1}^{q} S_{ij}$$

$$(1) \;=\; \frac{G^2}{p \cdot q \cdot n}$$

$$(2) \;=\; \sum_{i=1}^{p} \sum_{j=1}^{q} \sum_{m=1}^{n} x_{ijm}^2$$

$$(3) \;=\; \frac{1}{n} \cdot \sum_{i=1}^{p} \sum_{j=1}^{q} S_{ij}^2$$

$$QSZ \;=\; (3) - (1)$$
$$QSI \;=\; (2) - (3)$$
$$QST \;=\; (2) - (1)$$

$$
\begin{aligned}
dfz &= p \cdot q - 1 \\
dfi &= p \cdot q \cdot (n - 1) \\
MQZ &= \frac{QSZ}{dfz} \\
MQI &= \frac{QSI}{dfi} \\
F &= \frac{MQZ}{MQI}
\end{aligned}
$$

Dabei sind QSZ, QSI und QST die Quadratsummen zwischen den Gruppen, innerhalb der Gruppen bzw. die Quadratsumme total, dfz und dfi die zugehörigen Freiheitsgrade und MQZ bzw. MQI die entsprechenden mittleren Quadratsummen. F ist die mit (dfz, dfi) Freiheitsgraden F-verteilte Prüfgröße.

Die Ergebnisse stellt man im Schema der Tabelle 10.19 zusammen.

Art der Variation	QS	df	MQ	F
zwischen den Gruppen	QSZ	dfz	MQZ	F
innerhalb der Gruppen	QSI	dfi	MQI	
total	QST			

Tabelle 10.19: Schema beim Test auf Gesamtsignifikanz

In unserem Beispiel ergeben die einzelnen Rechenschritte:

$$
\begin{aligned}
p &= 3 \quad q = 2 \quad n = 6 \\
S_{11} &= 181 \quad S_{12} = 170 \quad S_{21} = 267 \quad S_{22} = 247 \quad S_{31} = 284 \quad S_{32} = 270 \\
G &= 1419 \\
(1) &= 55932{,}25 \quad (2) = 62453 \quad (3) = 57919{,}17 \\
QSZ &= 1986{,}92 \quad QSI = 4533{,}83 \quad QSI = 6520{,}75 \\
dfz &= 5 \quad dfi = 30 \\
MQZ &= 397{,}38 \quad MQI = 151{,}13 \\
F &= 2{,}63
\end{aligned}
$$

In das Schema der Tabelle 10.19 eingetragen, ergibt dies Tabelle 10.20.

Art der Variation	QS	df	MQ	F
zwischen den Gruppen	1986,92	5	397,38	2,63
innerhalb der Gruppen	4533,83	30	151,13	
total	6520,75			

Tabelle 10.20: Test auf Gesamtsignifikanz

Der berechnete F-Wert ist, wie die F-Tabelle ausweist, bei $(5, 30)$ Freiheitsgraden auf der 0,05-Stufe signifikant.

Dies bedeutet, dass zumindest einer der beiden Faktoren einen signifikanten Einfluss auf die abhängige Variable (Übungsfortschritt) hat. Um zu testen, welche Faktoren einen signifikanten Einfluss haben und ob es eine „Wechselwirkung" zwischen den beiden Faktoren gibt, sind die folgenden Rechenschritte auszuführen.

$$(4) \quad = \quad \frac{1}{n \cdot q} \cdot \sum_{i=1}^{p} \left(\sum_{j=1}^{q} S_{ij} \right)^2$$

$$(5) \quad = \quad \frac{1}{n \cdot p} \cdot \sum_{j=1}^{q} \left(\sum_{i=1}^{p} S_{ij} \right)^2$$

$$QSA \quad = \quad (4) - (1)$$

$$QSB \quad = \quad (5) - (1)$$

$$dfa \quad = \quad p - 1$$

$$dfb \quad = \quad q - 1$$

$$MQA \quad = \quad \frac{QSA}{dfa}$$

$$MQB \quad = \quad \frac{QSB}{dfb}$$

$$FA \quad = \quad \frac{MQA}{MQI}$$

$$FB \quad = \quad \frac{MQB}{MQI}$$

$$QSAB \quad = \quad (3) - QSA - QSB - (1)$$

$$dfab \quad = \quad (p - 1) \cdot (q - 1)$$

$$MQAB \quad = \quad \frac{QSAB}{dfab}$$

$$FAB \quad = \quad \frac{MQAB}{MQI}$$

Die Prüfgrößen FA, FB und FAB sind F-verteilt mit (dfa, dfi), (dfb, dfi) bzw. $(dfab, dfi)$ Freiheitsgraden.

Die Ergebnisse werden in dem Schema der Tabelle 10.21 zusammengestellt.

Art der Variation	QS	df	MQ	F
zwischen A	QSA	dfa	MQA	FA
zwischen B	QSB	dfb	MQB	FB
$A * B$	QSAB	dfab	MQAB	FAB

Tabelle 10.21: Schema beim Test auf Signifikanz der Faktoren

Die einzelnen Rechenschritte ergeben beim vorliegenden Beispiel:

$$(4) = 57859{,}42 \quad (5) = 55988{,}5$$
$$QSA = 1927{,}17 \quad QSB = 56{,}25 \quad QSAB = 3{,}5$$
$$dfa = 2 \quad dfb = 1 \quad dfab = 2$$
$$MQA = 963{,}58 \quad MQB = 56{,}25 \quad MQAB = 1{,}75$$
$$FA = 6{,}38 \quad FB = 0{,}37 \quad FAB = 0{,}01$$

Diese Werte, in das Schema der Tabelle 10.21 eingetragen, ergeben Tabelle 10.22.

Art der Variation	QS	df	MQ	F
zwischen A	1927,17	2	963,58	6,38
zwischen B	56,25	1	56,25	0,37
$A * B$	3,5	2	1,75	0,01

Tabelle 10.22: Test auf Signifikanz der Faktoren

Nach der F-Tabelle hat Faktor A (Versuchsbedingungen) bei der gegebenen Anzahl von (2, 30) Freiheitsgraden einen sehr signifikanten Einfluss auf die abhängige Variable Übungsfortschritt ($p < 0{,}01$). Die Tageszeit hat keinen signifikanten Einfluss, ebenso gibt es keine signifikante Wechselwirkung.

Eine signifikante Wechselwirkung würde im vorliegenden Fall bedeuten, dass die Unterschiede zwischen den drei Versuchsbedingungen je nach Tageszeit verschieden groß sind. Dies ist also nicht der Fall und wird bereits bei Betrachtung der Zellenmittelwerte klar.

Post-hoc-Tests

Als signifikantes Ergebnis bleibt also die Erkenntnis, dass die drei Versuchsbedingungen (Konzentrationsleistungstest, normale Tätigkeit, Ruhepause) auf den Übungsfortschritt signifikant unterschiedlich wirken. Um dies zahlenmäßig zu belegen, seien zunächst die Mittelwerte dieser drei Abstufungen berechnet, wobei die Werte zu den beiden Tageszeiten zusammengeworfen werden sollen (was dann jeweils die Fallzahl 12 ergibt). Diese Stufenmittelwerte sind in Tabelle 10.23 eingetragen.

Versuchsbedingung	mittlerer Übungsfortschritt
Konzentrationsleistungstest	29,25
normale Tätigkeit	42,83
Ruhepause	46,17

Tabelle 10.23: Stufenmittelwerte

Der Übungsfortschritt wird also in der Tat durch die Ausübung des Konzentrationsleistungstests gehemmt; der entsprechende Mittelwert ist deutlich geringer als die beiden anderen, was sicherlich die ermittelte Signifikanz ausmacht. Unklar ist, ob sich auch die beiden anderen Versuchsbedingungen (normale Tätigkeit und Ruhepause) signifikant voneinander unterscheiden. Hier ist der Mittelwert bei der Ruhepause etwas höher.

Solche Fragestellungen, welche Faktorstufen sich im Falle einer signifikanten Wirkung des Faktors im Einzelnen voneinander unterscheiden, werden mit einem so genannten Post-hoc-Test geklärt, der zur Ermittlung seiner Testgröße Zwischenergebnisse der Varianzanalyse benutzt. Hierzu gibt es zahlreiche Varianten; so bietet zum Beispiel das Programmsystem SPSS achtzehn solcher Tests an. Die bekannteren sind die Tests nach Bonferroni, Scheffé Student-Newman-Keuls und Duncan. Als einer der konservativsten gilt der Scheffé-Test, der also eher zögerlich bei der Aufspürung von Signifikanzen ist.

Bezeichnen wir etwa zwei der p Stufenmittelwerte des Faktors A (Versuchsbedingungen) mit a_i und a_j, so erfolgt die Überprüfung, ob sich diese beiden Mittelwerte signifikant voneinander unterscheiden, beim Scheffé-Test über die Prüfgröße

$$F = \frac{n \cdot q}{2 \cdot (p-1)} \cdot \frac{(a_i - a_j)^2}{MQI}$$

Diese Prüfgröße ist F-verteilt mit (dfa, dfi) Freiheitsgraden. Eine entsprechende Formel gilt für die Stufenmittelwerte des Faktors B. Im gegebenen Beispiel ist eine Post-hoc-Überprüfung beim Faktor B (Tageszeit) nicht nötig, da sich erstens dieser Faktor als nicht signifikant erwiesen und zweitens ohnehin nur zwei Abstufungen hat, so dass im Signifikanzfalle klar wäre, dass sich eben diese beiden Stufen signifikant voneinander unterscheiden.

Möchten wir also überprüfen, ob sich die Mittelwerte zu den beiden Versuchsbedingungen normale Tätigkeit und Ruhepause signifikant voneinander unterscheiden, haben wir folgende Prüfgröße zu berechnen:

$$F = \frac{6 \cdot 2}{2 \cdot (3-1)} \cdot \frac{(42{,}83 - 46{,}17)^2}{151{,}13} = 0{,}22$$

Dies ist bei (2, 30) Freiheitsgraden ein nicht signifikanter Wert. Beim Vergleich des Konzentrationsleistungstests mit der normalen Tätigkeit ergibt sich

$$F = \frac{6 \cdot 2}{2 \cdot (3-1)} \cdot \frac{(29{,}25 - 42{,}83)^2}{151{,}13} = 3{,}66$$

Dies ist bei (2, 30) Freiheitsgraden ein signifikanter Wert ($p < 0{,}05$).

Da die Mittelwertdifferenz zwischen den Versuchsbedingungen KLT und Ruhepause noch größer ist, ist gemäß der Formel für die Prüfgröße F dieser Unterschied dann erst recht signifikant. Als Endergebnis der Varianzanalyse kann also festgehalten werden, dass das Ausüben einer anstrengenden Tätigkeit (KLT) gegenüber einer normalen Tätigkeit und einer Ruhepause eine signifikante Verminderung des Übungsfortschritts bewirkt. Die Tageszeit hat keinen Einfluss.

Bei den Rechenschritten der Varianzanalyse gehen Sie also, aber nur jeweils im Signifikanzfall des vorhergehenden Schritts, so vor:

1. Berechnung der Gesamtsignifikanz

2. Feststellung der signifikanten Faktoren und Wechselwirkungen

3. Post-hoc-Tests

Kovarianzanalyse

So weit scheint die Sache klar. Wir wollen aber einmal die Mittelwerte der erzielten Leistungen am ersten Versuchstag, getrennt nach den drei Versuchsbedingungen, betrachten. Diese sind in Tabelle 10.24 zusammengestellt.

Versuchsbedingung	Mittelwert
KLT	87,17
normal	72,50
Ruhepause	79,25

Tabelle 10.24: Mittlere Ausgangswerte

Die Probanden, die als hemmende Tätigkeit den KLT ausführten, haben also im Mittel am ersten Tag höhere Werte als die anderen Probanden. Dies ist recht ärgerlich, denn wenn jemand bereits am Anfang höhere Leistungen bringt, hat er von vornherein weniger Gelegenheit, sich zu verbessern, als jemand, der mit einer schwachen Leistung beginnt. Ein besonders krasses Beispiel für diesen Effekt sind Schulnoten: Ein Schüler mit einer Zwei kann sich allenfalls um eine Note verbessern, ein Schüler mit einer Fünf aber theoretisch um vier Noten.

Korreliert man im gegebenen Beispiel über alle Probanden hinweg den Wert des Durchstreichtests am ersten Versuchstag mit dem erzielten Übungsfortschritt, so zeigt sich in der Tat eine schwache, allerdings nicht signifikante Korrelation ($r = -0,197$) dahingehend, dass höhere Werte am ersten Tag einen geringeren Übungsfortschritt bewirken.

Das Problem kann so gelöst werden, dass der Wert am ersten Tag als *Kovariate* in die Analyse eingeführt wird. So nennt man im Allgemeinen intervallskalierte Variablen, die zusätzlich zu den nominal- oder ordinalskalierten Faktoren in die Varianzanalyse eingebracht werden können; man spricht in diesem Falle von einer *Kovarianzanalyse*.

Die Rechenschritte seien hier nicht dargestellt; es mag der Hinweis genügen, dass die Signifikanz einer Kovariaten ebenfalls mit einem F-Wert überprüft wird. Führt man die Kovarianzanalyse in der beschriebenen Weise im gegebenen Beispiel mit einem Computerprogramm (z. B. SPSS) durch, so erkennt man, dass die Kovariate (Leistung am ersten Tag) keinen signifikanten Einfluss auf den Übungsfortschritt hat. Allerdings wird der zum Faktor Versuchsbedingungen gehörende F-Wert etwas kleiner (5,51 statt 6,38 wie bisher), ohne aber am Signifikanzniveau ($p < 0,01$) etwas zu ändern.

Das beschriebene Beispiel einer mehrfaktoriellen Varianzanalyse ist sozusagen der einfachste Standardfall: zwei Faktoren und gleiche Fallzahlen in den sich ergebenden Zellen. Darüber hinaus gibt es folgende Varianten:

- mehr als zwei Faktoren

- ungleiche Fallzahlen in den Zellen

- Faktoren mit Messwiederholungsdesign

- mehrere abhängige Variablen

Was die Anzahl der Faktoren anbelangt, so gibt es hierfür theoretisch keine Obergrenze. Um alle Zellen mit Werten zu füllen, bedarf es dabei aber einer großen Zahl von Fällen. Außerdem wird die Vielzahl möglicher Wechselwirkungen leicht unüberschaubar; so gibt es neben zweifachen Wechselwirkungen nun auch dreifache und gegebenenfalls auch höhere Wechselwirkungen.

Ungleiche Zellenumfänge

Nicht immer sind gleich große Fallzahlen in den einzelnen Zellen des varianzanalytischen Designs zu gewährleisten. Bei geplanten Studien können Probanden ausfallen und bei retrospektiven Studien sind ungleiche Fallzahlen sowieso der Normalfall. Bei Varianzanalysen mit ungleichen Zellenumfängen werden diese entweder durch das harmonische Mittel aller Zellenumfänge geschätzt oder es wird eine andere, modernere Rechenmethode verwendet, das so genannte *allgemeine lineare Modell* (siehe später). Bei der zweifaktoriellen Varianzanalyse mit p bzw. q Faktorstufen berechnet sich dabei das harmonische Mittel der Zellenumfänge n_{ij} zu

$$\bar{n}_h = \frac{p \cdot q}{\sum\limits_{i=1}^{p} \sum\limits_{j=1}^{q} \frac{1}{n_{ij}}}$$

Messwiederholungsfaktoren

Beim gegebenen Beispiel wurde noch nicht getestet, ob der erzielte Übungsfortschritt zwischen dem ersten und zweiten Versuchstag überhaupt signifikant ist. Da sich die gemessenen Werte bei allen Probanden deutlich erhöhen, ist eine solche Überprüfung sicherlich nicht nötig. Falls eine solche Signifikanzüberprüfung doch vorgenommen werden soll, kann man die zweifaktorielle Varianzanalyse zu einer dreifachen erweitern, indem die beiden Faktoren Versuchsbedingungen und Tageszeit belassen werden und ein dritter Faktor eingeführt wird, der durch die Messungen an den beiden Versuchstagen gebildet wird. Diesen Faktor nennt man einen Faktor mit Messwiederholung, und die Varianzanalyse wird zu einer dreifaktoriellen Varianzanalyse mit Messwiederholung auf einem Faktor (eine einfaktorielle Varianzanalyse mit Messwiederholung hatten wir bereits in Kap. 9.1 behandelt).

Bei Einsatz eines Computerprogramms wie SPSS werden die beiden Nicht-Messwieder-holungsfaktoren durch entsprechende Gruppierungsvariablen realisiert, der Messwieder-holungsfaktor durch zwei entsprechende Variablen.

Führt man eine solche dreifaktorielle Varianzanalyse mit Messwiederholung auf dem Zeitfaktor im gegebenen Beispiel durch, so ergibt sich erwartungsgemäß ein höchst si-gnifikanter Einfluss des Zeitfaktors, es verschwindet aber die Signifikanz auf dem Faktor Versuchsbedingungen. Durch das Zusammenwerfen der Testergebnisse an beiden Ver-suchstagen haben sich die Unterschiede verwischt. Die signifikanten Unterschiede zwi-schen den Versuchsbedingungen werden nun aber wiedergegeben durch eine sehr signi-fikante Wechselwirkung zwischen dem Zeitfaktor und dem Faktor Versuchsbedingungen: Die Unterschiede zwischen beiden Versuchstagen sind je nach Versuchsbedingung ver-schieden groß.

Das vorliegende Problem kann also auf zwei Arten angegangen werden, nämlich zum einen durch Differenzenbildung zwischen den beiden Versuchstagen und dann Analyse dieser Differenzen mit einer zweifaktoriellen Varianzanalyse und zum anderen durch Definition der Werte an den beiden Versuchstagen zu einem Messwiederholungsfaktor einer dreifaktoriellen Varianzanalyse. Der erste Weg erscheint direkter und übersichtli-cher.

Multivariate Varianzanalysen

Das vorliegende Beispiel einer zweifaktoriellen Varianzanalyse beinhaltet *eine* abhängige Variable, nämlich den Übungsfortschritt; man spricht in diesem Fall von einer univaria-ten Varianzanalyse. Man hat aber auch Verfahren entwickelt, die mehrere abhängige Va-riablen gleichzeitig behandeln, und nennt diese Verfahren multivariate Varianzanalysen. Man benutzt dieses Verfahren insbesondere in den Fällen, wo die abhängigen Variablen miteinander korrelieren. Ergibt sich dann eine Gesamtsignifikanz, hat man jeweils die einzelnen Variablen wieder einer univariaten Analyse zu unterziehen, um die für diese Signifikanz ursächlichen Variablen zu ermitteln.

Klassische Methode und allgemeines lineares Modell

Varianzanalysen können prinzipiell nach zwei verschiedenen Ansätzen gerechnet wer-den:

- die klassische Methode nach R. A. Fisher

- die neuere Methode des allgemeinen linearen Modells

Die erste Methode gründet sich, wie beschrieben, auf die Zerlegung von Quadratsum-men; Grundlage des allgemeinen linearen Modells (englisch: general linear model, abge-kürzt GLM) ist die Korrelations- und Regressionsrechnung. Bei ungleichen Zellenum-fängen liefern beide Rechnungsarten etwas unterschiedliche Ergebnisse.

Das Computerprogramm SPSS zum Beispiel verwendet beide Verfahren, so dass die Ergebnisausdrucke teilweise etwas unübersichtlich wirken. Zudem werden beim allgemeinen linearen Modell mehrere Varianten angeboten.

Störungen der Voraussetzungen

Die Voraussetzungen zur Durchführbarkeit der Varianzanalyse sind Normalverteilung und Varianzenhomogenität. Bei Störung dieser Voraussetzungen kann im einfaktoriellen Fall der H-Test nach Kruskal und Wallis bzw. im Falle abhängiger Stichproben der Friedman-Test gerechnet werden, im mehrfaktoriellen Fall gibt es aber leider kein entsprechendes nichtparametrisches Verfahren.

Man kann auch bei nicht gegebenen Voraussetzungen eine Varianzanalyse rechnen, wenn man Folgendes beachtet:

1. Ergibt sich keine Signifikanz, so hätte sich beim Erfülltsein der Voraussetzungen erst recht keine ergeben.

2. Die Varianzanalyse ist recht robust gegen die Störung der Normalverteilung. Testet man auf dem Niveau $p = 0{,}05$, so sollte der berechnete F-Wert etwa einem $p = 0{,}04$ entsprechen, d. h. der kritische F-Wert zu $p = 0{,}05$ sollte deutlich überschritten werden.

3. Problematischer ist die Störung der Varianzenhomogenität. Um ein faktisches Signifikanzniveau von $p = 0{,}05$ zu erreichen, sollte mit $p = 0{,}01$ getestet werden.

Die Varianzanalyse ist eines der meistangewandten statistischen Analyseverfahren. Aufgrund der zahlreichen Varianten und der Entwicklung des neueren Ansatzes des allgemeinen linearen Modells ist es aber nicht immer leicht, den nötigen Überblick zu bewahren. Auch die gängigen Computerprogramme bieten eine zum Teil eher verwirrende Vielfalt von Optionen an.

10.2.2   Diskriminanzanalyse

Die Diskriminanzanalyse ist ein Verfahren, mit dem die gegebenen Fälle anhand von intervallskalierten Vorhersagevariablen Gruppen zugeordnet werden. Dabei orientiert sich das Verfahren an bereits gruppierten Fällen und ermöglicht dann die Gruppenzuordnung der ungruppierten Fälle. Da die Diskriminanzanalyse gerade in der Biologie häufig eingesetzt wird, sei das einführende Beispiel diesem Wissensgebiet entnommen.

⟹   An insgesamt 245 Vögeln einer bestimmten Art wurden folgende Größen gemessen: Flügellänge, Fußlänge, Gewicht, Kopflänge und Schnabellänge. Ferner wurde das Geschlecht der Vögel ermittelt, was sich aber schwierig gestaltete, so dass es nur an 51 Vögeln zweifelsfrei bestimmt werden konnte.

Die Werte einiger ausgewählter Fälle sind in Tabelle 10.25 enthalten.

Fall	Geschlecht	Flügel-länge (mm)	Schnabel-länge (mm)	Kopf-länge (mm)	Fuß-länge (mm)	Gewicht (kg)
3	männlich	228	77,2	35,3	121	290
7	männlich	225	79,1	35,7	127	345
32	weiblich	234	88,9	36,4	136	323
45	weiblich	236	91,6	39,4	139	354
57	unbekannt	226	73,0	32,9	120	294
86	unbekannt	229	82,3	35,0	125	325
163	unbekannt	222	81,5	37,5	134	360
168	unbekannt	229	89,5	38,0	134	337

Tabelle 10.25: Ausgewählte Fälle

Betrachten Sie zunächst die Werte der beiden männlichen und der beiden weiblichen Tiere, so stellen Sie fest, dass die Werte der männlichen Tiere mit Ausnahme des Gewichts bei Tier 7 durchweg niedriger liegen als diejenigen der weiblichen Tiere. Auch bei Betrachtung der Werte der anderen Vögel (in der Datei vogel.dat) stellen Sie fest, dass dies allgemein der Fall ist: Die Werte der männlichen Tiere sind in der Regel niedriger und die „Durchmischung" ist recht gering. Dies wird auch deutlich bei einer Betrachtung der Mittelwerte, die sich sehr bzw. höchst signifikant voneinander unterscheiden (siehe Tabelle 10.26).

Parameter	männlich	weiblich	p
Flügellänge	227,4	231,0	0,009
Schnabellänge	78,4	85,4	$< 0,001$
Kopflänge	35,3	37,5	$< 0,001$
Fußlänge	129,4	137,1	$< 0,001$
Gewicht	320,5	345,5	$< 0,001$

Tabelle 10.26: Mittelwerte und Ergebnisse des t-Tests

Die p-Werte sind Resultate des t-Tests nach Student (siehe Kap. 8.1.1).

Da sich die beiden Geschlechter bezüglich der erhobenen Parameter also deutlich voneinander unterscheiden, kann man dies dazu benutzen, das Geschlecht der Tiere mit einer zu bestimmenden Wahrscheinlichkeit vorherzusagen. Ein geeignetes Verfahren hierzu ist die Diskriminanzanalyse, bei der eine ähnliche Testsituation gegeben ist wie bei der logistischen Regression. Anders als bei dieser muss die Zielvariable aber nicht dichotom sein, sondern kann auch mehr als zwei Kategorien umfassen. Im gegebenen Beispiel liegt mit dem Geschlecht allerdings eine dichotome Zielvariable vor, was auch in den meisten Anwendungsfällen der Diskriminanzanalyse der Fall ist.

Das Prinzip der Diskriminanzanalyse ist es, dass anhand der erhobenen n Parameter die Koeffizienten $b_0, b_1, b_2, \ldots, b_n$ der so genannten Diskriminanzfunktion d geschätzt werden:

$$d = b_1 \cdot x_1 + b_2 \cdot x_2 + \cdots + b_n \cdot x_n + b_0$$

Dabei sind $x_1, x_2, \ldots, x_n$ die fallweisen Werte der n Parameter.

Nach einem recht aufwendigen Rechenverfahren werden die Koeffizienten der Diskriminanzfunktion so bestimmt, dass die fallweisen Werte der Diskriminanzfunktion die Gruppen der Zielvariablen (hier die beiden Gruppen des Geschlechts) möglichst gut trennen. In unserem Beispiel ergeben sich die Koeffizienten der Tabelle 10.27.

Parameter	Koeffizient
Flügellänge	0,039
Schnabellänge	0,159
Kopflänge	0,144
Fußlänge	0,058
Gewicht	0,007
Konstante	−36,949

Tabelle 10.27: Koeffizienten der Diskriminanzfunktion

Für den Fall 3 berechnet sich damit der Wert d der Diskriminanzfunktion wie folgt:

$$\begin{aligned} d \quad = \quad & 0{,}039 \cdot 228 + 0{,}159 \cdot 77{,}2 + 0{,}144 \cdot 35{,}3 \\ & + 0{,}058 \cdot 121 + 0{,}007 \cdot 290 - 36{,}949 = -1{,}651 \end{aligned}$$

Die Werte der Diskriminanzfunktion aller Fälle mit bekanntem Geschlecht sind in Tabelle 10.28 in aufsteigender Reihenfolge aufgeführt.

Kleinere Werte der Diskriminanzfunktion sind also den männlichen, größere den weiblichen Vögeln zugeordnet; die Durchmischung ist recht gering.

Solche Diskriminanzfunktionswerte sind auch für die Tiere mit unbekanntem Geschlecht berechenbar; so ergeben sich für die ausgewählten Fälle der Tabelle 10.25 die in Tabelle 10.29 aufgeführten Diskriminanzfunktionswerte.

Ordnet man diese Diskriminanzfunktionswerte in diejenigen bei bekanntem Geschlecht ein, so handelt es sich bei Nr. 57 mit höchster Wahrscheinlichkeit um einen männlichen und bei Nr. 168 mit höchster Wahrscheinlichkeit um einen weiblichen Vogel. Nicht ganz so eindeutig ist die Einordnung von Nr. 86 als männlicher Vogel, während die Einordnung von Nr. 163 gänzlich unklar erscheint.

In einem weiteren Rechenschritt lassen sich die exakten Wahrscheinlichkeiten für die Einordnung in die beiden Gruppen berechnen, wobei sich die Wahrscheinlichkeiten für

m	−2,329	m	−0,959	w	−0,221	w	1,878
m	−2,019	m	−0,899	m	−0,136	w	1,914
m	−1,808	m	−0,797	w	0,191	w	2,027
m	−1,651	m	−0,725	w	0,733	w	2,045
m	−1,543	m	−0,675	m	1,013	w	2,092
m	−1,495	m	−0,661	w	1,028	w	2,119
m	−1,083	m	−0,638	w	1,133	w	2,194
m	−1,029	m	−0,616	w	1,145	w	2,215
m	−1,015	m	−0,553	w	1,165	w	2,274
m	−0,992	w	−0,532	m	1,265	w	2,841
m	−0,991	m	−0,528	w	1,413	w	2,877
m	−0,972	m	−0,517	m	1,510	w	3,033
w	−0,966	w	−0,492	w	1,703		

Tabelle 10.28: Diskriminanzfunktionswerte bei bekanntem Geschlecht

Fall	d
57	−2,772
86	−0,367
163	0,359
168	1,815

Tabelle 10.29: Diskriminanzfunktionswerte

die beiden Gruppen naturgemäß zu 1 addieren. Für die ausgewählten Fälle der Tabelle 10.25 sind diese Wahrscheinlichkeiten in Tabelle 10.30 wiedergegeben.

Die Wahrscheinlichkeit für Fall 3, ein männlicher Vogel zu sein, ist 0,985; die Wahrscheinlichkeit, dass es sich um einen weiblichen Vogel handelt, ist demnach 0,015. Tatsächlich ist der Vogel männlich. Bei Fall 32 ist die Wahrscheinlichkeit, dass es sich um einen männlichen Vogel handelt, gleich 0,047. Mit der Wahrscheinlichkeit von 0,953 ist es also ein weiblicher Vogel; tatsächlich ist es auch ein solcher.

Würde man diese Wahrscheinlichkeiten für alle Vögel mit bekanntem Geschlecht ermitteln und alle Vögel, die eine Vorhersagewahrscheinlichkeit für das männliche Geschlecht größer als 0,5 haben, als männlich einstufen, so ergäbe dies die in Tabelle 10.31 angegebene Treffergenauigkeit.

Von insgesamt 51 Vorhersagen sind also 43, das sind 84,3 %, richtig. Was die Vögel mit unbekanntem Geschlecht anbelangt, so ist Vogel 57 mit hoher Wahrscheinlichkeit ein Männchen, Vogel 168 mit hoher Wahrscheinlichkeit ein Weibchen. Nicht einzuordnen ist Vogel 163; die Wahrscheinlichkeiten für beide Geschlechter sind fast gleich.

Fall	Geschlecht	Wahrscheinlichkeit für männlich	Wahrscheinlichkeit für weiblich
3	männlich	0,985	0,015
7	männlich	0,896	0,104
32	weiblich	0,047	0,953
45	weiblich	0,003	0,997
57	unbekannt	0,999	0,001
86	unbekannt	0,813	0,187
163	unbekannt	0,484	0,516
168	unbekannt	0,038	0,962

Tabelle 10.30: Wahrscheinlichkeiten der Gruppenzuordnung

		vorhergesagt	
		männlich	weiblich
tatsächlich	männlich	24	3
	weiblich	5	19

Tabelle 10.31: Treffergenauigkeit

Mit Hilfe der Diskriminanzanalyse kann also anhand gruppierter Fälle eine Diskriminanzfunktion geschätzt werden, welche eine Gruppenvorhersage auch der ungruppierten Fälle erlaubt. Diese Vorhersage ist umso verlässlicher, je besser die eingehenden Vorhersagevariablen die Gruppen trennen.

Bei solch deutlich miteinander korrelierenden Vorhersagevariablen wie im gegebenen Beispiel kann man die Frage stellen, ob wirklich alle diese Variablen zur Vorhersage benutzt werden müssen oder ob möglicherweise eine geschickte Auswahl dieser Variablen eine ebenso sichere Vorhersage erlaubt.

Dem hat man in den gängigen Computerprogrammen Rechnung getragen und bietet so genannte *schrittweise* Methoden an, welche schließlich nur solche Variablen in die Diskriminanzfunktion aufnehmen, welche die Vorhersage verbessern, und solche weglassen, die in dieser Hinsicht keinen zusätzlichen Informationsgewinn mehr bringen.

Führt man etwa mit dem Computerprogrammsystem SPSS eine solche schrittweise Analyse durch, so werden in die Diskriminanzfunktion lediglich die Schnabellänge und die Fußlänge aufgenommen. Die Vorhersage verbessert sich sogar noch geringfügig, da nunmehr 44 von 51 Fällen, das sind 86,3 %, richtig vorhergesagt werden.

⇒ Ein weiteres Beispiel sei dem Gebiet der Medizin entnommen. Ein diagnostischer Test zur Erkennung des Harnblasenkarzinoms (T-Zelltypisierung) wurde an einem Kollektiv von 24 Kranken und 21 Gesunden (Nichtkranken) durchgeführt. Die Testergebnisse sind, in aufsteigender Reihenfolge sortiert, in Tabelle 10.32 enthalten.

k	48,5	k	62,0	k	65,0	k	71,0	g	73,0
k	55,5	k	62,0	k	66,5	k	71,0	k	73,5
k	57,5	k	62,5	k	66,5	k	71,0	g	73,5
k	58,5	g	62,5	k	66,5	g	71,0	g	74,0
k	61,0	k	63,0	k	68,5	g	71,5	g	75,0
g	61,1	k	63,5	k	69,0	g	71,5	g	76,0
k	61,5	g	63,5	g	69,5	g	72,0	g	77,0
k	61,5	g	64,5	g	70,0	g	72,5	g	77,0
k	62,0	k	65,0	g	70,0	g	73,0	g	78,5

Tabelle 10.32: Diagnostische Testwerte bei Kranken und Nichtkranken

Deutlich erkennbar tendieren die Kranken (k) zu kleineren Werten, die Nichtkranken (g) zu größeren. Mit Hilfe der Diskriminanzanalyse kann daher versucht werden, die beiden Gruppen zu trennen und jedem Testwert eine Vorhersagewahrscheinlichkeit für das Vorhandensein eines Harnblasenkarzinoms zuzuordnen. Es ist dies das eher seltene Beispiel einer Diskriminanzanalyse mit nur einer Vorhersagevariablen, was nur Sinn macht, wenn die Durchmischung der beiden Gruppen gering ist.

Die Vorhersagewahrscheinlichkeiten für das Vorhandensein eines Harnblasenkarzinoms sind für einige ausgewählte Fälle in Tabelle 10.33 enthalten.

Fall	Kollektiv	Testwert	Vorhersagewahrscheinlichkeit für „krank"
1	krank	48,5	0,994
5	krank	61,0	0,852
6	nicht krank	61,1	0,849
22	krank	66,5	0,570
23	krank	68,5	0,438
36	nicht krank	73,0	0,189
38	krank	73,5	0,170
45	nicht krank	78,5	0,051

Tabelle 10.33: Vorhersagewahrscheinlichkeiten

Bei Fall 1 wird mit hoher Wahrscheinlichkeit die Diagnose „krank" gestellt, tatsächlich handelt es sich auch um einen Kranken. Fall 6 wird ebenfalls mit hoher Wahrscheinlichkeit als krank eingestuft, tatsächlich handelt es sich aber um einen Nichtkranken. Diagnostiziert man alle Probanden mit einer Vorhersagewahrscheinlichkeit über 0,5 als krank, die anderen als nicht krank, so hätte man hier eine falsche Diagnose gestellt, nämlich eine „falsch positive".

Nach dieser Regel wird Fall 38 als nicht krank eingestuft, tatsächlich handelt es sich um einen Kranken. Die Diagnose ist hier „falsch negativ". Betrachtet man daraufhin alle 45 Probanden, so erhält man das in Tabelle 10.34 dargestellte Ergebnis.

	vorhergesagt	
	krank	nicht krank
tatsächlich krank	18	6
	richtig positiv (RP)	falsch negativ (FN)
nicht krank	4	17
	falsch positiv (FP)	richtig negativ (RN)

Tabelle 10.34: Treffergenauigkeit

Insgesamt wurden also 35 von 45 Fällen, das sind 77,8 %, richtig klassifiziert. Dies ist für einen diagnostischen Test sicherlich nicht befriedigend.

Die Güte solcher diagnostischer Tests wird mit zwei Begriffen beurteilt, die man *Empfindlichkeit (Sensitivität)* und *Spezifität* nennt. Dabei ist die Empfindlichkeit e die Eignung des Tests, Personen mit der fraglichen Krankheit so vollständig wie möglich zu erfassen, und daher der Anteil der richtig positiven Testergebnisse an der Gesamtzahl der Kranken:

$$e = \frac{RP}{RP + FN}$$

Im gegebenen Beispiel wird

$$e = \frac{18}{18 + 6} = 0{,}750$$

Die Spezifität s ist die Eignung des Tests, ausschließlich Personen mit der fraglichen Krankheit zu erfassen, und daher der Anteil der richtig negativen Testergebnisse an der Gesamtzahl der Nichtkranken:

$$s = \frac{RN}{RN + FP}$$

Damit wird im gegebenen Beispiel

$$s = \frac{17}{17 + 4} = 0{,}810$$

Betrachtet man die Vorhersagewahrscheinlichkeiten im vorliegenden Beispiel, so stellt man fest, dass die Vorhersagewahrscheinlichkeit 0,5, die als Trennung zwischen den Testpositiven und Testnegativen gilt, einem Testwert zugeordnet ist, der zwischen den Werten 66,5 und 68,5 liegt. Eine etwas genauere Analyse ergibt als optimalen Trennwert 67,5.

Verschiebt man diesen Trennwert nach unten, so wird im vorliegenden Beispiel die Anzahl der falsch positiven Resultate reduziert, was eine Erhöhung der Spezifität zur Folge
hat. Andererseits wird dann die Anzahl der falsch negativen Resultate erhöht, was zu
Lasten der Empfindlichkeit geht. Verschiebung des Trennwertes nach oben hat entsprechend den entgegengesetzten Effekt zur Folge.

Die Zusammenhänge zwischen Sensitivität (Empfindlichkeit) und Spezifität werden mit
so genannten *ROC-Kurven* (Receiver Operating Characteristic) analysiert. Bei diesen
wird unter Zugrundelegung variierter Trennwerte die Sensitivität gegen den Komple-
mentärwert der Spezifität $(1 - s)$ aufgetragen. Im gegebenen Beispiel liefert das Programmsystem SPSS die in Abbildung 10.5 dargestellte ROC-Kurve.

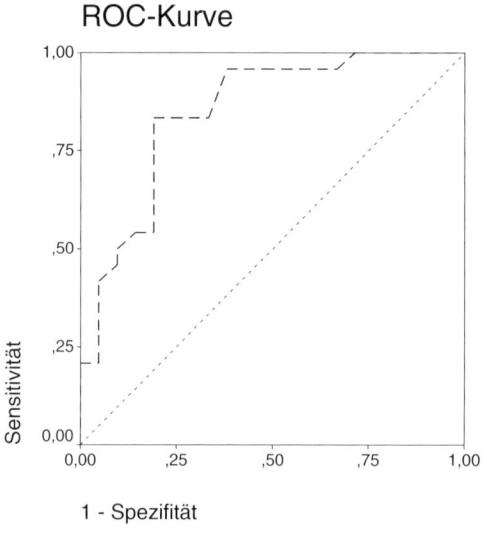

Abbildung 10.5: ROC-Kurve

Je mehr die ROC-Kurve von der 45-Grad-Linie abweicht, je „bauchiger" sie also ist,
desto größer ist die insgesamte Vorhersagekraft des Tests. Ein Maß dafür ist die Fläche
unterhalb der ROC-Kurve, die den maximalen Wert 1 hat und im gegebenen Beispiel
den Wert 0,849 annimmt.

Bei der Anwendung der Diskriminanzanalyse wird von verschiedenen Autoren die Empfehlung gegeben, dass zum einen die Fallzahl mindestens doppelt so groß wie die Anzahl
der Vorhersagevariablen sein sollte und zum anderen die Anzahl der Vorhersagevariablen größer als die Anzahl der Gruppen. Die letztgenannte Empfehlung wurde im zweiten Beispiel nicht befolgt, bei der nur eine Vorhersagevariable einbezogen wurde und das
Ergebnis auch recht unbefriedigend war.

10.2.3   Multiple lineare Regression

Die Regressionsanalyse ist sicherlich eines der am häufigsten benutzten Analyseverfahren. Sie untersucht die Beziehung einer abhängigen Variablen (einer Zielvariablen) von einer oder mehreren unabhängigen Variablen. Die Abhängigkeit von nur einer Variablen wurde bereits in Kap. 8.3 behandelt; die Erweiterung auf mehrere unabhängige Variablen ist Gegenstand dieses Kapitels.

Die in eine Regressionsanalyse eingehenden Variablen müssen intervallskaliert sein. Allerdings lassen sich dichotome nominalskalierte unabhängige Variablen in diesem Zusammenhang wie solche metrischen Variablen behandeln, was die Einsetzbarkeit der Regressionsanalyse deutlich erweitert.

Mathematisch formuliert geht es darum, bei n unabhängigen Variablen x_1 bis x_n (auch Einflussvariablen oder Vorhersagevariablen genannt) und der abhängigen Variablen y die Regressionskoeffizienten b_1 bis b_n und die Konstante a der Gleichung

$$y = b_1 \cdot x_1 + b_2 \cdot x_2 + \cdots + b_n \cdot x_n + a$$

zu schätzen. Dies soll anhand eines Beispiels erläutert werden.

$\Rightarrow$ In einer im Yemen durchgeführten zahnmedizinischen Studie (siehe auch Kap. 1) sollte u. a. geklärt werden, ob das Benutzen einer Wurzel anstelle einer Zahnbürste bzw. das dort beliebte Kauen von Qat Einfluss auf die Zahngesundheit hat. Diese wird über den mittleren CPITN-Wert bestimmt. Dieser CPITN-Wert gibt für einen einzelnen Zahn über eine Score von 0 (völlig gesund) bis 4 (extrem krank) dessen Behandlungsbedürftigkeit an.

Die Datei yemen.dat enthält von insgesamt 768 untersuchten Personen die folgenden Angaben:

- Geschlecht (1 = männlich, 2 = weiblich)
- Alter in Jahren
- Beruf (1 = Student, 2 = Farmer, 3 = Arbeiter, 4 = Soldat)
- Art der Mundhygiene (1 = Zahnbürste, 2 = Wurzel)
- Kauen von Qat (1 = ja, 2 = nein)
- mittlerer CPITN-Wert

Der mittlere CPITN-Wert als abhängige Variable und das Alter sind intervallskaliert, die anderen Variablen mit Ausnahme des Berufs sind dichotom. Diese Variablen können also in die Analyse aufgenommen werden.

Aber auch der Beruf kann über einen Umweg Eingang in die Analyse finden. Die vierfach abgestufte nominalskalierte Variable wird in vier dichotome Variablen zerlegt, zum Beispiel in die Variable „Student?" mit den beiden Kategorien „ja" (Codierung 1) und „nein" (Codierung 2). Mit den anderen drei Berufsgruppen wird entsprechend verfahren.

Berechnet man die einzelnen Korrelationen (Produkt-Moment-Korrelation nach Pearson, siehe Kap. 8.2.1) zwischen dem mittleren CPITN-Wert als Maß für die Zahngesundheit und den anderen Variablen (den unabhängigen Variablen oder Einflussgrößen), so erhält man die in Tabelle 10.35 dargestellten Ergebnisse.

Einflussvariable	r	p
Geschlecht	−0,223	< 0,001
Alter	0,469	< 0,001
Student	0,389	< 0,001
Farmer	−0,271	< 0,001
Arbeiter	−0,218	< 0,001
Soldat	−0,101	0,005
Art der Mundhygiene	0,191	< 0,001
Kauen von Qat	−0,315	< 0,001

Tabelle 10.35: Korrelationen zum CPITN-Wert

Unter Berücksichtigung der entsprechenden Codierungen bedeutet dies, dass Frauen eine bessere Zahngesundheit haben als Männer, die Zahngesundheit mit dem Alter nachlässt, Studenten eher gesunde Zähne haben und die anderen Berufe eher schlechte, das Verwenden der Wurzel als Mundhygiene ungünstig ist und ebenso das Kauen von Qat.

Zwischen CPITN-Wert und dem Kauen besteht nämlich eine höchst signifikante Korrelation von $r = -0,315$. Je höher also die Codierung von Qat, desto niedriger ist der CPITN-Wert. Da die höhere der beiden Codierungen von Qat für „nein" steht, ergibt sich wegen der Gegenläufigkeit der Korrelation, dass Probanden, die kein Qat kauen, eine bessere Zahngesundheit (niedrigere CPITN-Werte) haben.

Korreliert man allerdings das Kauen von Qat mit dem Alter, so erhält man die höchst signifikante Korrelation von $r = -0,437$. Dies bedeutet, wenn Sie auch hier einige Male „um die Ecke denken", dass mit fortschreitendem Alter mehr Qat gekaut wird. Andererseits ergibt sich zwischen Alter und mittlerem CPITN-Wert mit $r = 0,469$ ebenfalls eine höchst signifikante Korrelation, nach der also erwartungsgemäß die Zahngesundheit mit fortschreitendem Alter abnimmt.

Mit fortschreitendem Alter nimmt also die Zahngesundheit ab und der Qat-Genuss zu, so dass der festgestellte Zusammenhang zwischen Qat-Genuss und schlechterer Zahngesundheit auch eine Scheinkorrelation (siehe Kap. 8.2.7) sein könnte.

Um solche Effekte auszuschließen und die tatsächlich relevanten Einflussgrößen auf die abhängige Variable (hier: mittlerer CPITN-Wert als Maß für die Zahngesundheit) herauszufiltern, benutzt man die Methode der multiplen linearen Regression.

Die komplizierten Rechenschritte seien hier nicht dargestellt; diese werden heutzutage ausschließlich von Computerprogrammen übernommen. Das Computerprogramm SPSS

zum Beispiel bietet dabei zwei prinzipiell verschiedene Methoden an, einmal die Aufnahme *aller* unabhängigen Variablen in die Regressionsgleichung oder als empfehlens-
werte Alternative dazu eine schrittweise vorgehende Methode, wobei nacheinander immer diejenige Variable aufgenommen wird, die ein bestimmtes Gütekriterium wie etwa
die partielle Korrelation maximiert. Auf diese Weise gelangen nur wirklich relevante
Einflussvariablen zur Aufnahme.

Führt man eine solche schrittweise Regression im gegebenen Beispiel mit SPSS durch,
so werden in den einzelnen Schritten die in Tabelle 10.36 aufgeführten Variablen aufgenommen.

Schritt	Variable	r	r^2
1	Alter	0,469	0,220
2	Farmer	0,502	0,252
3	Geschlecht	0,521	0,271
4	Art der Mundhygiene	0,532	0,283
5	Kauen von Qat	0,537	0,288

Tabelle 10.36: Schrittweise aufgenommene Variablen

Diese und nur diese Variablen haben also einen relevanten (signifikanten) Einfluss auf die
Zahngesundheit; die Reihenfolge der Aufnahme legt in etwa deren Wichtigkeit fest. Die
Größe r bezeichnet man als multiplen Korrelationskoeffizienten und r^2 als Bestimmtheitsmaß. Dieses sagt aus, wie viel Prozent der Varianz der Zielvariablen durch die betreffenden Einflussvariablen erklärt wird. Mit 28,8 Prozent Varianzaufklärung nach der
Aufnahme der fünf relevanten Einflussgrößen ergibt sich im gegebenen Beispiel sicherlich ein recht unbefriedigender Wert.

Die sich ergebenden Regressionskoeffizienten b_i und die Konstante a sind neben einigen
weiteren Angaben in Tabelle 10.37 enthalten.

Variable	b	s	$Beta$	t	p
Alter	0,027	0,003	0,369	10,632	$< 0,001$
Farmer	−0,452	0,084	−0,169	5,406	$< 0,001$
Geschlecht	−0,122	0,047	−0,090	2,590	0,010
Art der Mundhygiene	0,196	0,054	0,113	3,618	$< 0,001$
Kauen von Qat	−0,124	0,053	−0,088	2,347	0,019
Konstante (a)	1,381	0,223		6,184	$< 0,001$

Tabelle 10.37: Ergebnisse der multiplen Regressionsanalyse

Unter s ist der Standardfehler der Regressionskoeffizienten bzw. der Konstanten aufgeführt; Division durch s ergibt die Prüfgröße t zur Überprüfung des betreffenden Koeffizienten auf Signifikanz.

Um zu beurteilen, welche Einflussvariablen die größte Bedeutung haben, sind die Regressionskoeffizienten zunächst nicht geeignet, da die zugehörigen Variablen verschieden große Wertebereiche abdecken. Daher hat man mit den Beta-Koeffizienten auf den
jeweiligen Wertebereich standardisierte Regressionskoeffizienten geschaffen, die nach
ihrer absoluten Größe eine Beurteilung der unabhängigen Variablen hinsichtlich der
Stärke ihres Einflusses auf die Zielvariable erlauben. Danach hat das Alter den größten
Einfluss auf die Zahngesundheit, gefolgt in dieser Reihenfolge von dem Umstand, ob jemand Farmer ist oder nicht, der Art der Mundhygiene, dem Geschlecht und dem Kauen
von Qat.

Die Richtung des Einflusses kann unter Beachtung der jeweiligen Codierung dem Vorzeichen des Regressionskoeffizienten entnommen werden. Dies wurde bereits eingangs
anhand des Korrelationskoeffizienten diskutiert, wobei sich an den Gegebenheiten nichts
geändert hat.

Die Regressionskoeffizienten können zusammen mit der Konstanten dazu verwendet
werden, im Einzelfall den Wert der abhängigen Variablen, hier also des CPITN-Wertes,
vorherzusagen.

Anhand der Regressionsgleichung gilt für einen männlichen 43-jährigen Farmer, der
zur Mundhygiene die Wurzel benutzt und kein Qat kaut, unter Berücksichtigung der
Codierungen

$$\begin{aligned} CPITN &= 0{,}027 \cdot 43 - 0{,}452 \cdot 1 - 0{,}122 \cdot 1 + 0{,}196 \cdot 2 - 0{,}124 \cdot 2 + 1{,}381 \\ &= 2{,}11 \end{aligned}$$

Der tatsächlich festgestellte Wert für den betreffenden Probanden ist 2,00.

Die Voraussetzung für die Gültigkeit der Analyse ist, dass sich die Residuen zwischen
den beobachteten und vorhergesagten Werten normal verteilen. Dies kann zum Beispiel
mit SPSS überprüft werden und ist in der gegebenen Studie der Fall.

10.2.4   Logistische Regression

Die logistische Regression unterscheidet sich von der multiplen linearen Regression dadurch, dass die Zielvariable nicht intervallskaliert, sondern dichotom ist. Damit ist die
Testsituation die gleiche wie bei der Diskriminanzanalyse, so dass beide Verfahren natürlich auch ähnliche Ergebnisse erbringen.

Da die Zielvariable nur zwei Ausprägungen hat, wird bei der logistischen Regression mit
Hilfe der Regressionsgleichung nicht der Wert der Zielvariablen selbst vorhergesagt,
sondern die Wahrscheinlichkeiten für das Auftreten der beiden Kategorien.

Diese beiden Wahrscheinlichkeiten addieren sich naturgemäß zu 1, so dass es genügt, die
Wahrscheinlichkeit für das Auftreten einer der beiden Kategorien der Zielvariablen zu
ermitteln. Beim Programmsystem SPSS zum Beispiel wird stets die Wahrscheinlichkeit
für die jeweils höhere der beiden Codierungen ermittelt.

Wie bei der multiplen linearen Regression auch, werden bei der logistischen Regression beim Vorliegen von n unabhängigen Variablen $x_1, \ldots, x_n$ die Regressionskoeffizienten $b_1, \ldots, b_n$ und eine Konstante so geschätzt, dass sie in eine Regressionsgleichung eingesetzt werden können:

$$z = b_1 \cdot x_1 + b_2 \cdot x_2 + \cdots + b_n \cdot x_n + a$$

Die Wahrscheinlichkeit für das Eintreffen der höher codierten Kategorie der dichotomen Zielvariablen berechnet sich hieraus zu

$$p = \frac{1}{1 + e^{-z}}$$

Dies wird am besten wieder an einem Beispiel erläutert, und zwar wollen wir das Beispiel des diagnostischen Tests zur Erkennung des Harnblasenkarzinoms aufgreifen, das bereits der Diskriminanzanalyse zugrunde lag. Neben dem dort vorgestellten Test der T-Zelltypisierung soll aber noch ein weiterer Test einfließen, nämlich der LAI-Test mit den beiden Ergebnissen „positiv" und „negativ". Die Ergebnisse von 24 Kranken (k) und 21 Gesunden (g) sind in Tabelle 10.38 enthalten, wobei die Ergebnisse des LAI-Tests mit p (positiv) bzw. n (negativ) bezeichnet sind.

k	48,5	p	k	62,0	p	k	65,0	p	k	71,0	p	g	73,0	n
k	55,5	p	k	62,0	p	k	66,5	n	k	71,0	p	k	73,5	p
k	57,5	p	k	62,5	p	k	66,5	n	k	71,0	p	g	73,5	n
k	58,5	p	g	62,5	n	k	66,5	p	g	71,0	p	g	74,0	n
k	61,0	p	k	63,0	p	k	68,5	p	g	71,5	p	g	75,0	n
g	61,1	p	k	63,5	p	k	69,0	n	g	71,5	n	g	76,0	n
k	61,5	p	g	63,5	n	g	69,5	p	g	72,0	n	g	77,0	n
k	61,5	p	g	64,5	p	g	70,0	n	g	72,5	n	g	77,0	n
k	62,0	p	k	65,0	p	g	70,0	n	g	73,0	n	g	78,5	n

Tabelle 10.38: Beispiel zur logistischen Regression

Die Daten können in der Datei lai.dat betrachtet werden. Hier sind die Kranken mit 1 und die Gesunden mit 2 codiert, ferner die positiven Resultate des LAI-Tests mit 1 und die negativen Resultate mit 2.

Ebenso wie bei der linearen Regression, müssen die unabhängigen Variablen bei der logistischen Regression intervallskaliert (metrisch) sein; es können aber auch dichotome Variablen zugelassen werden. So kann mit dem Wert der T-Zelltypisierung und dem Ergebnis des LAI-Tests als Vorhersagevariablen (Einflussvariablen, unabhängige Variablen) und der Gruppenzugehörigkeit krank bzw. gesund (nicht krank) als abhängiger Variable (Zielvariable) eine logistische Regression gerechnet werden.

Die einzelnen Rechenschritte sollen hier nicht dargelegt werden. Das Computerprogramm SPSS zum Beispiel liefert die in Tabelle 10.39 dargestellten Ergebnisse.

Variable	b	s	Wald	p
T-Zelltypisierung	0,201	0,094	4,574	0,032
LAI-Test	2,205	0,877	6,324	0,012
Konstante (a)	−16,851	6,248	7,274	0,007

Tabelle 10.39: Ergebnisse der logistischen Regression

Dabei ist s der Standardfehler der Regressionskoeffizienten b bzw. der Konstanten a. Die mit „Wald" bezeichnete Größe ist die Wald-Statistik zur Überprüfung der betreffenden Koeffizienten auf Signifikanz; sie ist das Quadrat des Quotienten aus b und s und folgt einer Chiquadrat-Verteilung.

Die Wald-Statistik kann auch als Maß dafür benutzt werden, welche Vorhersagevariablen den stärksten Einfluss haben. Im gegebenen Beispiel ist der Einfluss des LAI-Testes also etwas stärker als der Einfluss der T-Zelltypisierung.

Dem Vorzeichen der Regressionskoeffizienten ist zu entnehmen, in welche Richtung der Einfluss geht. Dazu muss man einige Male „um die Ecke denken".

Nehmen wir als Beispiel die T-Zelltypisierung, so erhöht ein hoher positiver Wert nach der eingangs vorgestellten Regressionsgleichung den Wert von z. Ein hoher Wert von z wiederum verkleinert in der Formel

$$p = \frac{1}{1 + e^{-z}}$$

den Wert von e^{-z} und lässt den Wert des Nenners gegen 1 gehen. Damit wird p groß und liegt nahe bei 1, wobei in Erinnerung gerufen werden soll, dass p die vorhergesagte Wahrscheinlichkeit für die höhere der beiden Codierungen der Zielvariable ist, also die Vorhersagewahrscheinlichkeit für „gesund".

Hohe Werte der T-Zelltypisierung wirken demnach in Richtung „gesund", was nach Betrachtung der Daten stimmig ist. Ähnlich stimmig verhält es sich mit dem dichotomen LAI-Test: Die höhere der beiden Codierungen (negativ) wirkt ebenfalls in Richtung „gesund".

Wir wollen nun beispielhaft die Wahrscheinlichkeit dafür berechnen, dass ein Proband mit einem Wert 72 der T-Zelltypisierung und negativem LAI-Test gesund ist.

Die Werte, in die Regressionsgleichung für z eingesetzt, ergeben

$$z = 0{,}201 \cdot 72 + 2{,}205 \cdot 2 - 16.851 = 2{,}031$$

Damit wird

$$p = \frac{1}{1 + e^{-2{,}031}} = 0{,}884$$

Der Proband ist also mit einer Wahrscheinlichkeit von $p = 0{,}884$ gesund.

Auch bei der logistischen Regression bietet zum Beispiel das Computerprogramm SPSS ein schrittweises Vorgehen an. Dazu betrachten wir noch einmal das im Rahmen der multiplen linearen Regression vorgestellte Beispiel der zahnmedizinischen Studie im Yemen (Datei yemen.dat). Diesmal soll das Kauen von Qat (ja, nein) in Abhängigkeit vom Alter, dem Geschlecht (männlich, weiblich) und den vier dichotomisierten Berufsvariablen (jeweils ja, nein) untersucht werden. Eine schrittweise Analyse ergibt die in Tabelle 10.40 dargestellten Ergebnisse.

Variable	b	s	Wald	p
Alter	−0,064	0,014	21,991	< 0,001
Geschlecht	2,201	0,213	106,724	< 0,001
Student	−1,128	0,265	18,173	< 0,001
Soldat	2,414	0,782	9,534	0,002
Konstante (a)	−4,150	1,618	6,583	0,010

Tabelle 10.40: Ergebnisse der schrittweisen logistischen Regression

Unter Berücksichtigung der jeweiligen Codierungen besagen die Vorzeichen der einzelnen Regressionskoeffizienten, dass das Kauen von Qat mit steigendem Alter beliebter wird, dass Männer mehr Qat kauen als Frauen und dass bei Studenten Qat eher weniger beliebt und bei Soldaten eher mehr beliebt ist. Den deutlich größten Einfluss hat dabei das Geschlecht. Farmer und Arbeiter wurden bei der schrittweisen Analyse nicht berücksichtigt; sie liegen, was das Kauen von Qat angeht, sozusagen im Schnitt.

Wir wollen die Ergebnisse der Analyse dazu benutzen, um die Wahrscheinlichkeit dafür zu berechnen, dass eine 20-jährige Studentin Qat kaut. Zunächst berechnen wir

$$z = -0{,}064 \cdot 20 + 2{,}201 \cdot 2 - 1{,}128 \cdot 1 + 2{,}414 \cdot 2 - 4{,}150 = 2{,}672$$

Hieraus berechnet sich die Wahrscheinlichkeit dafür, dass eine 20-jährige Studentin *kein* Qat kaut, zu

$$p = \frac{1}{1 + e^{-2{,}672}} = 0{,}935$$

Die Wahrscheinlichkeit, dass eine 20-jährige Studentin Qat kaut, ist das Komplement zu 1, also 0,065 und damit sehr gering. Eine Auszählung in der Datei ergibt, dass in dieser 27 Studentinnen im Alter von zwanzig Jahren enthalten sind und 26 davon kein Qat kauen.

Für einen 40-jährigen Soldaten ergibt die Rechnung

$$z = -0{,}064 \cdot 40 + 2{,}201 \cdot 1 - 1{,}128 \cdot 2 + 2{,}414 \cdot 1 - 4{,}150 = -4{,}351$$
$$p = \frac{1}{1 + e^{4{,}351}} = 0{,}013$$

Die Wahrscheinlichkeit, dass ein 40-jähriger Soldat kaut, ist 0,987 und damit sehr hoch. Insgesamt sind in der Datei neun Soldaten im Alter von vierzig Jahren enthalten; alle kauen Qat.

Das Verfahren der logistischen Regression gewinnt zunehmend an Bedeutung auch im kommerziellen Bereich, zum Beispiel bei der Prüfung der Kreditwürdigkeit (Risiko hoch bzw. niedrig) von Bankkunden in Abhängigkeit von soziodemographischen Merkmalen, den Erfolgsaussichten von neuen Produkten (Gewinn bzw. Verlust) in Abhängigkeit von verschiedenen Kriterien oder der Auswahl von Außendienstmitarbeitern (Verkaufserfolg hoch bzw. niedrig) in Abhängigkeit von verschiedenen Persönlichkeitsmerkmalen.

10.2.5   Logit-loglineare Modelle

Logarithmisch-lineare (kurz: loglineare) Modelle behandeln im Allgemeinen die Frage, welche Beziehungen kategoriale Variablen (also nominal- und ordinalskalierte Variablen) untereinander aufweisen. Die häufigste Variante ist die, dass eine dichotome Variable als abhängig von den anderen betrachtet wird. In diesem Fall spricht man von logit-loglinearen Modellen.

Die Literatur über loglineare Modelle ist leider sehr ausgedünnt und bietet darüber hinaus meist nur schwer verdauliche Kost. Die Handbücher der gängigen Statistikpakete bilden hier keine Ausnahme, und auch die Deutung des Outputs dieser Programme bedarf einiger Zeit der Einarbeitung.

So soll in diesem Kapitel das Prinzip der loglinearen Modelle erläutert und ein Beispiel aus der Wahlforschung vorgestellt werden, zu dessen Durchrechnung die Prozedur LOGLINEAR des Programmsystems SPSS benutzt wurde.

⇒   Wir betrachten dazu die Datei wahl.dat, in der neben einer fortlaufenden Fallnummerierung der Reihe nach die in Tabelle 10.41 aufgeführten Variablen mit der dort angegebenen Codierung enthalten sind. In der Tabelle sind auch die betreffenden absoluten und prozentualen Häufigkeiten aufgeführt.

Es wurden nur solche Befragte in die Datei aufgenommen, deren Parteipräferenz eine der beiden großen Parteien ist. Mit Hilfe eines logit-loglinearen Modells soll der Einfluss der Variablen Geschlecht, Schulbildung, Gemeindegröße und Alter auf die dichotome Zielvariable Parteipräferenz untersucht werden.

Dabei könnte man so vorgehen, dass man die Abhängigkeit der Parteipräferenz von den anderen Variablen mit Hilfe einzelner Kreuztabellen feststellt, wobei zur Signifikanzüberprüfung anschließend jeweils ein Chiquadrat-Test ausgeführt werden kann. Der Vorteil eines logit-loglinearen Modells besteht gegenüber diesem Vorgehen darin, dass gegebenenfalls vorhandene Wechselwirkungen zwischen den Einflussgrößen berücksichtigt werden und anhand passender Koeffizienten eine Reihenfolge dieser Variablen bezüglich ihres Einflusses festgelegt werden kann.

Genauer gesagt ist es so, dass bei einem logit-loglinearen Modell der natürliche Logarithmus des Häufigkeitsverhältnisses der beiden Kategorien der abhängigen Variablen (Zielvariablen) unter einer vorgegebenen Kategorienkonstellation der unabhängigen Variablen (Einflussvariablen) vorhergesagt wird, und zwar als Summe passend ausgewählter Koeffizienten.

Variable	Kategorie	Häufigkeit	Prozent
Geschlecht	männlich	539	47,8 %
	weiblich	589	52,2 %
Schulbildung	ohne Abitur	922	81,7 %
	mit Abitur	206	18,3 %
Parteipräferenz	CDU/CSU	541	48,0 %
	SPD	587	52,0 %
Gemeindegröße	bis 20 000 Einwohner	483	42,8 %
	bis 100 000 Einwohner	289	25,6 %
	über 100 000 Einwohner	356	31,6 %
Alter	bis 50 Jahre	465	41,2 %
	über 50 Jahre	663	58,8 %

Tabelle 10.41: Variablen für ein logit-loglineares Modell

Um dies zu erläutern, soll zunächst eine logit-loglineare Analyse mit der Parteipräferenz als Zielvariable und dem Alter als einziger Einflussvariable gerechnet werden. In der Praxis ist dies natürlich sinnlos, da in diesem Fall die Beziehungen auch mit Hilfe einer Kreuztabelle aufgedeckt werden können. Eine solche Kreuztabelle zwischen der Parteipräferenz als Zeilenvariable und dem Alter als Spaltenvariable liefert das in Tabelle 10.42 dargestellte Ergebnis.

	bis 50 Jahre	über 50 Jahre
CDU/CSU	186	355
	223,0	318,0
SPD	279	308
	142,0	345,0

Tabelle 10.42: Pareteipräferenz und Alter

Die Vierfeldertafel enthält die beobachteten und erwarteten Häufigkeiten (siehe Kap. 8.4.1); der Chiquadrat-Test liefert ein höchst signifikantes Ergebnis. Die CDU/CSU wird also mehr von älteren, die SPD mehr von jüngeren Wählern präferiert.

Die Tatsache der Signifikanz kann man auch so deuten, dass zwischen den beiden Variablen Parteipräferenz und Alter eine Wechselwirkung besteht. Bestünde keine solche Wechselwirkung, wären beobachtete und erwartete Häufigkeiten gleich. Könnte man also genauere Informationen über die Wechselwirkungen in die Berechnung der erwarteten Häufigkeiten einfließen lassen, so könnten diese mit den beobachteten Häufigkeiten übereinstimmen.

So liegt den hierauf aufbauenden loglinearen Modellen die Überlegung zugrunde, dass die beobachteten Häufigkeiten zum einen von den *Haupteffekten*, zum anderen von den *Wechselwirkungseffekten* bestimmt werden. Die Haupteffekte sind dabei die Wirkungen der einzelnen Variablen, wenn sie unabhängig voneinander betrachtet werden.

Wie schon erwähnt, werden als Ergebnis der logit-loglinearen Analyse Koeffizienten geliefert (die wir mit λ bezeichnen wollen), mit deren Hilfe der natürliche Logarithmus des Häufigkeitsverhältnisses der beiden Kategorien der Zielvariable unter einer vorgegebenen Kategorienkonstellation der Einflussvariablen vorhergesagt werden können. Im gegebenen Beispiel bestimmt z. B. die Prozedur LOGLINEAR des Programmsystems SPSS die in Tabelle 10.43 aufgeführten Koeffizienten.

Effekt	λ	z	p
CDU/CSU	0,1418	1,82	0,069
SPD	0		
CDU/CSU * bis 50 Jahre	$-0,5464$	4,46	$< 0,001$
CDU/CSU * über 50 Jahre	0		
SPD * bis 50 Jahre	0		
SPD * über 50 Jahre	0		

Tabelle 10.43: λ-Koeffizienten

Die Koeffizienten sind blockweise redundant, so dass nur jeweils der erste Koeffizient berechnet und die anderen auf null gesetzt werden. Die Signifikanz wird über einen z-Wert geprüft (siehe die z-Tabelle).

Von entscheidendem Interesse sind die mit der Wechselwirkung verbundenen λ-Koeffizienten. Ohne zunächst ihre rechnerische Bedeutung zu kennen, kann positiven Koeffizienten entnommen werden, dass die beiden genannten Kategorien gleichsinnig wirken. Negative Koeffizienten wirken entsprechend gegensinnig, wie z. B. die Präferenz der CDU/CSU und ein Alter bis 50 Jahre.

Die Wechselwirkung zwischen Parteipräferenz und Alter ist höchst signifikant, wie der z-Wert gemäß der z-Tabelle ausweist.

Um die rechnerische Bedeutung der λ-Koeffizienten zu zeigen, soll das Verhältnis der CDU/CSU-Wähler zu den SPD-Wählern in der Altersgruppe der bis zu 50 Jahre alten Wähler berechnet werden. Ist m_1 die Anzahl der CDU/CSU-Wähler bei dieser Altersgruppe und m_2 die betreffende Anzahl der SPD-Wähler, so gilt nach der Theorie der logit-loglinearen Modelle

$$\ln \frac{m_1}{m_2} = \lambda_{\text{CDU/CSU}} + \lambda_{\text{CDU/CSU * bis 50 Jahre}}$$

Den natürlichen Logarithmus des Verhältnisses zwischen m_1 und m_2 nennt man einen *Logit*. Als Summanden auf der rechten Seite gehen zum einen der λ-Koeffizient ein, der sich auf die im Zähler des vorherzusagenden Verhältnisses angegebene Kategorie der Zielvariable bezieht (hier: CDU/CSU), zum anderen alle diejenigen λ-Koeffizienten, die sich auf die Wechselbeziehungen dieser Kategorie mit den ausgewählten Kategorien der Einflussvariablen (hier: Alter mit der Kategorie bis 50 Jahre) beziehen.

Mit den gegebenen λ-Koeffizienten ist

$$\ln \frac{m_1}{m_2} = 0{,}1418 - 0{,}5464 = -0{,}4046$$

Damit wird

$$\frac{m_1}{m_2} = \exp(-0{,}4046) = 0{,}667$$

Mit den tatsächlichen Werten $m_1 = 186$ und $m_2 = 279$ ergibt sich übereinstimmend

$$\frac{186}{279} = 0{,}667$$

Die entsprechende Berechnung für die Altersgruppe der über 50 Jahre alten Wähler liefert als Ergebnis

$$\ln \frac{m_1}{m_2} = 0{,}1418 + 0 = 0{,}1418$$

und damit

$$\frac{m_1}{m_2} = \exp(0{,}1418) = 1{,}152$$

Übereinstimmend ergibt sich mit den gegebenen Werten

$$\frac{355}{308} = 1{,}152$$

Das Ergebnis der logit-loglinearen Analyse, dass nämlich jüngere Wähler eher zur SPD, ältere eher zur CDU/CSU tendieren, hätten wir natürlich einfacher mit Hilfe einer Kreuztabelle und anschließendem Chiquadrat-Test haben können. Um Parteienstreit zu vermeiden, sei übrigens angemerkt, dass die Umfrage, auf die sich die vorliegenden Daten stützen, schon einige Jahre alt ist.

Der Vorteil der logit-loglinearen Analyse wird ersichtlich, wenn mehrere Einflussvariablen gleichzeitig betrachtet werden sollen. Daher wollen wir nun eine solche Analyse mit den Einflussvariablen Alter, Gemeindegröße, Geschlecht und Schulbildung durchführen. Die sich ergebenden λ-Koeffizienten sind in Tabelle 10.44 enthalten. Dabei sind nur die nicht-redundanten Koeffizienten aufgeführt und bei den Wechselwirkungen höherer Ordnung nur der eine Koeffizient, der sich als signifikant erwiesen hat.

Nach den einfachen Wechselwirkungen mit der Parteipräferenz zu urteilen, wird die CDU/CSU signifikant häufiger von älteren Bürgern und von Männern gewählt; schlechte Karten hat sie offenbar bei Gemeinden mittlerer Größe. Was die Schulbildung anbelangt,

Effekt	λ	z	p
CDU/CSU	−0,0691	1,56	0,119
CDU/CSU * Alter bis 50 Jahre	−0,1109	2,50	0,012 *
CDU/CSU * Gemeinde bis 20 000	0,1057	1,69	0,091
CDU/CSU * Gemeinde bis 100 000	−0,1598	2,37	0,018 *
CDU/CSU * männlich	0,0991	2,23	0,026 *
CDU/CSU * ohne Abitur	−0,0679	1,53	0,126
CDU/CSU * männlich * ohne Abitur	−0,1128	2,54	0,011 *

Tabelle 10.44: Signifikante λ-Koeffizienten

deutet der negative Koeffizient darauf hin, dass die Wähler der CDU/CSU eher solche mit Abitur sind. Dies ist aber nicht signifikant ($p = 0{,}126$).

Eine solche signifikante Abhängigkeit der Parteipräferenz von der Schulbildung ist aber bei den Männern gegeben, wie die zweifache Wechselwirkung der Parteipräferenz mit Geschlecht und Schulbildung ausweist. Der dort angegebene negative Koeffizient bedeutet im Umkehrschluss, dass bei den Männern Wähler mit Abitur eher der CDU/CSU zuneigen.

Der entscheidende Vorteil einer multivariaten Analyse wie einem logit-loglinearen Modell gegenüber der Erstellung einzelner Kreuztabellen wird vor allem bei der Beziehung zwischen der Parteipräferenz und dem Geschlecht deutlich. Eine Kreuztabelle zwischen Parteipräferenz und Geschlecht liefert nämlich das Ergebnis, dass bei den Männern 48,2 % die CDU/CSU wählen und bei den Frauen 47,7 %. So überrascht es zunächst, dass die logit-loglineare Analyse diesen Unterschied als signifikant bewertet.

Die Erklärung liegt in dem etwas unglücklichen Umstand begründet, dass sich bei der Erstellung einer Kreuztabelle zwischen Geschlecht und Alter herausstellt, dass bei den Männern der Stichprobe 46,9 % bis fünfzig Jahre alt sind, bei den Frauen aber nur deren 36,0 %. Zusammen mit der schon eingangs gefundenen Tatsache, dass die jüngere Wählergruppe eigentlich eher der SPD zuneigt, erhält das leichte Übergewicht der Männer hinsichtlich der Präferenz der CDU ein viel stärkeres Gewicht.

Legt man als Kriterium für die Rangfolge der Einflussvariablen hinsichtlich ihrer Wirkung auf die Zielvariable die λ-Koeffizienten fest, so hat den stärksten Einfluss eine mittlere Gemeindegröße, gefolgt von Alter, Geschlecht und Schulabschluss. Letzterer hat keinen signifikanten Einfluss.

Auch hier soll abschließend ein rechnerisches Beispiel folgen. Es soll das Verhältnis der CDU/CSU-Wähler zu den SPD-Wählern bei Männern der jüngeren Altersgruppe und ohne Abitur in Gemeinden unter 20 000 Einwohnern vorhergesagt werden. Zu diesem Zweck sind die in Tabelle 10.45 aufgeführten Koeffizienten zu addieren.

Effekt	λ
CDU/CSU	$-0{,}0691$
CDU/CSU * bis 50 Jahre	$-0{,}1109$
CDU/CSU * bis 20 000 Einwohner	$0{,}1057$
CDU/CSU * männlich	$0{,}0991$
CDU/CSU * ohne Abitur	$-0{,}0679$
CDU/CSU * männlich * ohne Abitur	$-0{,}1128$
Summe	$-0{,}1559$

Tabelle 10.45: Relevante λ-Koeffizienten

Bezeichnen wir wieder die Anzahl der CDU/CSU-Wähler mit m_1 und die Anzahl der SPD-Wähler mit m_2, so gilt demnach für die Vorhersage des Verhältnisses

$$\ln \frac{m_1}{m_2} = -0{,}1559$$

und damit

$$\frac{m_1}{m_2} = \exp(-0{,}1559) = 0{,}856$$

Tatsächlich sind in der Stichprobe in der beschriebenen Wählergruppe 30 CDU/CSU-Wähler und 44 SPD-Wähler enthalten, was einem Verhältnis von 0,682 entspricht. Die Diskrepanz zur Vorhersage liegt darin begründet, dass bei den Wechselwirkungen höherer Ordnung nur der eine signifikante λ-Koeffizient berücksichtigt und alle anderen weggelassen wurden. Diese haben sich zwar als nicht signifikant erwiesen, dennoch erbringen sie natürlich einen rechnerischen Beitrag.

Man spricht in diesem Zusammenhang von gesättigten (saturierten) und ungesättigten (unsaturierten) Modellen. Beim gesättigten Modell werden alle Wechselwirkungseffekte in die Analyse einbezogen, beim ungesättigten Modell nur ausgewählte Effekte; in der Regel werden dies die signifikanten oder fast signifikanten Effekte sein. Üblich ist es, zunächst ein gesättigtes Modell und dann je nach dessen Ergebnis mit entsprechend ausgewählten Effekten ein ungesättigtes Modell zu rechnen.

Im gegebenen Beispiel sind alle Einflussvariablen entweder ordinalskaliert oder nominalskaliert, aber dichotom (Geschlecht), so dass anstelle einer logit-loglinearen Analyse eventuell auch eine logarithmische Regression gerechnet werden kann. Spätestens dann, wenn unter den Einflussvariablen nominalskalierte Variablen mit mehr als zwei Kategorien enthalten sind, ist die logit-loglineare Analyse zu verwenden.

In den meisten Fällen wird eine der Variablen, die in einem loglinearen Modell verwendet werden, als abhängig von den anderen zu betrachten sein und daher als Zielvariable deklariert werden. In den anderen Fällen, in denen also eine Zielvariable nicht angebbar ist, werden so genannte *allgemeine loglineare Modelle* gerechnet.

Beispiele zu allgemeinen loglinearen Modellen und zu logit-loglinearen Modellen nebst weiteren Erläuterungen und das Rechnen solcher Modelle mit dem Programmsystem SPSS sind dargestellt in dem Buch „SPSS. Methoden für die Markt- und Meinungsforschung" (siehe Literaturverzeichnis).

Die loglinearen Modelle sind eine moderne statistische Methode, wobei es entsprechende Literatur etwa seit Mitte der siebziger Jahre gibt. Sie haben inzwischen Eingang in alle größeren Statistikprogrammsysteme gefunden.

11 Reliabilitätsanalyse

Die Reliabilitätsanalyse (auch: Itemanalyse, Aufgabenanalyse) hat ihr Anwendungsgebiet in der Psychologie und Psychiatrie und beschäftigt sich mit der Zusammenstellung von einzelnen Items (Fragen, Aufgaben) zu einem Test. Sie prüft nach verschiedenen Kriterien, welche Items sich für den Gesamttest als brauchbar und welche als unbrauchbar erweisen.

Zu diesem Zweck bietet man bei einer Stichprobe von Probanden eine Testvorform mit allen erdachten Items an und führt dann eine Reliabilitätsanalyse durch. Anhand der Ergebnisse dieser Analyse scheidet man unbrauchbare Aufgaben aus und stellt die übrig bleibenden zur Testendform zusammen.

Dabei wird hier „Test" nicht als statistisches Prüfverfahren verstanden, sondern als ein Verfahren zur Untersuchung eines Persönlichkeitsmerkmals. Lienert definiert in seinem grundlegenden Buch „Testaufbau und Testanalyse" wie folgt: „Ein Test ist ein wissenschaftliches Routineverfahren zur Untersuchung eines oder mehrerer abgrenzbarer Persönlichkeitsmerkmale mit dem Ziel einer möglichst quantitativen Aussage über den relativen Grad der individuellen Merkmalsausprägung." Die Tests werden dabei unterteilt in Intelligenztests, Leistungstests und Persönlichkeitstests.

Die einzelnen Testaufgaben kann man dabei in zwei Kategorien einteilen:

- Aufgaben, bei denen genau eine Antwort richtig, die anderen falsch sind (in der Regel Richtig-Falsch-Aufgaben mit zwei Antwortkategorien)

- Stufen-Antwort-Aufgaben

Zu jeder dieser beiden Aufgabenarten soll die Reliabilitätsanalyse im Folgenden anhand eines Beispiels erläutert werden.

11.1 Richtig-Falsch-Aufgaben

⇒ Es soll ein Test entwickelt werden, der die Probanden danach beurteilt, inwieweit sie zu „zielgerichtetem Handeln" in der Lage sind. Dazu hat sich jemand die folgenden Fragen ausgedacht, die jeweils mit „stimmt" oder „stimmt nicht" beantwortet werden sollen.

1. Ich besitze die Kraft und die Fähigkeit, mein Leben zu meistern.

2. Wenn etwas Unangenehmes auf mich zukommt, versuche ich mich schnell zu-rückzuziehen.

3. Manchmal fühle ich mich wie in einer Sackgasse, in der es nicht mehr weitergeht.

4. Ich verbringe mehr Zeit damit, mich auf das Leben vorzubereiten, als es tatsäch-lich zu leben.

5. Ich habe stets Angst davor, mich zu blamieren.

6. Hinsichtlich meines Lebenszieles fühle ich mich sicher und entschlossen.

7. Im Großen und Ganzen bin ich der Welt gegenüber positiv eingestellt.

8. Ich habe ein festes Lebensziel, das sich anzustreben lohnt.

9. Ich habe ständig das Gefühl der Freudlosigkeit.

10. Ich würde mich als einen ehrgeizigen Menschen bezeichnen.

11. Ich habe eine große Ausdauer, wenn es gilt, ein gestecktes Ziel zu erreichen.

12. Mein Blick in die Zukunft wird mehr von Ängsten, Wünschen und Hoffnungen bestimmt als von Tatsachen.

13. Mit den Aussichten, die mir das Leben bietet, bin ich durchaus zufrieden.

14. Gewöhnlich kann ich genügend Selbstbeherrschung aufbringen, die angestrebten Ziele zu erreichen.

15. Ständig verlangten mir meine Eltern große Leistungen ab.

16. Ich weiß wirklich nicht, ob ich diese unsere Welt bejahen oder ablehnen soll.

17. Oft habe ich ein Gefühl der Gleichgültigkeit, obwohl doch alles in bester Ordnung ist.

18. Manchmal erledige ich mehr, als man von mir verlangt.

Mit allen diesen Items soll herausgefunden werden, inwieweit ein Proband in der Lage ist, zielgerichtet zu handeln. Dabei soll für jede „richtige" Antwort ein Punkt vergeben werden, so dass der Gesamttest einen Score (Gesamtpunktwert) liefert, der theoretisch zwischen 0 (keine einzige richtige Antwort) bis 18 (alle Antworten richtig) liegen kann.

Dabei ist eine „richtige" Antwort nicht unbedingt eine „stimmt"-Antwort. Eine richtige Antwort ist vielmehr eine solche, die im Sinne des untersuchten Persönlichkeitsmerk-mals gegeben wurde. Beim ersten Item ist dies die Antwort „stimmt", beim zweiten Item ist es aber offensichtlich die Antwort „stimmt nicht". Diese „Polung" der einzelnen Items ist Tabelle 11.1 zu entnehmen.

Item	Richtigantwort
1	stimmt
2	stimmt nicht
3	stimmt nicht
4	stimmt nicht
5	stimmt nicht
6	stimmt
7	stimmt
8	stimmt
9	stimmt nicht
10	stimmt
11	stimmt
12	stimmt nicht
13	stimmt
14	stimmt
15	stimmt
16	stimmt nicht
17	stimmt nicht
18	stimmt

Tabelle 11.1: Polung der Items

Ein solcher Wechsel in der Polung ist durchaus empfehlenswert. Bei Anwendung eines Computerprogramms wie z. B. SPSS, das bei der Reliabilitätsanalyse den Gesamtpunkt-wert automatisch berechnet, sind vor Durchführung dieser Analyse die anders gepolten Items entsprechend umzucodieren.

Die mit diesen 18 Items konzipierte Testvorform wurde einem Kollektiv von 152 Pro-banden vorgelegt. Die Antworten auf die einzelnen Items wurden mit 0 (stimmt nicht) und 1 (stimmt) vercodet und in der Datei ziel.dat gespeichert. Die Werte der ersten zehn Probanden seien im Folgenden aufgeführt.

```
 1 111111110111110111
 2 100000110110110011
 3 110111110110111111
 4 100101110010111101
 5 011000111110010111
 6 011111101111110011
 7 100001110110110001
 8 011110100111001011
 9 011110101111001111
10 011110011101111111
```

Den Gesamtpunktwert jedes Probanden erhalten Sie, indem Sie auszählen, wie viele
Richtig-Antworten er (unter Berücksichtigung der Aufgabenpolung) gegeben hat. Die
Gesamtpunktwerte der ersten fünf Probanden sind in Tabelle 11.2 wiedergegeben.

Proband	Gesamtpunktwert
1	10
2	15
3	13
4	15
5	9

Tabelle 11.2: Gesamtpunktwerte

Zielgerichtetes Handeln ist also bei den Probanden 2 und 4 besonders stark ausgeprägt,
weniger stark bei Proband 5.

Im Folgenden sollen die Begriffe erläutert werden, welche die Brauchbarkeit der einzelnen Items und die *Reliabilität* des Gesamttests beschreiben. Zur Beurteilung der einzelnen Items dienen dabei vor allem der *Schwierigkeitsindex* und der *Trennschärfenkoeffizient*.

11.1.1   Schwierigkeitsindex

Das einfachste Kriterium zur Beurteilung, ob ein Item brauchbar ist oder nicht, ist der
prozentuale Anteil der Richtig-Antworten. Haben alle Probanden „richtig" geantwortet,
ist das Item schließlich ebenso unbrauchbar, wie wenn kein Proband „richtig" geantwortet hätte. Daher sollten Items mit sehr vielen bzw. mit sehr wenigen Richtig-Antworten
ausgeschieden werden.

Ist n die Anzahl der Probanden, m die Anzahl der Items und R_j die Anzahl der Richtig-
Antworten des j-ten Items, so berechnet sich der Schwierigkeitsindex P_j des j-ten Items
zu

$$P_j = \frac{R_j}{n} \cdot 100 \qquad\qquad j = 1, \ldots, m$$

Die Anzahlen der richtigen und falschen Antworten und der Schwierigkeitsindex sind
für jedes Item in Tabelle 11.3 aufgeführt.

Den höchsten Schwierigkeitsindex hat Item 18. Es wurde von 75,0 % der Probanden mit
„richtig" beantwortet. Auf diesen paradoxen Zustand, dass ein Item mit hohem Schwierigkeitsindex leicht zu beantworten ist, sei hingewiesen.

Es wird empfohlen, Items mit einem Schwierigkeitsindex kleiner als 20 % oder größer als
80 % zu eliminieren. Solche Schwierigkeitsindexe kommen aber im gegebenen Beispiel
nicht vor.

Item	richtige Antworten	falsche Antworten	Schwierigkeitsindex
1	59	93	38,8 %
2	70	82	46,1 %
3	44	108	28,9 %
4	75	77	49,3 %
5	53	99	34,9 %
6	81	71	53,3 %
7	111	41	73,0 %
8	113	39	74,3 %
9	106	46	69,7 %
10	73	79	48,0 %
11	91	61	59,9 %
12	55	97	36,2 %
13	80	72	52,6 %
14	104	48	68,4 %
15	51	101	33,6 %
16	86	66	56,6 %
17	58	94	38,2 %
18	114	38	75,0 %

Tabelle 11.3: Schwierigkeitsindexe

11.1.2 Trennschärfenkoeffizient

Der Trennschärfenkoeffizient als wichtigstes Kriterium zur Beurteilung der Brauchbarkeit eines Items gibt an, wie gut das betreffende Item zwischen „guten" und „schlechten" Probanden trennt; er ist die Korrelation zwischen der Aufgabenantwort (richtig bzw. falsch) und dem Gesamtpunktwert. Im Falle von Richtig-Falsch-Aufgaben bietet sich hierfür die punktbiseriale Korrelation an (siehe Kap. 8.2.6). Ferner wird empfohlen, bei der Berechnung des Trennschärfenkoeffizienten eines Items dieses Item bei der Bestimmung des Gesamtpunktwertes jeweils auszulassen; so wird das betreffende Item jeweils mit dem Gesamttest ohne dieses Item korreliert.

Der Trennschärfenkoeffizient eines Items ist danach definiert durch

$$T = \frac{\bar{x}_r - \bar{x}_f}{n \cdot s} \cdot \sqrt{n_r \cdot n_f}$$

Seine Signifikanzüberprüfung erfolgt über die t-verteilte Prüfgröße

$$t = |T| \cdot \sqrt{\frac{n_r + n_f - 2}{1 - T^2}}$$

bei $df = n_r + n_f - 2$ Freiheitsgraden. Dabei ist n_r die Anzahl der Richtig-Antworten des Items, n_f die Anzahl der Falsch-Antworten. $\bar{x}_r$ ist der Mittelwert des Gesamtpunktwertes für diejenigen Probanden, die eine Richtig-Antwort gegeben haben, $\bar{x}_f$ der Mittelwert des Gesamtpunktwertes für diejenigen Probanden, die eine Falsch-Antwort gegeben haben. Ferner ist s die Standardabweichung des Gesamtpunktwertes über alle Probanden. Es sei noch einmal darauf hingewiesen, dass bei der Bestimmung des Gesamtpunktwertes das betreffende Item ausgelassen werden sollte.

Zum Beispiel ergibt sich für das erste Item

$$n_r = 59 \qquad n_f = 93 \qquad \bar{x}_r = 11{,}729 \qquad \bar{x}_f = 7{,}237 \qquad s = 4{,}239$$

Damit wird

$$T = \frac{11{,}729 - 7{,}237}{(59 + 93) \cdot 4{,}239} \cdot \sqrt{59 \cdot 93} = 0{,}516$$

Die Signifikanzüberprüfung ergibt

$$t = 0{,}516 \cdot \sqrt{\frac{59 + 93 - 2}{1 - 0{,}516^2}} = 7{,}378$$

Dies ist, wie die t-Tabelle ausweist, bei $df = 59 + 93 - 2 = 150$ Freiheitsgraden ein höchst signifikanter Wert.

Die Trennschärfenkoeffizienten aller Items sind in Tabelle 11.4 enthalten. Mit Ausnahme von Item 15 sind alle Trennschärfenkoeffizienten sehr bzw. höchst signifikant.

Das Item 15 („Ständig verlangten mir meine Eltern große Leistungen ab") ist überhaupt nicht trennscharf und muss unbedingt eliminiert werden. Auch Item 18 fällt in der Trennschärfe erheblich ab und sollte ebenso ausgeschlossen werden.

Trennschärfenkoeffizient und Schwierigkeitsindex sind nicht unabhängig voneinander. Trägt man in einem Streudiagramm die Trennschärfe in Abhängigkeit vom Schwierigkeitsindex auf, so erkennt man einen parabelförmigen Zusammenhang. Die Trennschärfe ist für mittlere Schwierigkeitsindexe am größten, während sie für niedrige und hohe Schwierigkeitsindexe abfällt. Im gegebenen Beispiel haben die Items 8 und 18 die höchsten Schwierigkeitsindexe und, wenn man vom völlig daneben liegenden Item 15 absieht, gleichzeitig die niedrigsten Trennschärfen.

11.1.3   Itemstreuungen und Selektionskennwerte

Die Streuungen der einzelnen Items können nach der üblichen Formel der Standardabweichung berechnet werden (siehe Kap. 3.3.1), wobei als Messwerte nur 0 und 1 auftreten. Sie können bei dichotomen Richtig-Falsch-Aufgaben aber auch unmittelbar aus den Schwierigkeitsindexen P_j bestimmt werden:

$$s_j = \sqrt{\frac{P_j}{100} \cdot \left(1 - \frac{P_j}{100}\right)} \qquad\qquad j = 1, \ldots, m$$

Item	Trennschärfenkoeffizient
1	0,516
2	0,553
3	0,438
4	0,432
5	0,459
6	0,515
7	0,453
8	0,320
9	0,543
10	0,384
11	0,611
12	0,626
13	0,483
14	0,601
15	−0,011
16	0,373
17	0,374
18	0,251

Tabelle 11.4: Trennschärfenkoeffizienten

Für das erste Item ergibt sich damit

$$s_1 = \sqrt{0{,}388 \cdot (1 - 0{,}388)} = 0{,}487$$

Die größte Streuung besteht bei einem Schwierigkeitsindex von 50 %; sie hat dann den Wert 0,5.

Zusammen mit der Trennschärfe kann man die Itemstreuung zu einem so genannten Selektionskennwert verrechnen:

$$S_j = \frac{T_j}{2 \cdot s_j} \qquad j = 1, \ldots, m$$

Für das erste Item wird

$$S_1 = \frac{0{,}516}{2 * 0{,}487} = 0{,}529$$

Die Streuungen und Selektionskennwerte aller Items sind in Tabelle 11.5 enthalten.

Item	Streuung	Selektionskennwert
1	0,487	0,529
2	0,498	0,555
3	0,453	0,483
4	0,500	0,432
5	0,477	0,481
6	0,499	0,516
7	0,444	0,510
8	0,437	0,366
9	0,460	0,591
10	0,500	0,384
11	0,490	0,623
12	0,481	0,651
13	0,499	0,484
14	0,465	0,646
15	0,472	−0,012
16	0,496	0,376
17	0,486	0,385
18	0,433	0,290

Tabelle 11.5: Streuungen und Selektionskennwerte

Die Items mit den kleinsten Selektionskennwerten sind gegebenenfalls zu eliminieren, hier also Item 15 und eventuell Item 18.

11.1.4   Reliabilität und Validität des Gesamttests

Folgt man der Definition von Lienert, so versteht man unter der *Reliabilität* eines Tests den Grad der Genauigkeit, mit dem er ein bestimmtes Persönlichkeits- oder Verhaltensmerkmal misst, gleichgültig, ob er dieses Merkmal auch zu messen beansprucht.

Letzteres ist eine Sache der *Validität*. Diese gibt den Grad der Genauigkeit an, mit dem der Test dasjenige Persönlichkeits- oder Verhaltensmerkmal, das er messen soll oder zu messen vorgibt, auch tatsächlich misst.

Die Reliabilität wird über den *Reliabilitätskoeffizienten* gemessen, dessen Wert zwischen 0 und 1 liegt und zu dessen Bestimmung es mehrere Ansätze gibt.

Bei der *Retest-Reliabilität* wird ein und derselbe Test einer Stichprobe zweimal vorgelegt. Der Reliabilitätskoeffizient ist dann die Korrelation zwischen den beiden Testergebnissen

(Gesamtpunktwerten). Diese Methode ist nicht sonderlich empfehlenswert, da insbesondere bei einem zu kurzen Zeitraum zwischen den beiden Testdarbietungen die gegebenen Antworten noch erinnert werden können und daher die Reliabilität zu hoch ausfällt. Mit der zweimaligen Darbietung des Tests ist auch ein erheblicher Mehraufwand verbunden.

Mit einer einmaligen Testdarbietung kommt die *Split-half-Methode* aus. Die Menge der Items wird in zwei Hälften geteilt, wobei es hierzu wiederum mehrere Vorschläge gibt. Zum Beispiel kann die erste Hälfte der Items der zweiten Hälfte so gegenübergestellt werden, dass aus beiden Hälften ein Gesamtpunktwert bestimmt und dann diese beiden Gesamtpunktwerte miteinander korreliert werden. Hierfür bietet sich der Rangkorrelationskoeffizient nach Spearman an (siehe Kap. 8.2.2), der im gegebenen Beispiel den Wert 0,669 hat. Auch diese Methode ist nicht recht befriedigend, weil sich je nach Halbierungsverfahren andere Koeffizienten ergeben.

Üblich ist ein Koeffizient, der als *Cronbachs Alpha* bezeichnet wird und der sich aus den Itemstreuungen s_j und der Streuung s des Gesamtpunktwertes berechnet:

$$\alpha = \frac{m}{m-1} \cdot \left(1 - \frac{\sum\limits_{j=1}^{m} s_j^2}{s^2} \right)$$

Hohe Itemstreuungen wirken nach dieser Formel zu Lasten und eine hohe Gesamtpunktwertstreuung zu Gunsten des Reliabilitätskoeffizienten. Im gegebenen Beispiel wird

$$\alpha = \frac{18}{18-1} \cdot \left(1 - \frac{4,095}{4,512^2} \right) = 0,846$$

Dies ist ein guter Wert, der noch verbessert wird, wenn aus der durchgeführten Reliabilitätsanalyse die richtige Konsequenz gezogen und die beiden Items 15 und 18 eliminiert werden. Die Testendform besteht dann aus sechzehn Items; für den Reliabilitätskoeffizienten ergibt sich dann der Wert $\alpha = 0,859$.

Die Validität kann nur bestimmt werden, wenn ein entsprechendes Außenkriterium vorliegt. Dieses ist eine schon vorliegende, als gültig anerkannte Beurteilung hinsichtlich des untersuchten Persönlichkeitsmerkmals. Fehlt ein solches Außenkriterium,was in vielen Fällen so sein wird, kann die Validität nicht bestimmt werden.

11.2   Stufen-Antwort-Aufgaben

⇒   Bei dieser Aufgabenart werden nicht Richtig-Falsch-Antworten gegeben, sondern Antworten, die eine bestimmte Gradausprägung angeben. So werden zum Beispiel im „Trierer Persönlichkeitsfragebogen" anhand von insgesamt 120 Items neun Persönlichkeitsmerkmale abgefragt, unter ihnen zwölf Items zum Merkmal „Selbstwertgefühl". Diese sind codiert mit 1 = nie, 2 = manchmal, 3 = oft und 4 = immer und im Folgenden aufgeführt.

1. Ich bin davon überzeugt, dass man mich sehr mögen kann.

2. Ich bin unbeschwert und gut aufgelegt.

3. Ich finde mich sehr sympathisch.

4. Ich bin wunschlos glücklich und in völligem Einklang mit mir und meiner Umwelt.

5. Ich bin unbekümmert und sorglos.

6. Ich bin ein ruhiger, ausgeglichener Mensch.

7. Ich bin offen für Kritik an meiner Person.

8. Wenn etwas schief gelaufen ist, sage ich mir, das wird sich mit der Zeit schon wieder einrenken.

9. Ich bin stolz auf meinen Körper.

10. Meine Art kommt bei anderen gut an.

11. Ich habe das Gefühl, dass die meisten Menschen mich gerne mögen.

12. Wenn mich irgendetwas vorübergehend innerlich erregt oder aus dem Gleichgewicht gebracht hat, werde ich schneller damit fertig als andere.

Die Items sind alle gleich gepolt, so dass der Gesamtpunktwert einfach als Summe der Codierungen bestimmt werden kann und eine vorherige Umpolung einzelner Items nicht notwendig ist.

Es gelten die gleichen Begriffe wie bei den Richtig-Falsch-Aufgaben (siehe Kap. 11.1). Etwas geändert haben sich die Berechnungsarten.

Die an 117 Probanden erhobenen Daten des Beispiels sind in der Datei tpf.dat enthalten, deren erste zehn Zeilen im Folgenden aufgelistet sind.

```
 1 222221221222
 2 231223212231
 3 322211322221
 4 232322322222
 5 434213421232
 6 324112333331
 7 222312322322
 8 334223324232
 9 433211442211
10 223222332322
```

Da es eine genau definierte Richtig-Antwort nicht mehr gibt, ist für den *Schwierigkeitsindex* eine modifizierte Formel zu verwenden:

$$P_j = \frac{\bar{x}_j - x_{\min}}{x_{\max} - x_{\min}} \cdot 100 \qquad\qquad j = 1, \ldots, m$$

Dabei sind die $\bar{x}_j$ die Mittelwerte der m Items über die n Probanden. x_{min} und x_{max} bezeichnen die kleinste bzw. größte Item-Codierung (hier 1 bzw. 4).

Zum Beispiel ist für das erste Item $\bar{x}_1 = 2{,}735$; damit wird sein Schwierigkeitsindex

$$P_1 = \frac{2{,}275 - 1}{4 - 1} \cdot 100 = 57{,}8\,\%$$

Als *Trennschärfenkoeffizient* bietet sich die Rangkorrelation nach Spearman zwischen dem betreffenden Item-Wert und dem Gesamtpunktwert an (siehe Kap. 8.2.2). Hier ist bei der Bestimmung des Gesamtpunktwertes das betreffende Item wieder auszulassen.

Die *Itemstreuungen* werden nach der üblichen Formel für die Standardabweichung berechnet (siehe Kap. 3.3.1); zusammen mit den Trennschärfekoeffizienten können auch hier die *Selektionskennwerte* bestimmt werden.

Für jedes Item sind in Tabelle 11.6 die Mittelwerte, Schwierigkeitsindexe, Trennschärfen, Streuungen und Selektionskennwerte aufgeführt.

Item	Mittelwert	Schwierigkeits-index	Trennschärfe	Streuung	Selektions-kennwert
1	2,735	57,8 %	0,445	0,635	0,350
2	2,795	59,8 %	0,511	0,534	0,478
3	2,547	51,6 %	0,385	0,737	0,261
4	2,316	43,9 %	0,388	0,739	0,263
5	2,162	38,7 %	0,469	0,682	0,344
6	2,573	52,4 %	0,383	0,769	0,249
7	2,803	60,1 %	0,186	0,757	0,123
8	2,282	42,7 %	0,075	0,680	0,055
9	2,205	40,2 %	0,309	0,836	0,185
10	2,539	51,3 %	0,581	0,595	0,488
11	2,641	54,7 %	0,621	0,636	0,488
12	2,086	36,2 %	0,137	0,664	0,103

Tabelle 11.6: Zusammenstellung der Ergebnisse

Aufgrund der gegebenen Trennschärfenkoeffizienten und der damit eng verbundenen Selektionskennwerte sollten die Items 7, 8 und 12 aus dem Test eliminiert werden. Dabei soll ausdrücklich angemerkt werden, dass der an hoher Fallzahl entwickelte Trierer Persönlichkeitsfragebogen mit dieser recht kleinen Stichprobe nicht in Frage gestellt werden soll.

Der Reliabilitätskoeffizient in der Form von *Cronbachs Alpha* wird wie bei den Richtig-Falsch-Aufgaben berechnet (siehe Kap. 11.1.4). Für die Testform mit allen zwölf Items ergibt sich hierfür $\alpha = 0{,}732$; eliminiert man die Items 7, 8 und 12, verbessert sich der Wert auf $\alpha = 0{,}789$.

12 Grafische Darstellungen

Ein wesentlicher Aspekt der deskriptiven Statistik ist die Visualisierung statistischer Kennwerte oder Zusammenhänge in Form geeigneter Grafiken. So wird ein Computerprogramm zur Statistik auch danach beurteilt, wie komfortabel seine grafischen Möglichkeiten sind.

Dabei ist sicherlich zu entscheiden zwischen Grafiken zu wissenschaftlichen Zwecken und den so genannten Repräsentationsgrafiken, wie sie im kommerziellen Bereich eingesetzt werden. Diese meist farbenprächtigen und mit allerlei Schnickschnack versehenen bildlichen Darstellungen gelten im wissenschaftlichen Bereich, um den es in diesem Buch vor allem geht, eher als unseriös.

Dennoch sind auch hier der Fantasie fast keine Grenzen gesetzt und häufig gibt es prinzipiell mehr als eine Möglichkeit der passenden Darstellung. Da erfahrungsgemäß die verschiedenen Arten von Diagrammen allgemein recht gut bekannt sind, soll dieser Teil des Buches recht kurz gehalten werden. Es seien aber einige nützliche Tipps gegeben, was bei der Auswahl passender Grafiken zu beachten ist.

Die Grafiken in diesem Buch sind mit dem Statistikprogramm SPSS erstellt, da dieses Programm eine weite Verbreitung hat und die Erstellung der Grafiken recht einfach ist. Was die Qualität der Diagramme angeht, werden besonders auch die Statistikprogramme Statistica und Systat (siehe Kap. 13.7 und 13.8) sehr gelobt. Auch das Tabellenkalkulationsprogramm Excel liefert ausgezeichnete Grafiken.

Im Folgenden werden die häufigsten Diagrammarten vorgestellt: Balkendiagramme, Kreisdiagramme, Liniendiagramme, Histogramme, Boxplots und Streudiagramme.

12.1 Balkendiagramme

Sicherlich kennen Sie die so genannten Anti-Stress-Uhren, die Sie nicht mit der sekundengenauen Zeitangabe belästigen, sondern mit nur einem Zeiger und ohne Ziffernblatt die Uhrzeit nur ungefähr erkennen lassen, also nicht 17:33:21 Uhr, sondern „kurz nach halb fünf". So scheint es auch Zeitgenossen zu geben, denen die Aussage „53,3 % der befragten Personen waren Männer, 46,7 % waren Frauen" zu aufregend ist. Sie zeichnen stattdessen lieber ein Balkendiagramm der in Abbildung 12.1 dargestellten Art.

An der Länge der Balken ist ohne weiteres zu erkennen, dass beide Geschlechter fast gleich häufig vorkommen, die Männer aber leicht in der Überzahl sind. Solche Grafiken, welche sozusagen die Gleichheit von Häufigkeiten zeigen, sind eigentlich überflüssig. Von Interesse sind wohl nur Grafiken, die signifikante Unterschiede aufzeigen. Dies ist zum Beispiel in der Grafik der Abbildung 12.2 der Fall, welche die Darstellung der prozentualen Häufigkeiten von vier Kategorien des Schulabschlusses enthält. Dabei sind die

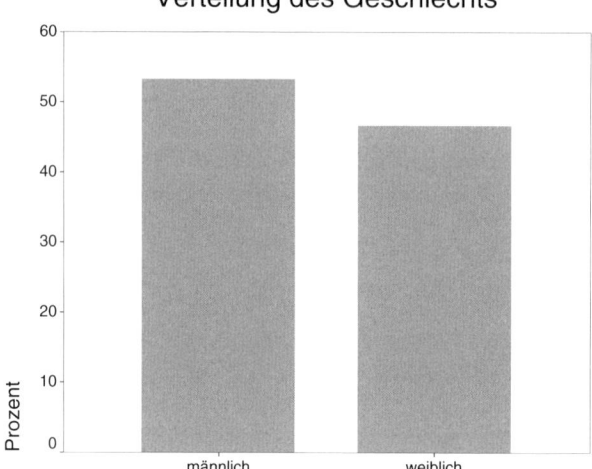

Abbildung 12.1: Sinnloses Balkendiagramm

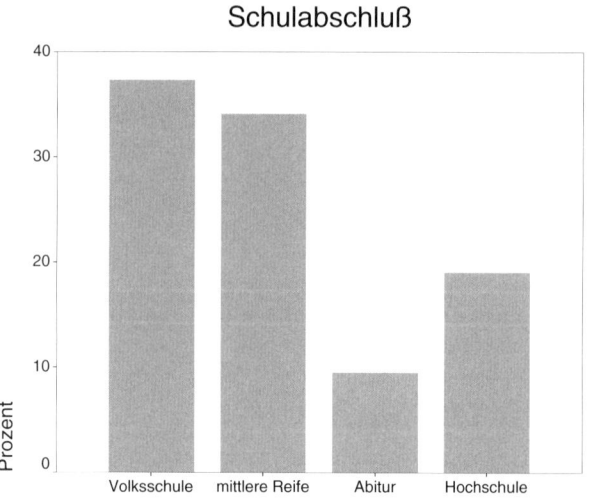

Abbildung 12.2: Balkendiagramm mit prozentualen Häufigkeiten

Werte, ebenso wie die vorher zitierte Geschlechtsverteilung, der in Kap. 10.1.1 vorgestellten Touristenbefragung in Kenia entnommen.

Plakativer und daher wohl besser sieht das Balkendiagramm aus, wenn Sie wie in Abbildung 12.3 eine 3D-Darstellung wählen.

Anstelle der prozentualen Häufigkeiten sind in der Grafik der Abbildung 12.3 die absoluten Häufigkeiten dargestellt. Ob Sie die absoluten oder prozentualen Häufigkeiten darstellen, ist letztlich gleichgültig, da es beim optischen Eindruck lediglich auf die relative Länge der Balken zueinander ankommt, die in beiden Fällen natürlich gleich ist.

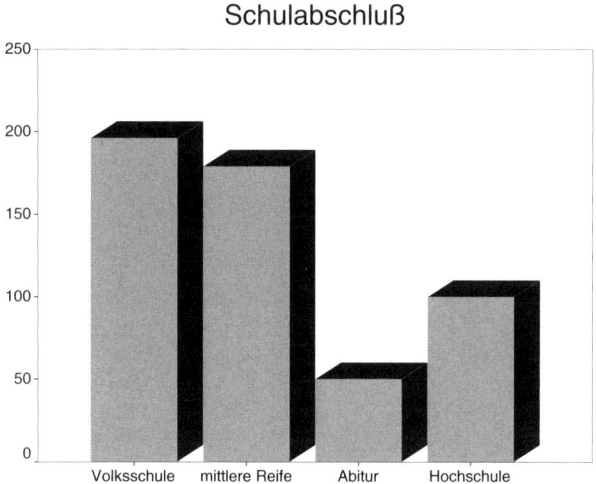

Abbildung 12.3: Balkendiagramm in 3D-Darstellung

Instruktiv sind Balkendiagramme vor allem dann, wenn die Häufigkeiten einer Kreuzta-belle dargestellt werden sollen. Wir greifen das in Kapitel 8.4.2 vorgestellte Beispiel der Internetnutzung auf und stellen die Verhältnisse in Form eines gruppierten Balkendia-gramms dar (Abbildung 12.4).

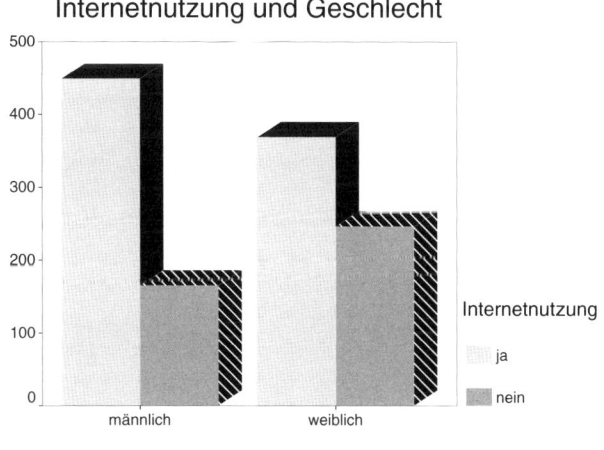

Abbildung 12.4: Gruppiertes Balkendiagramm

Deutlich wird erkennbar, dass die Internetnutzung bei den Männern stärker ausgeprägt ist als bei den Frauen. Solche Visualisierungen von Kreuztabellen scheinen nur sinnvoll bei signifikantem Chiquadrat-Test.

Mit Hilfe von Balkendiagrammen können nicht nur Häufigkeiten dargestellt werden, sondern auch Mittelwerte (und Mediane) in Abhängigkeit von einer Gruppierungsva-riablen. So wurde in Kap. 9.1 ein Beispiel vorgestellt, wo eine signifikante Senkung des

Cholesterinspiegels durch das Trinken von Mineralwasser festgestellt wurde. Die Mittelwerte zu den vier Zeitpunkten können durch ein Balkendiagramm dargestellt werden (Abbildung 12.5).

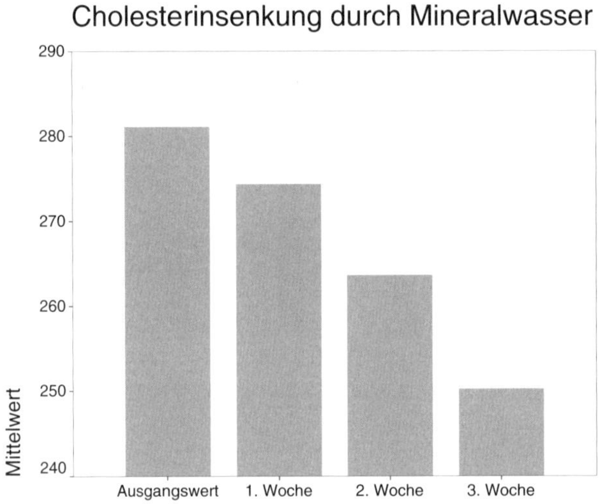

Cholesterinsenkung durch Mineralwasser

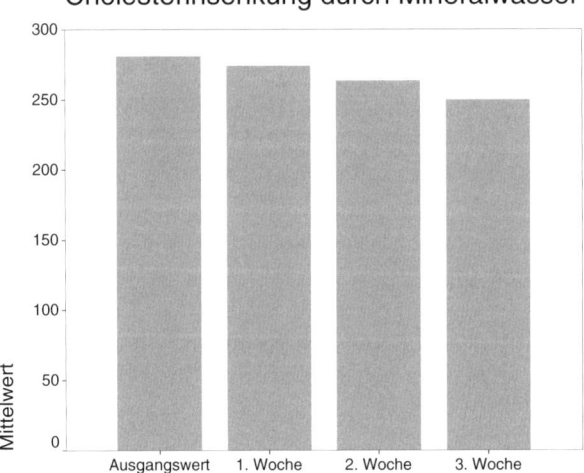

Abbildung 12.5: Unzulässiges Balkendiagramm

Es ist dies das typische Beispiel einer „Mogelgrafik". Damit soll uns nämlich eingeredet werden, dass der Cholesterinspiegel in der dritten Woche nur noch einen Bruchteil des Ausgangswertes ausmacht. Dies liegt ganz einfach daran, dass die Skalierung der Skalenachse (y-Achse) nicht bei null beginnt. Auf diese Weise kann man auch kleinste Unterschiede beliebig dramatisch erscheinen lassen. Korrekt, aber nicht so „eindrucksvoll" ist es, die Skalierung bei null beginnen zu lassen (Abbildung 12.6).

Cholesterinsenkung durch Mineralwasser

Abbildung 12.6: Korrektes Balkendiagramm

Oft ist es erwünscht, nicht nur den Mittelwert, sondern auch ein Streuungsmaß darzustellen. Dies kann mit so genannten Fehlerbalkendiagrammen erreicht werden. Wahlweise ist es dort möglich, die Standardabweichung oder den Standardfehler einzuzeich-
nen. Meist wählt man, wie in Abbildung 12.7 geschehen, aus optischen Gründen den
Standardfehler, weil dies kürzere Fehlerbalken ergibt.

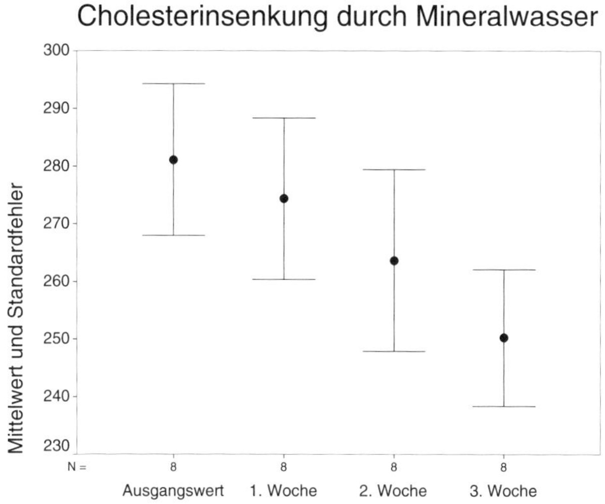

Abbildung 12.7: Fehlerbalkendiagramm

Auch bei Abbildung 12.7 ist kritisch zu vermerken, dass die Skalierung der Skalenachse
nicht bei null beginnt.

Zusammenfassend seien also zwei Empfehlungen gegeben:

- Wählen Sie eine grafische Darstellung mit Hilfe eines Balkendiagramms nur dann,
  wenn die zu Grunde liegenden Häufigkeiten bzw. Mittelwerte sich signifikant unterscheiden, wenn also deutliche Unterschiede aufgezeigt werden sollen.

- Auch wenn es schwer fällt: Achten Sie darauf, dass die Skalierung der Skalenachse
  (y-Achse) bei null beginnt.

12.2 Kreisdiagramme

Prozentuale Häufigkeiten von kategorialen Variablen stellt man gerne auch in Form von
Kreisdiagrammen dar. Voraussetzung dafür ist, dass sich diese Häufigkeiten sinnvoll zu
einhundert Prozent addieren lassen. Ein Beispiel zeigt Abbildung 12.8.

Auch bei einem Kreisdiagramm sind 3D-Darstellungen möglich. Man nennt Kreisdiagramme auch Torten- bzw. Kuchendiagramme; ausgewählte Tortenstücke können her-
ausgezogen dargestellt werden. Schwierigkeiten bereiten Tortenprogramme bei der Darstellung sehr kleiner Häufigkeiten, da dann die entsprechenden Tortenstücke sehr schmal
werden.

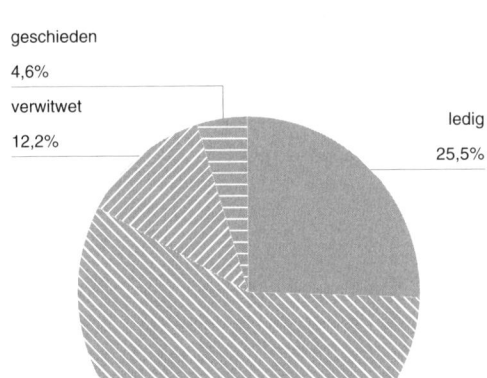

Abbildung 12.8: Kreisdiagramm

12.3   Liniendiagramme

Liniendiagramme sollten dann eingesetzt werden, wenn zeitliche Verläufe dargestellt werden sollen. So wäre etwa das in Abbildung 12.6 dargestellte Balkendiagramm auch als Liniendiagramm denkbar, allerdings wirkt es, da nur vier Zeitpunkte vorliegen, etwas mickrig und nicht so plakativ. So sollte man Liniendiagramme nur bei vielen Zeitpunkten verwenden, wenn die Daten zum Beispiel in Form so genannter Zeitreihen vorliegen.

Nützlich auch bei wenigen Zeitpunkten können Liniendiagramme sein, wenn die Verläufe nach einer Gruppierungsvariablen aufgesplittet werden sollen. So sind in Tabelle 10.16 die Leistungen eines Durchstreichtests aufgeführt, die jeweils zwölf Probanden an zwei Versuchstagen unter drei verschiedenen Versuchsbedingungen (Konzentrationsleistungstest am Schluss des ersten Versuchstages, normale Tätigkeit und Ruhepause) erzielten. In Tabelle 12.1 sind die Mittelwerte zusammengestellt.

Versuchsbedingung	1. Tag	2. Tag
Konzentrationsleistungstest	87,17	116,42
normale Tätigkeit	72,50	115,33
Ruhepause	79,25	125,42

Tabelle 12.1: Mittlere Leistungen

Die Verhältnisse können in einem gruppierten Liniendiagramm dargestellt werden. In Abbildung 12.9 wird deutlich, dass der Übungsfortschritt bei den Probanden, die nach dem ersten Versuchstag eine Ruhepause einlegten, am größten ist.

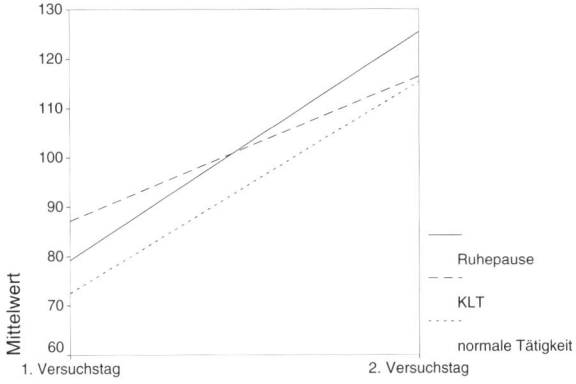

Abbildung 12.9: Gruppiertes Liniendiagramm

12.4   Histogramme

Mit Histogrammen werden die Häufigkeitsverteilungen von intervallskalierten Variablen dargestellt. Die gegebenen Werte werden in Klassen eingeteilt; anschließend werden die Klassenhäufigkeiten als Balken dargestellt. Im Unterschied zu den Balkendiagrammen wird dabei zwischen den einzelnen Balken kein Zwischenraum gelassen.

Als Beispiel sei in Abbildung 12.10 eine Altersverteilung betrachtet; es handelt sich dabei um das bei einer Touristenbefragung in Kenia ermittelte Alter der Befragten (siehe Kap. 10.1.1).

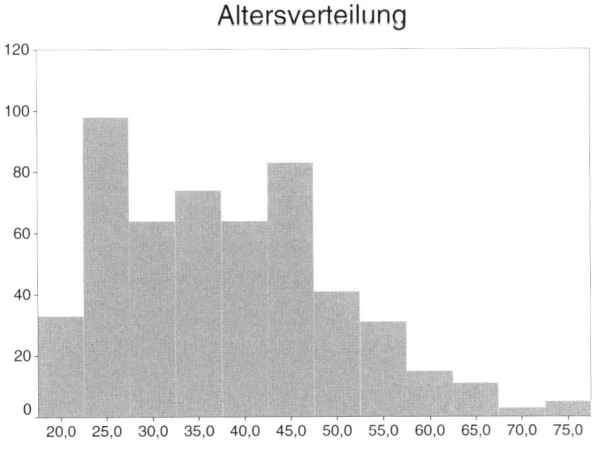

Abbildung 12.10: Histogramm

Die Verteilung erscheint linksschief, was noch deutlicher wird, wenn man zusätzlich die Normalverteilungskurve (bei gegebenem Mittelwert und gegebener Standardabweichung) einzeichnen lässt, wie dies zum Beispiel beim Programmsystem SPSS möglich ist (Abbildung 12.11).

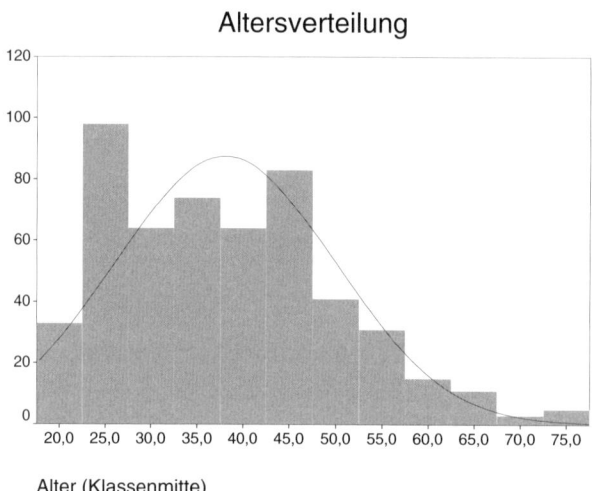

Abbildung 12.11: Histogramm mit Normalverteilungskurve

Zur objektiven Überprüfung, ob eine Variable hinreichend normal verteilt ist oder nicht, sei jedoch ein entsprechender Test empfohlen (siehe Kap. 7.1). Im vorliegenden Beispiel liefert der Kolmogorov-Smirnov-Test eine sehr signifikante Abweichung der gegebenen Verteilung von der Normalverteilung.

12.5 Boxplots

Eine sehr beliebte Art, den Median und die beiden Quartile von intervallskalierten Variablen darzustellen, ist das Zeichnen so genannter Boxplots. Als Beispiel seien die Cholesterinwerte des in Kap. 5.2 vorgestellten Beispiels in Form eines gruppierten Boxplots dargestellt (Abbildung 12.12).

Die untere und obere Linie markieren den kleinsten bzw. größten auftretenden Wert (also Minimum bzw. Maximum), die untere Begrenzung der Box ist das erste Quartil (Q1), die obere Begrenzung das dritte Quartil (Q3). Die mittlere Linie kennzeichnet den Median.

12.6 Streudiagramme

Eine äußerst sinnvolle Sache ist es, den Zusammenhang zwischen zwei intervallskalierten Variablen in Form eines Streudiagramms darzustellen. Mehr als der bloße Korrelationskoeffizient nämlich gibt die Form der entstehenden Punktwolke Aufschluss über die

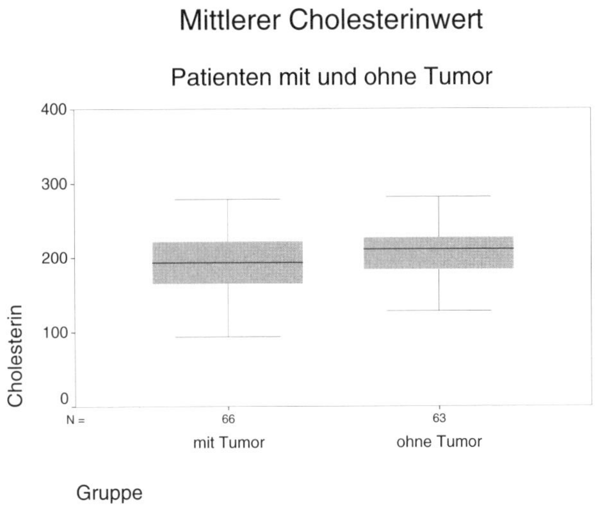

Mittlerer Cholesterinwert

Patienten mit und ohne Tumor

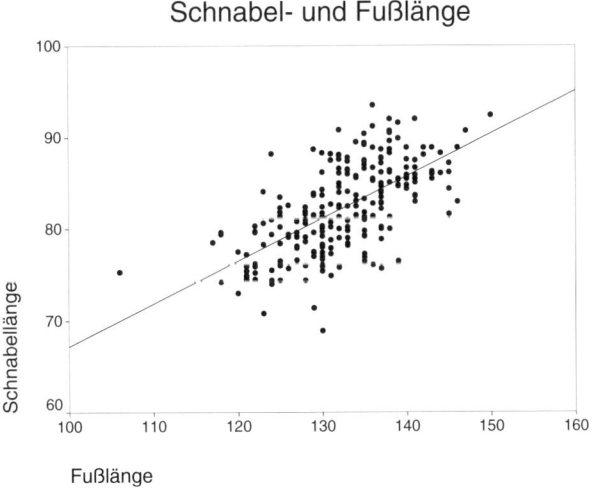

Abbildung 12.12: Boxplots

Stärke und Form des Zusammenhangs. So wurden in Kap. 8.2 zahlreiche solcher Streu-diagramme aufgezeigt, so dass an dieser Stelle die Wiedergabe eines weiteren Beispiels genügen möge (Abbildung 12.13).

Schnabel- und Fußlänge

Abbildung 12.13: Streudiagramm mit Regressionsgerade

Es handelt sich um den Zusammenhang zwischen Schnabel- und Fußlänge einer be-stimmten Vogelart (siehe Kap. 10.2.2), wobei sich für den Produkt-Moment-Korrelati-onskoeffizienten nach Pearson der Wert $r = 0{,}642$ ergibt.

Bei deutlichem (linearem) Zusammenhang macht es Sinn, auch die Regressionsgerade einzeichnen zu lassen. Auf der y-Achse trägt man, falls diese Unterscheidung sinnvoll ist, die abhängige und auf der x-Achse die unabhängige Variable ab.

Viel Mühe hat man sich bei einigen Programmsystemen gegeben, dreidimensionale
Streudiagramme zu konzipieren. Bei der Betrachtung am Bildschirm, den Blickwinkel
variierend und den Hals verrenkend, mag einem im einen oder anderen Fall ein gewisses Aha-Erlebnis beschieden sein; spätestens beim Ausdruck auf Papier wirken solche
Streudiagramme aber wenig überzeugend.

13 Computerprogramme zur Datenanalyse

Nach dem aufmerksamen Studium dieses Buches sollten Sie zwar in der Lage sein, die formelmäßig erfassten Verfahren per Hand zu rechnen, dennoch wird ernsthaft niemand mehr auf diesen Gedanken kommen (es sei denn, es hätte ihn auf eine einsame Berghütte ohne Stromanschluss verschlagen). Das kann der Computer schneller und vor allem fehlerfrei.

So gibt es inzwischen eine Fülle von Computerprogrammen, die eine Auswahl schwer werden lässt. Die bekanntesten dürften in Tabelle 13.1 aufgeführt sein, wobei die Programme alphabetisch sortiert sind, um keine Präferenz vorzugeben. Eine Erläuterung der einzelnen Angaben erfolgt anschließend.

Programm	Menüführung?	Programmsprache?	Preis (ohne Mwst.) in DM
SAS	nein	ja	1566 im Erstjahr
			690 im Folgejahr
SigmaStat+SigmaPlot	ja	nein	1890
S-Plus	nein	ja	2340
SPSS	ja	ja	3885
Stata	nein	ja	900
Statgraphics	ja	nein	2880
Statistica	ja	ja	1960
Systat	ja	ja	1375

Tabelle 13.1: Computerprogramme zur Datenanalyse

SAS ist nicht käuflich zu erwerben, sondern nur jahresweise zu mieten. Der angegebene Preis bezieht sich auf die Module Base SAS, SAS/STAT und SAS/GRAPH. Bei SPSS sind das Basismodul und die beiden Module Advanced Models und Regression Models einbezogen.

Was die Handhabung der Programme anbelangt, so gibt es zwei prinzipielle Möglichkeiten. Modern unter Windows und komfortabel für den Anwender ist die menügeführte Anwendung, bei der die einzelnen statistischen Analysen bzw. Optionen über entsprechend gestaltete Dialogboxen angefordert werden. Gewisse Vorteile bietet es aber auch, wenn zu diesem Zweck zudem eine Kommandosprache zur Verfügung steht. Ideal ist eine Kombination dieser beiden Möglichkeiten.

Die Tabelle enthält auch die Angabe des Preises, wie er zur Zeit der Drucklegung des Buches aktuell war. Es ist jeweils der Preis für Anwendungen in Forschung und Lehre, der in der Regel deutlich günstiger liegt als derjenige für kommerzielle Anwender. Diese Preise sind natürlich starken Schwankungen unterworfen; man tut gut daran, sich beim jeweiligen Vertreiber der Programme nach dem aktuellen Stand zu erkundigen. Ein Anruf lohnt sich immer; so gibt zum Beispiel SPSS Einjahreslizenzen für Studenten für nur DM 200 ab.

Angehörigen von Hochschulen sei zudem empfohlen, sich mit dem jeweiligen Rechenzentrum in Verbindung zu setzen. Zumindest die Programme der beiden Marktführer, nämlich SPSS und SAS, dürften dort entweder an für Hochschulangehörige zugänglichen PCs installiert oder über günstige Endbenutzerlizenzen erhältlich sein.

Ohne den anderen Anbietern zu nahe treten zu wollen, ist es wohl unstrittig, dass SPSS und SAS am weitesten verbreitet sind. Aus diesem Grunde sind diese beiden Programme etwas näher vorgestellt, ebenso wie das Programm Stata, das am preiswertesten, aber dennoch ausgezeichnet durchdacht ist.

So wurden alle in diesem Buch vorgestellten Verfahren, soweit sie in den Programmen SPSS, SAS und Stata verfügbar sind, entsprechend programmiert. Die Namen der einzelnen Programmdateien sind in den jeweiligen Kapiteln aufgelistet.

Die benötigten Daten werden in entsprechenden Dateien bereitgehalten, bei SPSS und Stata in spezifischen Systemdateien, bei SAS in einfachen Textdateien (ASCII-Format). Die den einzelnen Kapiteln zugeordneten Dateien sind auf den beiden folgenden Seiten aufgelistet; bei Kenntnis der jeweiligen Kapitel ist der Inhalt der Dateien über ihren Namen sicherlich eindeutig zuzuordnen.

Alle Programm- und Datendateien sind im Verzeichnis „Buchdaten" auf der beigefügten CD enthalten. Bitte erstellen Sie ein Verzeichnis c:\statbuch, etwa unter MS-DOS mit

```
c:\>md statbuch
```

Anschließend kopieren Sie die Daten von der CD in dieses Verzeichnis.

Zu den einzelnen Programmen gibt es neben den betreffenden Handbüchern meist auch deutschsprachige Literatur. Näheres ist dem Literaturverzeichnis zu entnehmen.

13.1 SPSS

SPSS ist das weltweit verbreitetste Computerprogramm zur statistischen Datenanalyse. Die Anfänge des Programms gehen auf das Jahr 1965 zurück, als die beiden Studenten Norman H. Nie und Dale H. Bent an der Stanford-Universität in San Francisco eigene Programme zur Datenanalyse schrieben. Die Abkürzung stand früher für **S**tatistical **P**ackage for the **S**ocial **S**ciences und wurde später in **S**uperior **P**erformance **S**oftware **S**ystems umgedeutet.

Das Programm kann wahlweise über Dialogboxen oder über eine Programmsyntax gesteuert werden. Neben einem Basismodul können wahlweise weitere Module erworben werden, wobei die beiden Module *Advanced Models* und *Regression Models* zusammen

Kapitel	SPSS	SAS (ASCII)	Stata
1.1		patient.dat	
1.2		yemen200.dat	
1.3		schule.dat	
1.4		hyper.dat	
2.3	iq.sav	iq.dat	
3.3.3	bmi.sav	bmi.dat	
5.1	stadt.sav	stadt.dat	
5.2	tumor.sav	tumor.dat	
7.1.1	kilo.sav	kilo.dat	
7.1.2	chol.sav	chol.dat	chol.dta
7.2	wiese.sav	wiese.dat	wiese.dta
8.1.1	schnabel.sav	schnabel.dat	schnabel.dta
8.1.2	trinkkur.sav	trinkkur.dat	trinkkur.dta
8.1.3	region.sav	region.dat	region.dta
8.1.4	fang.sav	fang.dat	fang.dta
	fkv.sav	fkv.dat	fkv.dta
8.1.5	therapie.sav	therapie.dat	therapie.dta
8.1.6	polein.sav	polein.dat	polein.dta
8.2	welt.sav	welt.dat	welt.dta
	einkauf.sav	einkauf.dat	
8.2.1	kalorien.sav	kalorien.dat	kalorien.dta
8.2.2	asien.sav	asien.dat	asien.dta
8.2.3	stadion.sav	stadion.dat	stadion.dta
8.2.4	gewicht.sav	gewicht.dat	gewicht.dta
8.2.5	alknik.sav	alknik.dat	alknik.dta
8.2.6	groesse.sav	groesse.dat	
8.2.7	lesen.sav	lesen.dat	lesen.dta
	trinken.sav	trinken.dat	trinken.dta
8.3.2	rrsyst.sav	rrsyst.dat	
8.3.3	ortsname.sav	ortsname.dat	ortsname.dta
	fische.sav	fische.dat	fische.dta
8.4.1	fachpol.sav	fachpol.dat	fachpol.dta

Kapitel	SPSS	SAS (ASCII)	Stata
8.4.2	internet.sav	internet.dat	internet.dta
	angst.sav	angst.dat	angst.dta
8.4.3	pustu.sav	pustu.dat	pustu.dta
8.4.4	zfbluten.sav	zfbluten.dat	zfbluten.dta
8.4.5	zahn.sav	zahn.dat	zahn.dta
9.1	mineral.sav	mineral.dat	mineral.dta
9.2	rrsmed.sav	rrsmed.dat	rrsmed.dta
9.3	kur.sav	kur.dat	kur.dta
10.1.1	kenia.sav	kenia.dat	kenia.dta
10.1.2	fuss.sav	fuss.dat	
	union.sav	union.dat	union.dta
10.2.1	hemmung.sav	hemmung.dat	hemmung.dta
10.2.2	vogel.sav	vogel.dat	vogel.dta
	harnkarz.sav	harnkarz.dat	harnkarz.dta
10.2.3	yemen.sav	yemen.dat	yemen.dta
10.2.4	lai.sav	lai.dat	lai.dta
10.2.5	wahl.sav	wahl.dat	wahl.dta
11	ziel.sav	ziel.dat	ziel.dta
	tpf.sav	tpf.dat	tpf.dta

mit dem Basismodul die klassische Grundmenge von SPSS bilden, in der zum Beispiel nahezu alle in diesem Buch dargestellten Verfahren verfügbar sind.

SPSS gibt es für verschiedene Betriebssysteme. Am beliebtesten ist SPSS für Windows, wobei die zum Zeitpunkt des Erscheinens dieses Buches aktuelle Version SPSS für Windows Version 10 ist.

SPSS wird vertrieben von

SPSS Inc.
233 S. Wacker Drive, 11th floor
Chicago, IL 60606-6307
USA
Email: pr@spss.com
Internet: www.spss.com

Die deutsche Niederlassung ist

SPSS GmbH Software

Rosenheimer Straße 30

81669 München

Tel. 089/4890740

Email: info@spss.de

Internet: www.spss.com/Germany

Falls die im Buch beschriebenen Verfahren in SPSS verfügbar sind (was mit ganz wenigen Ausnahmen zutrifft), wurden sie in SPSS programmiert und in entsprechenden SPSS-Syntaxdateien (Kennung .sps) gespeichert. Tabelle 13.2 gibt eine Übersicht.

Kapitel	Programmdatei	Kapitel	Programmdatei
1.3	schule.sps	8.4.1	fachpol.sps
7.1.2	chol.sps	8.4.2	internet.sps
7.2	wiese.sps		angst.sps
8.1.1	schnabel.sps	8.4.3	pustu.sps
8.1.2	trinkkur.sps	8.4.4	zfbluten.sps
8.1.3	region.sps	8.4.5	zahn.sps
8.1.4	fang.sps	9.1	mineral.sps
	fkv.sps	9.2	rrsmed.sps
8.1.5	therapie.sps	9.3	kur.sps
8.1.6	polein.sps	10.1.1	kenia.sps
8.2	welt.sps	10.1.2	union2.sps
8.2.1	kalorien.sps		union7.sps
8.2.2	asien.sps	10.2.1	hemmung.sps
8.2.3	stadion.sps	10.2.2	vogel.sps
8.2.4	gewicht.sps		harnkarz.sps
8.2.5	alknik.sps	10.2.3	yemen.sps
8.2.7	lesen.sps	10.2.4	lai.sps
	trinken.sps	10.2.5	wahl.sps
8.3.1	kaloreg.sps	11	ziel.sps
8.3.3	ortsname.sps		tpf.sps
	fische.sps		

Tabelle 13.2: SPSS-Programmdateien auf der Übungs-CD

Zum Rechnen der Programme treffen Sie in SPSS für Windows die Menüwahl

Datei

  Öffnen

    Syntax…

und laden dann, wenn Sie wie vorgeschlagen die Dateien der Übungs-CD in das Verzeichnis c:\statbuch kopiert haben, das betreffende SPSS-Programm aus diesem Verzeichnis. Anschließend markieren Sie das Programm und starten es mit dem Symbol Syntax-Start (schwarzes Dreieck).

In den Programmen wird auf bereits vorgefertigte SPSS-Systemdateien (Kennung .sav) zurückgegriffen, die alle Daten und weitere Informationen wie zum Beispiel Variablen- oder Werteetiketten enthalten.

Als Beispiel betrachten wir das SPSS-Programm trinkkur.sps:

```
get file='c:\statbuch\trinkkur.sav'.
t-test pairs=chol0 with chol1.
```

In der ersten Programmzeile wird die SPSS-Systemdatei trinkkur.sav aus dem Verzeichnis c:\statbuch geladen. In der zweiten Programmzeile wird zwischen den beiden Variablen chol0 und chol1 der t-Test für abhängige Stichproben angefordert (siehe Kap. 8.1.2). Die Ausgabe ist (leicht gekürzt) im Folgenden wiedergegeben.

```
            Number of              2-tail
 Variable     pairs    Corr    Sig         Mean        SD    SE of Mean
------------------------------------------------------------------------
 CHOL0                                   274.8333    35.698     8.414
               18      .975    .000
 CHOL1                                   264.6667    37.264     8.783
------------------------------------------------------------------------


         Paired Differences        |
   Mean         SD    SE of Mean   |   t-value    df    2-tail Sig
-----------------------------------|------------------------------------
 10.1667      8.298     1.956      |     5.20     17          .000
```

Es ist dies die eigentlich veraltete Art des Ausdrucks, nunmehr fast liebevoll „Spss classic" genannt. Ab der Version 7 von SPSS erfolgt die Ausgabe in so genannten Pivottabellen, die eine gefälligere Form haben und vielseitig veränderbar sind.

Falls Sie sich nicht mit den Geheimnissen der Programmsyntax vertraut machen möchten, können Sie nahezu alle in SPSS zur Verfügung stehenden Analyseverfahren interaktiv über Dialogboxen aufrufen. Um den t-Test für abhängige Stichproben des gegebenen Beispiels auszuführen, treffen Sie nach dem Laden der SPSS-Datendatei die Menüwahl

Analysieren

    Mittelwerte vergleichen

        T-Test bei gepaarten Stichproben…

In der aufscheinenden Dialogbox *T-Test bei gepaarten Stichproben* klicken Sie die beiden Variablen chol0 und chol1 in das Feld *Gepaarte Variablen* und starten die Berechnungen mit *OK*.

Auch multivariate Analysen können auf recht einfache Weise angefordert werden wie zum Beispiel eine Clusteranalyse mit vorgeschalteter Faktorenanalyse im folgenden Programmbeispiel (union7.sps):

```
get file='c:\statbuch\union.sav'.
factor variables=beitritt to lerww/save reg (all fw).
cluster fw1 to fw3
  /id=land/print=schedule cluster (6)/plot=none.
```

Mit Hilfe des factor-Befehls werden die gegebenen Variablen einer Faktorenanalyse unterzogen und auf drei Faktoren reduziert; die Faktorwerte werden mit fw1, fw2 und fw3 bezeichnet. Mit dem cluster-Befehl werden die gegebenen Fälle anhand dieser drei Faktorwerte geclustert.

Der aufmerksame Leser wird bemerken, dass bei diesem Programm leicht gemogelt wurde. Dem factor-Befehl ist nämlich nicht anzusehen, dass drei Faktoren extrahiert werden. Dies wurde vor dem Start des Programms in einem ersten Durchgang der Faktorenanalyse festgestellt.

Das Programm SPSS dürfte an allen deutschen Hochschulen zur Verfügung stehen und dort entweder an öffentlich zugänglichen PCs installiert oder über preisgünstig angebotene Endbenutzerverträge erhältlich sein.

13.2 SAS

SAS (Statistical Analysis System) ist neben SPSS das bekannteste Programmsystem zur statistischen Datenanalyse. In den späten siebziger Jahren zunächst als reine Statistiksoftware entstanden, ist es inzwischen zu einem umfassenden Softwaresystem zur Verwaltung und Analyse von Daten entwickelt worden.

Im Gegensatz zu SPSS ist das Programm ausschließlich über die SAS-Programmiersprache zu steuern, was gegenüber SPSS, wo alternativ eine komfortable Handhabung über entsprechende Dialogboxen möglich ist, natürlich einen gewissen Nachteil bedeutet.

Ähnlich wie SPSS ist auch SAS modular aufgebaut. Die klassische Grundmenge besteht aus dem Basismodul Base SAS sowie den beiden Modulen SAS/STAT und SAS/GRAPH. Die zum Zeitpunkt des Erscheinens dieses Buches aktuelle Version ist die Version 8.

SAS wird vertrieben von

SAS Institute Inc.

SAS Campus Drive

Cary, NC 27513

USA

Internet: www.sas.com

Die deutsche Niederlassung ist

SAS Institute GmbH

In der Neckarhelle 162

69118 Heidelberg

Tel. 06221/4150

Email: info@ger.sas.com

Internet: www.sas.de

Falls die im Buch beschriebenen Verfahren in SAS verfügbar sind, wurden sie in SAS programmiert und in entsprechenden SAS-Programmdateien (Kennung .sas) gespeichert. Tabelle 13.3 gibt eine Übersicht.

Zum Rechnen der Programme treffen Sie in SAS die Menüwahl

File

  Open...

und laden dann, wenn Sie wie vorgeschlagen die Dateien der Übungs-CD in das Verzeichnis c:\statbuch kopiert haben, das entsprechende SAS-Programm aus diesem Verzeichnis. Anschließend starten Sie es mit dem dafür vorgesehenen Symbol der Menüleiste (Männchen).

Die SAS-Programme der Übungs-CD unterscheiden sich insoweit von den SPSS- und Stataprogrammen, als nicht auf bereits vorgefertigte Systemdateien zurückgegriffen wird, sondern auf einfache ASCII-Dateien. Dies hat zur Folge, dass die Positionierung der einzelnen Variablen in den Datenzeilen und gegebenenfalls die Festlegung von Variablen- und Werteetiketten Bestandteile dieser Programme sind. Das Erstellen von Systemdateien in SAS ist wegen des dort verwirklichten Bibliothekskonzeptes nicht ganz so übersichtlich wie bei SPSS oder Stata.

Als Beispiel eines SAS-Programms sei das Programm zur Durchführung des t-Tests nach Student (schnabel.sas) aufgelistet:

Kapitel	Programmdatei	Kapitel	Programmdatei
7.1.2	chol.sas	8.3.3	ortsname.sas
7.2	wiese.sas		fische.sas
8.1.1	schnabel.sas	8.4.1	fachpol.sas
8.1.2	trinkkur.sas	8.4.2	internet.sas
8.1.3	region.sas		angst.sas
8.1.4	fang.sas	8.4.3	pustu.sas
	fkv.sas	9.1	mineral.sas
8.1.6	polein.sas	10.1.1	kenia.sas
8.2	welt.sas	10.1.2	union2.sas
8.2.1	kalorien.sas		union7.sas
8.2.2	asien.sas	10.2.1	hemmung.sas
8.2.3	stadion.sas	10.2.2	vogel.sas
8.2.5	alknik.sas		harnkarz.sas
8.2.7	lesen.sas	10.2.3	yemen.sas
	trinken.sas	10.2.4	lai.sas
8.3.1	kaloreg.sas	10.2.5	wahl.sas

Tabelle 13.3: SAS-Programmdateien

```
proc format;
 value geschlf 1='maennlich' 2='weiblich';
 run;
data;
 infile 'c:\statbuch\schnabel.dat';
 input geschl 1 schnl 3-5;
 attrib geschl label='Geschlecht';
 attrib schnl label='Schnabellaenge';
 format geschl geschlf.;
 run;
proc ttest;
 class geschl;
 var schnl;
 run;
```

Das Programm besteht aus drei Teilen: der format-Prozedur zur Festlegung der Werte-etiketten, des data-Steps zur Beschreibung der Daten und der Prozedur ttest zur Aus-führung des t-Tests.

Die erzeugte Ausgabe ist (leicht gekürzt) im Folgenden aufgelistet.

```
                            The SAS System

                          The TTEST Procedure

                             Statistics

              Lower CL          Upper CL   Lower CL           Upper CL
   Class    N    Mean    Mean     Mean    Std Dev Std Dev Std Dev   Std Err

maennlich  17  77.584  79.412  81.239     2.6471  3.5542  5.4092    0.862
weiblich   15  83.867  85.733  87.599     2.4668  3.3693  5.3138    0.870
Diff (1-2)     -8.831  -6.322  -3.812     2.7722  3.4692  4.6371    1.2289


                              T-Tests

      Variable     Method           Variances      DF     t Value    Pr > |t|

       schnl       Pooled           Equal          30      -5.14     <.0001
       schnl       Satterthwaite    Unequal        29.8    -5.16     <.0001


                       Equality of Variances

       Variable     Method        Num DF    Den DF    F Value     Pr > F

                    Folded F         16        14       1.11       0.8484
```

Merkwürdigerweise stellt SAS außer der einfaktoriellen Varianzanalyse mit Messwiederholung keine Verfahren bereit, um abhängige Stichproben zu testen. So fehlen der t-Test für abhängige Stichproben, der Wilcoxon-Test, der Friedman-Test, Cochrans Q und der Chiquadrat-Test nach McNemar. Im Falle des t-Tests für abhängige Stichproben kann man sich so behelfen, dass man die Differenzen der Wertepaare bildet und diese gegen null testet (Programm trinkkur.sas):

```
data;
 infile 'c:\statbuch\trinkkur.dat';
 input chol0 1-3 chol1 5-7;
 diff=chol0-chol1;
 run;
proc univariate;
 var diff;
 run;
```

Das Programm SAS dürfte an den meisten deutschen Hochschulen zur Verfügung stehen, sei es an öffentlich zugänglichen PCs oder über eine Endbenutzerlizenz.

13.3   Stata

Als drittes Statistik-Paket nach den beiden Marktführern SPSS und SAS sei Stata vorgestellt, das zwar in der Bedienung nicht so komfortabel ist wie SPSS und nicht so umfangreich wie SAS, das aber mit einem Anschaffungspreis von unter tausend Mark für

Universitätsangehörige sehr preiswert ist und einige Möglichkeiten bietet, welche andere Programme nicht enthalten.

So gibt es einige sehr nützliche direkte Kommandos, zum Beispiel zum Rechnen des t-Tests nach Student, wenn die betreffenden Kennwerte wie Mittelwerte und Standardabweichungen der beiden Gruppen bereits vorliegen, oder zur Durchführung des Chiquadrat-Tests oder des exakten Tests nach Fisher und Yates, wenn die Häufigkeiten bereits gegeben sind. Insbesondere auch Epidemiologen und andere wissenschaftlich Tätige, die häufig mit gewichteten Daten rechnen, schwören auf dieses Programm wegen seiner vorbildlichen Gewichtungsmechanismen.

Die zur Zeit des Erscheinens dieses Buches aktuelle Programmversion ist Stata Release 6.

Stata wird vertrieben von

Stata Corporation
702 University Drive East
College Station, Texas 77840
USA
Email: stata@stata.com
Internet: www.stata.com

Distributor für den deutschsprachigen Raum ist

Dittrich und Partner Consulting GmbH
Kieler Straße 17
42697 Solingen
Tel. 0212/260660
Email: sales@dpc.de
Internet: www.dpc.de

Soweit die im Buch beschriebenen Verfahren in Stata umsetzbar sind, wurden sie mit so genannten do-Commands programmiert und in entsprechenden do-Files gespeichert. Eine Übersicht liefert Tabelle 13.4.

Haben Sie, wie vorgeschlagen, diese do-Files zusammen mit den benötigten Datendateien (Kennung .dta) in das Verzeichnis c:\statbuch kopiert, so können Sie die darin enthaltenen Stata-Programme mit dem do-Command starten. Voraussetzung dafür ist, dass Sie vorher ein Verzeichnis c:\statalog einrichten, das die Ergebnisdateien (log-Files) aufnimmt.

Die Stata-Programme greifen auf bereits vorgefertigte Stata-Systemdateien (Kennung .dta) zurück, die alle Daten und weitere Informationen wie zum Beispiel Variablen- und Werteetiketten enthalten.

Kapitel	do-File	Kapitel	do-File
7.1.2	chol.do	8.3.3	ortsname.do
8.1.1	schnabel.do		fische.do
8.1.2	trinkkur.do	8.4.1	fachpol.do
8.1.3	region.do	8.4.2	internet.do
8.1.4	fang.do		angst.do
8.1.4	fkv.do	8.4.3	pustu.do
8.1.5	therapie.do	8.4.4	zfbluten.do
8.1.6	polein.do	8.4.5	zahn.do
8.2	welt.do	9.1	mineral.do
8.2.1	kalorien.do	10.1.1	kenia.do
8.2.2	asien.do	10.2.1	hemmung.do
8.2.3	stadion.do	10.2.3	yemen.do
8.2.5	alknik.do	10.2.4	lai.do
8.2.7	lesen.do	11	ziel.do
8.2.7	trinken.do		tpf.do
8.3.1	kaloreg.do		

Tabelle 13.4: Stata-do-Files

Wollen Sie zum Beispiel das Programm trinkkur.do zur Durchführung des t-Tests für abhängige Stichproben (siehe Kap 8.1.2) rechnen, so tragen Sie nach dem Start von Stata in die dafür vorgesehene Zeile das folgende Stata Command ein:

do c:\statbuch\trinkkur.do

Mit Hilfe der Eingabetaste starten Sie dann das Programm, welches im Folgenden aufgelistet ist:

```
log using c:\statalog\trinkkur.log, replace
use c:\statbuch\trinkkur.dta
ttest chol0=chol1
```

Das Programm besteht aus drei Commands. Mit dem ersten Command wird im Verzeichnis c:\statalog eine Datei trinkkur.log eingerichtet, die nach dem Rechnen des Programms die Ergebnisse aufnimmt und auch die verarbeiteten Commands und gegebenenfalls Fehler protokolliert. Mit dem zweiten Command wird die Stata-Datendatei trinkkur.dta aus dem Verzeichnis c:\statbuch geladen. Das dritte Command schließlich führt die eigentlichen Berechnungen aus, nämlich den t-Test für abhängige Stichproben unter Einbeziehung der beiden Variablen chol0 und chol1.

Die betreffende Ausgabe ist im Folgenden aufgelistet.

```
. ttest chol0=chol1

Paired t test

------------------------------------------------------------------------------
Variable |     Obs        Mean    Std. Err.   Std. Dev.   [95% Conf. Interval]
---------+--------------------------------------------------------------------
   chol0 |      18    274.8333    8.414215    35.69849    257.0809    292.5858
   chol1 |      18    264.6667    8.783154    37.26377    246.1358    283.1975
---------+--------------------------------------------------------------------
    diff |      18    10.16667    1.955802    8.297767    6.040284    14.29305
------------------------------------------------------------------------------

             Ho: mean(chol0 - chol1) = mean(diff) = 0

 Ha: mean(diff) < 0          Ha: mean(diff) ~= 0          Ha: mean(diff) > 0
     t =   5.1982                t =   5.1982                 t =   5.1982
 P < t =   1.0000            P > |t| =   0.0001            P > t =   0.0000
```

Das folgende Programm führt den t-Test nach Student aus. Mit Hilfe des sdtest-Commands wird der F-Test zur Prüfung auf Varianzenhomogenität durchgeführt. Je nachdem, ob diese gegeben ist oder nicht, werden die Ergebnisse eines der beiden folgenden ttest-Commands relevant.

```
log using c:\statalog\schnabel.log, replace
use c:\statbuch\schnabel.dta
sdtest schn1, by (geschl)
ttest schn1, by (geschl)
ttest schn1, by (geschl) unequal
```

Ein Vorteil von Stata ist bei manchen Tests die Möglichkeit der Eingabe so genannter direkter Kommandos (immediate commands), wenn die betreffenden Kennwerte bereits ausgerechnet vorliegen. Sollen zum Beispiel die beiden Mittelwerte 79,41 und 85,73 auf signifikanten Unterschied getestet werden und sind die beiden Standardabweichungen 3,554 bzw. 3,369 sowie die zugehörigen Fallzahlen 17 bzw. 15, so kann bei Varianzenhomogenität das folgende direkte Kommando eingegeben werden:

```
ttesti 17 79.41 3.554 15 85.73 3.369
```

Beachten Sie bitte, dass ein Dezimal*punkt* gesetzt werden muss.

Schließlich sei noch ein Programm zum exakten Test nach Fisher und Yates gezeigt. Mit Hilfe der option fw (frequency weight) werden dabei die Daten mit der Häufigkeitsvariablen *n* gewichtet.

```
log using c:\statalog\pustu.log, replace
use c:\statbuch\pustu.dta
tabulate gruppe nikotin [fw=n], exact
```

Für den exakten Test nach Fisher und Yates gibt es auch ein direktes Kommando; es lautet im gegebenen Beispiel

```
tabi 7 2 \ 3 6
```

Überzeugen Sie sich selbst von der Leistung der anderen Programme und vergleichen Sie den Output mit demjenigen von SPSS bzw. SAS.

13.4   SigmaStat und SigmaPlot

SigmaStat ist ein recht preiswertes Programm, dem allerdings die Programmiermöglichkeit fehlt. Außer verschiedenen Regressionsverfahren fehlen zudem die multivariaten Methoden. Zur Ausgabe von Grafiken muss das allerdings recht beliebte Modul Sigma-Plot erworben werden.

Bezugsadresse:

SPSS Science Software GmbH

Postfach 4107

40688 Erkrath

Tel. 02104/9540

Email: euroscience@spss.com

Internet: www.spssscience.com

13.5   S-Plus

S-Plus ist ein Programm mit großer Methodenvielfalt und ausgezeichneten Grafikmöglichkeiten. Es ist allerdings ausschließlich über eine entsprechende Programmiersprache steuerbar.

Bezugsadresse:

GraS GmbH

Heilbronner Straße 10

10711 Berlin

Tel. 030/89095320

Email: info@gras.de

Internet: www.gras.de

13.6   Statgraphics

Statgraphics ist ausschließlich menügeführt zu bedienen und bietet keine Programmier-möglichkeit; allerdings können bestimmte Einstellungen mit so genannten Statfolios ge-speichert und wiederholt werden. Multivariate Verfahren sind nur in einem Zusatzmodul erhältlich.

Bezugsadresse:

Dittrich und Partner Consulting GmbH

Kieler Straße 17

42697 Solingen

Tel. 0212/260660

Email: sales@dpc.de

Internet: www.dpc.de

13.7   Statistica

Statistica gilt als Programm mit hervorragendem Preis-Leistungs-Verhältnis, großer Me-thodenvielfalt und ausgezeichneten Grafikmöglichkeiten. Es ist sowohl über Menüs zu bedienen als auch über eine entsprechende Programmiersprache (Statistica Command Language).

Bezugsadresse:

StatSoft (Europe) GmbH

Hohenluftchaussee 112

20253 Hamburg

Tel. 040/4688660

Email: info@statsoft.de

Internet: www.statsoft.com

13.8   Systat

Systat zeichnet sich durch eine große Methodenvielfalt und ausgezeichnete Grafiken aus. Zum Beispiel sind Conjointanalyse, Korrespondenzanalyse und Pfadanalyse enthalten, die in anderen Programmsystemen nicht oder nur in Zusatzmodulen zur Verfügung stehen.

Bezugsadresse:

Statcon
Hubenröderstraße 36
37217 Witzenhausen
Tel. 05542/933010
Email: vertrieb@statcon.de
Internet: www.statcon.de

 **Tabellen**

Tabelle 1

z-Tabelle

z	$\Phi(z)$	$\Phi(-z)$	p	z	$\Phi(z)$	$\Phi(-z)$	p
0,00	0,50000	0,50000	1,000	0,35	0,63683	0,36317	0,726
0,01	0,50399	0,49601	0,992	0,36	0,64058	0,35942	0,719
0,02	0,50798	0,49202	0,984	0,37	0,64431	0,35569	0,711
0,03	0,51197	0,48803	0,976	0,38	0,64803	0,35197	0,704
0,04	0,51595	0,48405	0,968	0,39	0,65173	0,34827	0,697
0,05	0,51994	0,48006	0,960	0,40	0,65542	0,34458	0,689
0,06	0,52392	0,47608	0,952	0,41	0,65910	0,34090	0,682
0,07	0,52790	0,47210	0,944	0,42	0,66276	0,33724	0,674
0,08	0,53188	0,46812	0,936	0,43	0,66640	0,33360	0,667
0,09	0,53586	0,46414	0,928	0,44	0,67003	0,32997	0,660
0,10	0,53983	0,46017	0,920	0,45	0,67364	0,32636	0,653
0,11	0,54380	0,45620	0,912	0,46	0,67724	0,32276	0,646
0,12	0,54776	0,45224	0,904	0,47	0,68082	0,31918	0,638
0,13	0,55172	0,44828	0,897	0,48	0,68439	0,31561	0,631
0,14	0,55567	0,44433	0,889	0,49	0,68793	0,31207	0,624
0,15	0,55962	0,44038	0,881	0,50	0,69146	0,30854	0,617
0,16	0,56356	0,43644	0,873	0,51	0,69497	0,30503	0,610
0,17	0,56749	0,43251	0,865	0,52	0,69847	0,30153	0,603
0,18	0,57142	0,42858	0,857	0,53	0,70194	0,29806	0,596
0,19	0,57535	0,42465	0,849	0,54	0,70540	0,29460	0,589
0,20	0,57926	0,42074	0,841	0,55	0,70884	0,29116	0,582
0,21	0,58317	0,41683	0,834	0,56	0,71226	0,28774	0,575
0,22	0,58706	0,41294	0,826	0,57	0,71566	0,28434	0,569
0,23	0,59095	0,40905	0,818	0,58	0,71904	0,28096	0,562
0,24	0,59483	0,40517	0,810	0,59	0,72240	0,27760	0,555
0,25	0,59871	0,40129	0,803	0,60	0,72575	0,27425	0,549
0,26	0,60257	0,39743	0,795	0,61	0,72907	0,27093	0,542
0,27	0,60642	0,39358	0,787	0,62	0,73237	0,26763	0,535
0,28	0,61026	0,38974	0,779	0,63	0,73565	0,26435	0,529
0,29	0,61409	0,38591	0,772	0,64	0,73891	0,26109	0,522
0,30	0,61791	0,38209	0,764	0,65	0,74215	0,25785	0,516
0,31	0,62172	0,37828	0,757	0,66	0,74537	0,25463	0,509
0,32	0,62552	0,37448	0,749	0,67	0,74857	0,25143	0,503
0,33	0,62930	0,37070	0,741	0,68	0,75175	0,24825	0,497
0,34	0,63307	0,36693	0,734	0,69	0,75490	0,24510	0,490

Tabelle 1

z-Tabelle

z	$\Phi(z)$	$\Phi(-z)$	p	z	$\Phi(z)$	$\Phi(-z)$	p
0,70	0,75804	0,24196	0,484	1,05	0,85314	0,14686	0,294
0,71	0,76115	0,23885	0,478	1,06	0,85543	0,14457	0,289
0,72	0,76424	0,23576	0,472	1,07	0,85769	0,14231	0,285
0,73	0,76730	0,23270	0,465	1,08	0,85993	0,14007	0,280
0,74	0,77035	0,22965	0,459	1,09	0,86214	0,13786	0,276
0,75	0,77337	0,22663	0,453	1,10	0,86433	0,13567	0,271
0,76	0,77637	0,22363	0,447	1,11	0,86650	0,13350	0,267
0,77	0,77935	0,22065	0,441	1,12	0,86864	0,13136	0,263
0,78	0,78230	0,21770	0,435	1,13	0,87076	0,12924	0,258
0,79	0,78524	0,21476	0,430	1,14	0,87286	0,12714	0,254
0,80	0,78814	0,21186	0,424	1,15	0,87493	0,12507	0,250
0,81	0,79103	0,20897	0,418	1,16	0,87698	0,12302	0,246
0,82	0,79389	0,20611	0,412	1,17	0,87900	0,12100	0,242
0,83	0,79673	0,20327	0,407	1,18	0,88100	0,11900	0,238
0,84	0,79955	0,20045	0,401	1,19	0,88298	0,11702	0,234
0,85	0,80234	0,19766	0,395	1,20	0,88493	0,11507	0,230
0,86	0,80511	0,19489	0,390	1,21	0,88686	0,11314	0,226
0,87	0,80785	0,19215	0,384	1,22	0,88877	0,11123	0,222
0,88	0,81057	0,18943	0,379	1,23	0,89065	0,10935	0,219
0,89	0,81327	0,18673	0,373	1,24	0,89251	0,10749	0,215
0,90	0,81594	0,18406	0,368	1,25	0,89435	0,10565	0,211
0,91	0,81859	0,18141	0,363	1,26	0,89617	0,10383	0,208
0,92	0,82121	0,17879	0,358	1,27	0,89796	0,10204	0,204
0,93	0,82381	0,17619	0,352	1,28	0,89973	0,10027	0,201
0,94	0,82639	0,17361	0,347	1,29	0,90147	0,09853	0,197
0,95	0,82894	0,17106	0,342	1,30	0,90320	0,09680	0,194
0,96	0,83147	0,16853	0,337	1,31	0,90490	0,09510	0,190
0,97	0,83398	0,16602	0,332	1,32	0,90658	0,09342	0,187
0,98	0,83646	0,16354	0,327	1,33	0,90824	0,09176	0,184
0,99	0,83891	0,16109	0,322	1,34	0,90988	0,09012	0,180
1,00	0,84134	0,15866	0,317	1,35	0,91149	0,08851	0,177
1,01	0,84375	0,15625	0,312	1,36	0,91309	0,08691	0,174
1,02	0,84614	0,15386	0,308	1,37	0,91466	0,08534	0,171
1,03	0,84849	0,15151	0,303	1,38	0,91621	0,08379	0,168
1,04	0,85083	0,14917	0,298	1,39	0,91774	0,08226	0,165

Tabelle 1

z-Tabelle

z	$\Phi(z)$	$\Phi(-z)$	p	z	$\Phi(z)$	$\Phi(-z)$	p
1,40	0,91924	0,08076	0,162	1,75	0,95994	0,04006	0,080
1,41	0,92073	0,07927	0,159	1,76	0,96080	0,03920	0,078
1,42	0,92220	0,07780	0,156	1,77	0,96164	0,03836	0,077
1,43	0,92364	0,07636	0,153	1,78	0,96246	0,03754	0,075
1,44	0,92507	0,07493	0,150	1,79	0,96327	0,03673	0,073
1,45	0,92647	0,07353	0,147	1,80	0,96407	0,03593	0,072
1,46	0,92785	0,07215	0,144	1,81	0,96485	0,03515	0,070
1,47	0,92922	0,07078	0,142	1,82	0,96562	0,03438	0,069
1,48	0,93056	0,06944	0,139	1,83	0,96638	0,03362	0,067
1,49	0,93189	0,06811	0,136	1,84	0,96712	0,03288	0,066
1,50	0,93319	0,06681	0,134	1,85	0,96784	0,03216	0,064
1,51	0,93448	0,06552	0,131	1,86	0,96856	0,03144	0,063
1,52	0,93574	0,06426	0,129	1,87	0,96926	0,03074	0,061
1,53	0,93699	0,06301	0,126	1,88	0,96995	0,03005	0,060
1,54	0,93822	0,06178	0,124	1,89	0,97062	0,02938	0,059
1,55	0,93943	0,06057	0,121	1,90	0,97128	0,02872	0,057
1,56	0,94062	0,05938	0,119	1,91	0,97193	0,02807	0,056
1,57	0,94179	0,05821	0,116	1,92	0,97257	0,02743	0,055
1,58	0,94295	0,05705	0,114	1,93	0,97320	0,02680	0,054
1,59	0,94408	0,05592	0,112	1,94	0,97381	0,02619	0,052
1,60	0,94520	0,05480	0,110	1,95	0,97441	0,02559	0,051
1,61	0,94630	0,05370	0,107	1,96	0,97500	0,02500	0,050
1,62	0,94738	0,05262	0,105	1,97	0,97558	0,02442	0,049
1,63	0,94845	0,05155	0,103	1,98	0,97615	0,02385	0,048
1,64	0,94950	0,05050	0,101	1,99	0,97670	0,02330	0,047
1,65	0,95053	0,04947	0,099	2,00	0,97725	0,02275	0,046
1,66	0,95154	0,04846	0,097	2,01	0,97778	0,02222	0,044
1,67	0,95254	0,04746	0,095	2,02	0,97831	0,02169	0,043
1,68	0,95352	0,04648	0,093	2,03	0,97882	0,02118	0,042
1,69	0,95449	0,04551	0,091	2,04	0,97932	0,02068	0,041
1,70	0,95543	0,04457	0,089	2,05	0,97982	0,02018	0,040
1,71	0,95637	0,04363	0,087	2,06	0,98030	0,01970	0,039
1,72	0,95728	0,04272	0,085	2,07	0,98077	0,01923	0,038
1,73	0,95818	0,04182	0,084	2,08	0,98124	0,01876	0,038
1,74	0,95907	0,04093	0,082	2,09	0,98169	0,01831	0,037

Tabelle 1

z-Tabelle

z	$\Phi(z)$	$\Phi(-z)$	p	z	$\Phi(z)$	$\Phi(-z)$	p
2,10	0,98214	0,01786	0,036	2,45	0,99286	0,00714	0,014
2,11	0,98257	0,01743	0,035	2,46	0,99305	0,00695	0,014
2,12	0,98300	0,01700	0,034	2,47	0,99324	0,00676	0,014
2,13	0,98341	0,01659	0,033	2,48	0,99343	0,00657	0,013
2,14	0,98382	0,01618	0,032	2,49	0,99361	0,00639	0,013
2,15	0,98422	0,01578	0,032	2,50	0,99379	0,00621	0,012
2,16	0,98461	0,01539	0,031	2,51	0,99396	0,00604	0,012
2,17	0,98500	0,01500	0,030	2,52	0,99413	0,00587	0,012
2,18	0,98537	0,01463	0,029	2,53	0,99430	0,00570	0,011
2,19	0,98574	0,01426	0,029	2,54	0,99446	0,00554	0,011
2,20	0,98610	0,01390	0,028	2,55	0,99461	0,00539	0,011
2,21	0,98645	0,01355	0,027	2,56	0,99477	0,00523	0,010
2,22	0,98679	0,01321	0,026	2,57	0,99492	0,00508	0,010
2,23	0,98713	0,01287	0,026	2,58	0,99506	0,00494	0,010
2,24	0,98745	0,01255	0,025	2,59	0,99520	0,00480	0,010
2,25	0,98778	0,01222	0,024	2,60	0,99534	0,00466	0,009
2,26	0,98809	0,01191	0,024	2,61	0,99547	0,00453	0,009
2,27	0,98840	0,01160	0,023	2,62	0,99560	0,00440	0,009
2,28	0,98870	0,01130	0,023	2,63	0,99573	0,00427	0,009
2,29	0,98899	0,01101	0,022	2,64	0,99585	0,00415	0,008
2,30	0,98928	0,01072	0,021	2,65	0,99598	0,00402	0,008
2,31	0,98956	0,01044	0,021	2,66	0,99609	0,00391	0,008
2,32	0,98983	0,01017	0,020	2,67	0,99621	0,00379	0,008
2,33	0,99010	0,00990	0,020	2,68	0,99632	0,00368	0,007
2,34	0,99036	0,00964	0,019	2,69	0,99643	0,00357	0,007
2,35	0,99061	0,00939	0,019	2,70	0,99653	0,00347	0,007
2,36	0,99086	0,00914	0,018	2,71	0,99664	0,00336	0,007
2,37	0,99111	0,00889	0,018	2,72	0,99674	0,00326	0,007
2,38	0,99134	0,00866	0,017	2,73	0,99683	0,00317	0,006
2,39	0,99158	0,00842	0,017	2,74	0,99693	0,00307	0,006
2,40	0,99180	0,00820	0,016	2,75	0,99702	0,00298	0,006
2,41	0,99202	0,00798	0,016	2,76	0,99711	0,00289	0,006
2,42	0,99224	0,00776	0,016	2,77	0,99720	0,00280	0,006
2,43	0,99245	0,00755	0,015	2,78	0,99728	0,00272	0,005
2,44	0,99266	0,00734	0,015	2,79	0,99736	0,00264	0,005

Tabelle 1

z-Tabelle

z	$\Phi(z)$	$\Phi(-z)$	p	z	$\Phi(z)$	$\Phi(-z)$	p
2,80	0,99744	0,00256	0,005	3,15	0,99918	0,00082	0,002
2,81	0,99752	0,00248	0,005	3,16	0,99921	0,00079	0,002
2,82	0,99760	0,00240	0,005	3,17	0,99924	0,00076	0,002
2,83	0,99767	0,00233	0,005	3,18	0,99926	0,00074	0,001
2,84	0,99774	0,00226	0,005	3,19	0,99929	0,00071	0,001
2,85	0,99781	0,00219	0,004	3,20	0,99931	0,00069	0,001
2,86	0,99788	0,00212	0,004	3,21	0,99934	0,00066	0,001
2,87	0,99795	0,00205	0,004	3,22	0,99936	0,00064	0,001
2,88	0,99801	0,00199	0,004	3,23	0,99938	0,00062	0,001
2,89	0,99807	0,00193	0,004	3,24	0,99940	0,00060	0,001
2,90	0,99813	0,00187	0,004	3,25	0,99942	0,00058	0,001
2,91	0,99819	0,00181	0,004	3,26	0,99944	0,00056	0,001
2,92	0,99825	0,00175	0,004	3,27	0,99946	0,00054	0,001
2,93	0,99831	0,00169	0,003	3,28	0,99948	0,00052	0,001
2,94	0,99836	0,00164	0,003	3,29	0,99950	0,00050	0,001
2,95	0,99841	0,00159	0,003	3,30	0,99952	0,00048	0,001
2,96	0,99846	0,00154	0,003	3,31	0,99953	0,00047	0,001
2,97	0,99851	0,00149	0,003	3,32	0,99955	0,00045	0,001
2,98	0,99856	0,00144	0,003	3,33	0,99957	0,00043	0,001
2,99	0,99861	0,00139	0,003	3,34	0,99958	0,00042	0,001
3,00	0,99865	0,00135	0,003	3,35	0,99960	0,00040	0,001
3,01	0,99869	0,00131	0,003	3,36	0,99961	0,00039	0,001
3,02	0,99874	0,00126	0,003	3,37	0,99962	0,00038	0,001
3,03	0,99878	0,00122	0,002	3,38	0,99964	0,00036	0,001
3,04	0,99882	0,00118	0,002	3,39	0,99965	0,00035	0,001
3,05	0,99886	0,00114	0,002	3,40	0,99966	0,00034	0,001
3,06	0,99889	0,00111	0,002	3,41	0,99968	0,00032	0,001
3,07	0,99893	0,00107	0,002	3,42	0,99969	0,00031	0,001
3,08	0,99896	0,00104	0,002	3,43	0,99970	0,00030	0,001
3,09	0,99900	0,00100	0,002	3,44	0,99971	0,00029	0,001
3,10	0,99903	0,00097	0,002	3,45	0,99972	0,00028	0,001
3,11	0,99906	0,00094	0,002	3,46	0,99973	0,00027	0,001
3,12	0,99910	0,00090	0,002	3,47	0,99974	0,00026	0,001
3,13	0,99913	0,00087	0,002	3,48	0,99975	0,00025	0,001
3,14	0,99916	0,00084	0,002	3,49	0,99976	0,00024	0,000

Tabelle 2

t-Tabelle

df	p = 0,05	p = 0,01	p = 0,001	df	p = 0,05	p = 0,01	p = 0,001
1	12,706	63,657	636,619	36	2,028	2,719	3,582
2	4,303	9,925	31,599	37	2,026	2,715	3,574
3	3,182	5,841	12,924	38	2,024	2,712	3,566
4	2,776	4,604	8,610	39	2,023	2,708	3,558
5	2,571	4,032	6,869	40	2,021	2,704	3,551
6	2,447	3,707	5,959	41	2,020	2,701	3,544
7	2,365	3,499	5,408	42	2,018	2,698	3,538
8	2,306	3,355	5,041	43	2,017	2,695	3,532
9	2,262	3,250	4,781	44	2,015	2,692	3,526
10	2,228	3,169	4,587	45	2,014	2,690	3,520
11	2,201	3,106	4,437	46	2,013	2,687	3,515
12	2,179	3,055	4,318	47	2,012	2,685	3,510
13	2,160	3,012	4,221	48	2,011	2,682	3,505
14	2,145	2,977	4,140	49	2,010	2,680	3,500
15	2,131	2,947	4,073	50	2,009	2,678	3,496
16	2,120	2,921	4,015	51	2,008	2,676	3,492
17	2,110	2,898	3,965	52	2,007	2,674	3,488
18	2,101	2,878	3,922	53	2,006	2,672	3,484
19	2,093	2,861	3,883	54	2,005	2,670	3,480
20	2,086	2,845	3,850	55	2,004	2,668	3,476
21	2,080	2,831	3,819	56	2,003	2,667	3,473
22	2,074	2,819	3,792	57	2,002	2,665	3,470
23	2,069	2,807	3,768	58	2,002	2,663	3,466
24	2,064	2,797	3,745	59	2,001	2,662	3,463
25	2,060	2,787	3,725	60	2,000	2,660	3,460
26	2,056	2,779	3,707	61	2,000	2,659	3,457
27	2,052	2,771	3,690	62	1,999	2,657	3,454
28	2,048	2,763	3,674	63	1,998	2,656	3,452
29	2,045	2,756	3,659	64	1,998	2,655	3,449
30	2,042	2,750	3,646	65	1,997	2,654	3,447
31	2,040	2,744	3,633	66	1,997	2,652	3,444
32	2,037	2,738	3,622	67	1,996	2,651	3,442
33	2,035	2,733	3,611	68	1,995	2,650	3,439
34	2,032	2,728	3,601	69	1,995	2,649	3,437
35	2,030	2,724	3,591	70	1,994	2,648	3,435

Tabelle 2

t-Tabelle

df	$p = 0{,}05$	$p = 0{,}01$	$p = 0{,}001$	df	$p = 0{,}05$	$p = 0{,}01$	$p = 0{,}001$
71	1,994	2,647	3,433	160	1,975	2,607	3,352
72	1,993	2,646	3,431	170	1,974	2,605	3,349
73	1,993	2,645	3,429	180	1,973	2,603	3,345
74	1,993	2,644	3,427	190	1,973	2,602	3,342
75	1,992	2,643	3,425	200	1,972	2,601	3,340
76	1,992	2,642	3,423	210	1,971	2,599	3,337
77	1,991	2,641	3,421	220	1,971	2,598	3,335
78	1,991	2,640	3,420	230	1,970	2,597	3,333
79	1,990	2,640	3,418	240	1,970	2,596	3,332
80	1,990	2,639	3,416	250	1,969	2,596	3,330
81	1,990	2,638	3,415	260	1,969	2,595	3,328
82	1,989	2,637	3,413	270	1,969	2,594	3,327
83	1,989	2,636	3,412	280	1,968	2,594	3,326
84	1,989	2,636	3,410	290	1,968	2,593	3,324
85	1,988	2,635	3,409	300	1,968	2,592	3,323
86	1,988	2,634	3,407	310	1,968	2,592	3,322
87	1,988	2,634	3,406	320	1,967	2,591	3,321
88	1,987	2,633	3,405	330	1,967	2,591	3,320
89	1,987	2,632	3,403	340	1,967	2,590	3,319
90	1,987	2,632	3,402	350	1,967	2,590	3,319
91	1,986	2,631	3,401	360	1,967	2,590	3,318
92	1,986	2,630	3,399	370	1,966	2,589	3,317
93	1,986	2,630	3,398	380	1,966	2,589	3,316
94	1,986	2,629	3,397	390	1,966	2,588	3,316
95	1,985	2,629	3,396	400	1,966	2,588	3,315
96	1,985	2,628	3,395	410	1,966	2,588	3,314
97	1,985	2,627	3,394	420	1,966	2,588	3,314
98	1,984	2,627	3,393	430	1,965	2,587	3,313
99	1,984	2,626	3,392	440	1,965	2,587	3,313
100	1,984	2,626	3,390	450	1,965	2,587	3,312
110	1,982	2,621	3,381	460	1,965	2,587	3,312
120	1,980	2,617	3,373	470	1,965	2,586	3,311
130	1,978	2,614	3,367	480	1,965	2,586	3,311
140	1,977	2,611	3,361	490	1,965	2,586	3,310
150	1,976	2,609	3,357	500	1,965	2,586	3,310

Tabelle 2

t-Tabelle

df	$p = 0{,}05$	$p = 0{,}01$	$p = 0{,}001$	df	$p = 0{,}05$	$p = 0{,}01$	$p = 0{,}001$
510	1,965	2,586	3,310	810	1,963	2,582	3,303
520	1,965	2,585	3,309	820	1,963	2,582	3,302
530	1,964	2,585	3,309	830	1,963	2,582	3,302
540	1,964	2,585	3,309	840	1,963	2,582	3,302
550	1,964	2,585	3,308	850	1,963	2,582	3,302
560	1,964	2,585	3,308	860	1,963	2,582	3,302
570	1,964	2,584	3,308	870	1,963	2,581	3,302
580	1,964	2,584	3,307	880	1,963	2,581	3,302
590	1,964	2,584	3,307	890	1,963	2,581	3,301
600	1,964	2,584	3,307	900	1,963	2,581	3,301
610	1,964	2,584	3,307	910	1,963	2,581	3,301
620	1,964	2,584	3,306	920	1,963	2,581	3,301
630	1,964	2,584	3,306	930	1,963	2,581	3,301
640	1,964	2,584	3,306	940	1,962	2,581	3,301
650	1,964	2,583	3,306	950	1,962	2,581	3,301
660	1,964	2,583	3,305	960	1,962	2,581	3,301
670	1,964	2,583	3,305	970	1,962	2,581	3,301
680	1,963	2,583	3,305	980	1,962	2,581	3,300
690	1,963	2,583	3,305	990	1,962	2,581	3,300
700	1,963	2,583	3,304	1000	1,962	2,581	3,300
710	1,963	2,583	3,304	1500	1,962	2,579	3,297
720	1,963	2,583	3,304	2000	1,961	2,578	3,295
730	1,963	2,583	3,304	3000	1,961	2,577	3,294
740	1,963	2,582	3,304	4000	1,961	2,577	3,293
750	1,963	2,582	3,304	5000	1,960	2,577	3,292
760	1,963	2,582	3,303	6000	1,960	2,577	3,292
770	1,963	2,582	3,303	7000	1,960	2,577	3,292
780	1,963	2,582	3,303	8000	1,960	2,576	3,292
790	1,963	2,582	3,303	9000	1,960	2,576	3,292
800	1,963	2,582	3,303	10000	1,960	2,576	3,291

Tabelle 3

F-Tabelle für $p = 0,05$

	$df1$									
$df2$	1	2	3	4	5	6	7	8	9	10
1	162	200	216	225	230	234	237	239	241	242
2	18,51	19,00	19,16	19,25	19,30	19,33	19,35	19,37	19,38	19,40
3	10,13	9,55	9,28	9,12	9,01	8,94	8,89	8,85	8,81	8,79
4	7,71	6,94	6,59	6,39	6,26	6,16	6,09	6,04	6,00	5,96
5	6,61	5,79	5,41	5,19	5,05	4,95	4,88	4,82	4,77	4,73
6	5,99	5,14	4,76	4,53	4,39	4,28	4,21	4,15	4,10	4,06
7	5,59	4,74	4,35	4,12	3,97	3,87	3,79	3,73	3,68	3,64
8	5,32	4,46	4,07	3,84	3,69	3,58	3,50	3,44	3,39	3,35
9	5,12	4,26	3,86	3,63	3,48	3,37	3,29	3,23	3,18	3,14
10	4,96	4,10	3,71	3,48	3,33	3,22	3,14	3,07	3,02	2,98
11	4,84	3,98	3,59	3,36	3,20	3,09	3,01	2,95	2,90	2,85
12	4,75	3,89	3,49	3,26	3,11	3,00	2,91	2,85	2,80	2,75
13	4,67	3,81	3,41	3,18	3,03	2,92	2,83	2,77	2,71	2,67
14	4,60	3,74	3,34	3,11	2,96	2,85	2,76	2,70	2,65	2,60
15	4,54	3,68	3,29	3,06	2,90	2,79	2,71	2,64	2,59	2,54
16	4,49	3,63	3,24	3,01	2,85	2,74	2,66	2,59	2,54	2,49
17	4,45	3,59	3,20	2,96	2,81	2,70	2,61	2,55	2,49	2,45
18	4,41	3,55	3,16	2,93	2,77	2,66	2,58	2,51	2,46	2,41
19	4,38	3,52	3,13	2,90	2,74	2,63	2,54	2,48	2,42	2,38
20	4,35	3,49	3,10	2,87	2,71	2,60	2,51	2,45	2,39	2,35
22	4,30	3,44	3,05	2,82	2,66	2,55	2,46	2,40	2,34	2,30
24	4,26	3,40	3,01	2,78	2,62	2,51	2,42	2,36	2,30	2,25
26	4,23	3,37	2,98	2,74	2,59	2,47	2,39	2,32	2,27	2,22
28	4,20	3,34	2,95	2,71	2,56	2,45	2,36	2,29	2,24	2,19
30	4,17	3,32	2,92	2,69	2,53	2,42	2,33	2,27	2,21	2,16
35	4,12	3,27	2,87	2,64	2,49	2,37	2,29	2,22	2,16	2,11
40	4,08	3,23	2,84	2,61	2,45	2,34	2,25	2,18	2,12	2,08
45	4,06	3,20	2,81	2,58	2,42	2,31	2,22	2,15	2,10	2,05
50	4,03	3,18	2,79	2,56	2,40	2,29	2,20	2,13	2,07	2,03
60	4,00	3,15	2,76	2,53	2,37	2,25	2,17	2,10	2,04	1,99
70	3,98	3,13	2,74	2,50	2,35	2,23	2,14	2,07	2,02	1,97
80	3,96	3,11	2,72	2,49	2,33	2,21	2,13	2,06	2,00	1,95
100	3,94	3,09	2,70	2,46	2,31	2,19	2,10	2,03	1,97	1,93
1000	3,85	3,00	2,61	2,38	2,22	2,11	2,02	1,95	1,89	1,84
∞	3,84	3,00	2,61	2,37	2,21	2,10	2,01	1,94	1,88	1,83

Tabelle 3

F-Tabelle für $p = 0{,}05$

df2	df1									
	12	14	16	18	20	30	40	50	100	1000
1	244	245	247	248	248	250	251	252	253	254
2	19,41	19,44	19,45	19,45	19,46	19,48	19,49	19,49	19,50	19,51
3	8,74	8,71	8,69	8,67	8,66	8,62	8,59	8,58	8,55	8,50
4	5,91	5,87	5,84	5,82	5,80	5,75	5,72	5,70	5,66	5,60
5	4,68	4,64	4,60	4,58	4,56	4,50	4,46	4,44	4,40	4,37
6	4,00	3,96	3,92	3,90	3,87	3,81	3,77	3,75	3,71	3,67
7	3,57	3,53	3,49	3,47	3,44	3,38	3,34	3,32	3,27	3,23
8	3,28	3,24	3,20	3,17	3,15	3,08	3,04	3,02	2,97	2,93
9	3,07	3,03	2,99	2,96	2,94	2,86	2,83	2,80	2,76	2,71
10	2,91	2,86	2,83	2,80	2,77	2,70	2,66	2,64	2,59	2,54
11	2,79	2,74	2,70	2,67	2,65	2,57	2,53	2,51	2,46	2,41
12	2,69	2,64	2,60	2,57	2,54	2,47	2,43	2,40	2,35	2,30
13	2,60	2,55	2,51	2,48	2,46	2,38	2,34	2,31	2,26	2,21
14	2,53	2,48	2,44	2,41	2,39	2,31	2,27	2,24	2,19	2,14
15	2,48	2,42	2,38	2,35	2,33	2,25	2,20	2,18	2,12	2,07
16	2,42	2,37	2,33	2,30	2,28	2,19	2,15	2,12	2,07	2,02
17	2,38	2,33	2,29	2,26	2,23	2,15	2,10	2,08	2,02	1,97
18	2,34	2,29	2,25	2,22	2,19	2,11	2,06	2,04	1,98	1,92
19	2,31	2,26	2,21	2,18	2,16	2,07	2,03	2,00	1,94	1,88
20	2,28	2,22	2,18	2,15	2,12	2,04	1,99	1,97	1,91	1,85
22	2,23	2,17	2,13	2,10	2,07	1,98	1,94	1,91	1,85	1,79
24	2,18	2,13	2,09	2,05	2,03	1,94	1,89	1,86	1,80	1,74
26	2,15	2,09	2,05	2,02	1,99	1,90	1,85	1,82	1,76	1,70
28	2,12	2,06	2,02	1,99	1,96	1,87	1,82	1,79	1,73	1,66
30	2,09	2,04	1,99	1,96	1,93	1,84	1,79	1,76	1,70	1,63
35	2,04	1,99	1,94	1,91	1,88	1,79	1,74	1,70	1,63	1,57
40	2,00	1,95	1,90	1,87	1,84	1,74	1,69	1,66	1,59	1,52
45	1,97	1,92	1,87	1,84	1,81	1,71	1,66	1,63	1,55	1,48
50	1,95	1,89	1,85	1,81	1,78	1,69	1,63	1,60	1,52	1,45
60	1,92	1,86	1,82	1,78	1,75	1,65	1,59	1,56	1,48	1,40
70	1,89	1,84	1,79	1,75	1,72	1,62	1,57	1,53	1,45	1,36
80	1,88	1,82	1,77	1,73	1,70	1,60	1,54	1,51	1,43	1,34
100	1,85	1,79	1,75	1,71	1,68	1,57	1,52	1,48	1,39	1,30
1000	1,76	1,70	1,65	1,61	1,58	1,47	1,41	1,36	1,26	1,11
∞	1,75	1,69	1,64	1,60	1,57	1,46	1,39	1,35	1,24	1,08

Tabelle 3

F-Tabelle für $p = 0{,}01$

$df2$	$df1$									
	1	2	3	4	5	6	7	8	9	10
1	4052	4999	5403	5625	5764	5859	5928	5981	6022	6056
2	98,50	99,00	99,22	99,33	99,40	99,44	99,48	99,50	99,52	99,53
3	34,12	30,82	29,46	28,71	28,24	27,91	27,67	27,49	27,35	27,23
4	21,20	18,00	16,69	15,98	15,52	15,21	14,98	14,80	14,66	14,55
5	16,26	13,27	12,06	11,39	10,97	10,67	10,46	10,29	10,16	10,05
6	13,75	10,92	9,78	9,15	8,75	8,47	8,26	8,10	7,98	7,87
7	12,25	9,55	8,45	7,85	7,46	7,19	6,99	6,84	6,72	6,62
8	11,26	8,65	7,59	7,01	6,63	6,37	6,18	6,03	5,91	5,81
9	10,56	8,02	6,99	6,42	6,06	5,80	5,61	5,47	5,35	5,26
10	10,04	7,56	6,55	5,99	5,64	5,39	5,20	5,06	4,94	4,85
11	9,65	7,21	6,22	5,67	5,32	5,07	4,89	4,74	4,63	4,54
12	9,33	6,93	5,95	5,41	5,06	4,82	4,64	4,50	4,39	4,30
13	9,07	6,70	5,74	5,21	4,86	4,62	4,44	4,30	4,19	4,10
14	8,86	6,51	5,56	5,04	4,69	4,46	4,28	4,14	4,03	3,94
15	8,68	6,36	5,42	4,89	4,56	4,32	4,14	4,00	3,89	3,80
16	8,53	6,23	5,29	4,77	4,44	4,20	4,03	3,89	3,78	3,69
17	8,40	6,11	5,18	4,67	4,34	4,10	3,93	3,79	3,68	3,59
18	8,29	6,01	5,09	4,58	4,25	4,01	3,84	3,71	3,60	3,51
19	8,18	5,93	5,01	4,50	4,17	3,94	3,77	3,63	3,52	3,43
20	8,10	5,85	4,94	4,43	4,10	3,87	3,70	3,56	3,46	3,37
22	7,95	5,72	4,82	4,31	3,99	3,76	3,59	3,45	3,35	3,26
24	7,82	5,61	4,72	4,22	3,90	3,67	3,50	3,36	3,26	3,17
26	7,72	5,53	4,64	4,14	3,82	3,59	3,42	3,29	3,18	3,09
28	7,64	5,45	4,57	4,07	3,75	3,53	3,36	3,23	3,12	3,03
30	7,56	5,39	4,51	4,02	3,70	3,47	3,30	3,17	3,07	2,98
35	7,42	5,27	4,40	3,91	3,59	3,37	3,20	3,07	2,96	2,88
40	7,31	5,18	4,31	3,83	3,51	3,29	3,12	2,99	2,89	2,80
45	7,23	5,11	4,25	3,77	3,45	3,23	3,07	2,94	2,83	2,74
50	7,17	5,06	4,20	3,72	3,41	3,19	3,02	2,89	2,78	2,70
60	7,08	4,98	4,13	3,65	3,34	3,12	2,95	2,82	2,72	2,63
70	7,01	4,92	4,07	3,60	3,29	3,07	2,91	2,78	2,67	2,59
80	6,96	4,88	4,04	3,56	3,26	3,04	2,87	2,74	2,64	2,55
100	6,90	4,82	3,98	3,51	3,21	2,99	2,82	2,69	2,59	2,50
1000	6,66	4,63	3,80	3,34	3,04	2,82	2,66	2,53	2,43	2,34
∞	6,58	4,61	3,78	3,32	3,02	2,80	2,64	2,51	2,41	2,32

Tabelle 3

F-Tabelle für $p = 0,01$

df2	\multicolumn{10}{c}{df1}									
	12	14	16	18	20	30	40	50	100	1000
1	6106	6143	6170	6192	6209	6261	6287	6303	6334	6363
2	99,55	99,57	99,58	99,59	99,60	99,62	99,63	99,64	99,65	99,66
3	27,05	26,92	26,83	26,75	26,69	26,47	26,38	26,33	26,21	26,11
4	14,37	14,25	14,15	14,08	14,02	13,84	13,75	13,69	13,58	13,43
5	9,89	9,77	9,68	9,61	9,55	9,38	9,29	9,24	9,13	8,99
6	7,72	7,60	7,52	7,45	7,40	7,23	7,14	7,09	6,99	6,85
7	6,47	6,36	6,27	6,21	6,16	5,99	5,91	5,86	5,75	5,66
8	5,67	5,56	5,48	5,41	5,36	5,20	5,12	5,07	4,96	4,87
9	5,11	5,01	4,92	4,86	4,81	4,65	4,57	4,52	4,41	4,32
10	4,71	4,60	4,52	4,46	4,41	4,25	4,16	4,12	4,01	3,92
11	4,40	4,29	4,21	4,15	4,10	3,94	3,86	3,81	3,71	3,61
12	4,16	4,05	3,97	3,91	3,86	3,70	3,62	3,57	3,47	3,37
13	3,96	3,86	3,78	3,72	3,66	3,51	3,43	3,38	3,27	3,18
14	3,80	3,70	3,62	3,56	3,51	3,35	3,27	3,22	3,11	3,01
15	3,67	3,56	3,49	3,42	3,37	3,21	3,13	3,08	2,98	2,88
16	3,55	3,45	3,37	3,31	3,26	3,10	3,02	2,97	2,86	2,76
17	3,46	3,35	3,27	3,21	3,16	3,00	2,92	2,87	2,76	2,66
18	3,37	3,27	3,19	3,13	3,08	2,92	2,84	2,78	2,68	2,58
19	3,30	3,19	3,12	3,05	3,00	2,84	2,76	2,71	2,60	2,50
20	3,23	3,13	3,05	2,99	2,94	2,78	2,69	2,64	2,54	2,43
22	3,12	3,02	2,94	2,88	2,83	2,67	2,58	2,53	2,42	2,32
24	3,03	2,93	2,85	2,79	2,74	2,58	2,49	2,44	2,33	2,22
26	2,96	2,86	2,78	2,72	2,66	2,50	2,42	2,36	2,25	2,14
28	2,90	2,79	2,72	2,65	2,60	2,44	2,35	2,30	2,19	2,08
30	2,84	2,74	2,66	2,60	2,55	2,39	2,30	2,25	2,13	2,02
35	2,74	2,64	2,56	2,50	2,44	2,28	2,19	2,14	2,02	1,90
40	2,66	2,56	2,48	2,42	2,37	2,20	2,11	2,06	1,94	1,82
45	2,61	2,51	2,43	2,36	2,31	2,14	2,05	2,00	1,88	1,75
50	2,56	2,46	2,38	2,32	2,27	2,10	2,01	1,95	1,82	1,70
60	2,50	2,39	2,31	2,25	2,20	2,03	1,94	1,88	1,75	1,62
70	2,45	2,35	2,27	2,20	2,15	1,98	1,89	1,83	1,70	1,56
80	2,42	2,31	2,23	2,17	2,12	1,94	1,85	1,79	1,65	1,51
100	2,37	2,27	2,19	2,12	2,07	1,89	1,80	1,74	1,60	1,45
1000	2,20	2,10	2,02	1,95	1,90	1,72	1,61	1,54	1,38	1,16
∞	2,18	2,08	2,00	1,93	1,88	1,70	1,59	1,52	1,36	1,11

Tabelle 3

F-Tabelle für $p = 0,001$

$df2$	\multicolumn{10}{c}{$df1$}									
	1	2	3	4	5	6	7	8	9	10
1										
2	999	999	999	999	999	999	999	999	999	999
3	167,03	148,50	141,11	137,10	134,58	132,85	131,58	130,62	129,86	129,25
4	74,13	61,24	56,17	53,43	51,70	50,52	49,65	48,99	48,47	48,05
5	47,18	37,12	33,20	31,08	29,75	28,83	28,16	27,65	27,24	26,92
6	35,51	27,00	23,70	21,92	20,80	20,03	19,46	19,03	18,69	18,41
7	29,25	21,69	18,77	17,20	16,21	15,52	15,02	14,63	14,33	14,08
8	25,41	18,49	15,83	14,39	13,48	12,86	12,40	12,05	11,77	11,54
9	22,86	16,39	13,90	12,56	11,71	11,13	10,70	10,37	10,11	9,89
10	21,04	14,91	12,55	11,28	10,48	9,93	9,52	9,20	8,96	8,75
11	19,69	13,81	11,56	10,35	9,58	9,05	8,66	8,35	8,12	7,92
12	18,64	12,97	10,80	9,63	8,89	8,38	8,00	7,71	7,48	7,29
13	17,82	12,31	10,21	9,07	8,35	7,86	7,49	7,21	6,98	6,80
14	17,14	11,78	9,73	8,62	7,92	7,44	7,08	6,80	6,58	6,40
15	16,59	11,34	9,34	8,25	7,57	7,09	6,74	6,47	6,26	6,08
16	16,12	10,97	9,01	7,94	7,27	6,80	6,46	6,19	5,98	5,81
17	15,72	10,66	8,73	7,68	7,02	6,56	6,22	5,96	5,75	5,58
18	15,38	10,39	8,49	7,46	6,81	6,35	6,02	5,76	5,56	5,39
19	15,08	10,16	8,28	7,27	6,62	6,18	5,85	5,59	5,39	5,22
20	14,82	9,95	8,10	7,10	6,46	6,02	5,69	5,44	5,24	5,08
22	14,38	9,61	7,80	6,81	6,19	5,76	5,44	5,19	4,99	4,83
24	14,03	9,34	7,55	6,59	5,98	5,55	5,23	4,99	4,80	4,64
26	13,74	9,12	7,36	6,41	5,80	5,38	5,07	4,83	4,64	4,48
28	13,50	8,93	7,19	6,25	5,66	5,24	4,93	4,69	4,50	4,35
30	13,29	8,77	7,05	6,12	5,53	5,12	4,82	4,58	4,39	4,24
35	12,90	8,47	6,79	5,88	5,30	4,89	4,59	4,36	4,18	4,03
40	12,61	8,25	6,59	5,70	5,13	4,73	4,44	4,21	4,02	3,87
45	12,39	8,09	6,45	5,56	5,00	4,61	4,32	4,09	3,91	3,76
50	12,22	7,96	6,34	5,46	4,90	4,51	4,22	4,00	3,82	3,67
60	11,97	7,77	6,17	5,31	4,76	4,37	4,09	3,86	3,69	3,54
70	11,80	7,64	6,06	5,20	4,66	4,28	3,99	3,77	3,60	3,45
80	11,67	7,54	5,97	5,12	4,58	4,20	3,92	3,70	3,53	3,39
100	11,50	7,41	5,86	5,02	4,48	4,11	3,83	3,61	3,44	3,30
1000	10,89	6,96	5,46	4,65	4,14	3,78	3,51	3,30	3,13	2,99
∞	10,82	6,91	5,42	4,62	4,10	3,74	3,47	3,27	3,10	2,96

Tabelle 3

F-Tabelle für $p = 0{,}001$

$df2$	\multicolumn{10}{c}{$df1$}
	12	14	16	18	20	30	40	50	100	1000
1										
2	999	999	999	999	999	1000	1000	1000	1000	1000
3	1282	128	127	126	1263	125	125	1240	124	111
4	47,41	46,94	46,59	46,32	46,09	45,42	45,08	44,88	44,46	43,46
5	26,42	26,06	25,78	25,57	25,38	24,86	24,59	24,43	24,11	23,81
6	17,99	17,68	17,45	17,27	17,12	16,67	16,44	16,31	16,02	15,76
7	13,71	13,43	13,23	13,06	12,93	12,53	12,33	12,20	11,95	11,71
8	11,19	10,94	10,75	10,60	10,48	10,11	9,92	9,80	9,57	9,35
9	9,57	9,33	9,15	9,01	8,90	8,55	8,37	8,26	8,04	7,82
10	8,45	8,22	8,05	7,91	7,80	7,47	7,30	7,19	6,98	6,77
11	7,63	7,41	7,24	7,11	7,01	6,68	6,52	6,42	6,21	6,01
12	7,00	6,79	6,63	6,51	6,40	6,09	5,93	5,83	5,63	5,43
13	6,52	6,31	6,16	6,03	5,93	5,63	5,47	5,37	5,17	4,98
14	6,13	5,93	5,78	5,66	5,56	5,25	5,10	5,00	4,81	4,62
15	5,81	5,62	5,46	5,35	5,25	4,95	4,80	4,70	4,51	4,33
16	5,55	5,35	5,20	5,09	4,99	4,70	4,54	4,45	4,26	4,08
17	5,32	5,13	4,99	4,87	4,78	4,48	4,33	4,24	4,05	3,87
18	5,13	4,94	4,80	4,68	4,59	4,30	4,15	4,06	3,87	3,69
19	4,97	4,78	4,64	4,52	4,43	4,14	3,99	3,90	3,71	3,53
20	4,82	4,64	4,49	4,38	4,29	4,00	3,86	3,76	3,58	3,40
22	4,58	4,40	4,26	4,15	4,06	3,78	3,63	3,54	3,35	3,17
24	4,39	4,21	4,07	3,96	3,87	3,59	3,45	3,36	3,17	2,99
26	4,24	4,06	3,92	3,81	3,72	3,44	3,30	3,21	3,02	2,84
28	4,11	3,93	3,80	3,69	3,60	3,32	3,18	3,09	2,90	2,72
30	4,00	3,82	3,69	3,58	3,49	3,22	3,07	2,98	2,79	2,61
35	3,79	3,62	3,48	3,38	3,29	3,02	2,87	2,78	2,59	2,40
40	3,64	3,47	3,34	3,23	3,14	2,87	2,73	2,64	2,44	2,25
45	3,53	3,36	3,23	3,12	3,04	2,76	2,62	2,53	2,33	2,14
50	3,44	3,27	3,14	3,04	2,95	2,68	2,53	2,44	2,25	2,05
60	3,32	3,15	3,02	2,91	2,83	2,55	2,41	2,32	2,12	1,91
70	3,23	3,06	2,93	2,83	2,74	2,47	2,32	2,23	2,03	1,82
80	3,16	3,00	2,87	2,76	2,68	2,41	2,26	2,16	1,96	1,75
100	3,07	2,91	2,78	2,68	2,59	2,32	2,17	2,08	1,87	1,64
1000	2,77	2,61	2,48	2,38	2,30	2,02	1,87	1,77	1,53	1,22
∞	2,74	2,58	2,45	2,35	2,27	1,99	1,84	1,73	1,49	1,14

Tabelle 4

χ^2-Tabelle

df	p = 0,05	p = 0,01	p = 0,001	df	p = 0,05	p = 0,01	p = 0,001
1	3,841	6,635	10,828	36	50,998	58,619	67,985
2	5,991	9,210	13,816	37	52,192	59,893	69,346
3	7,815	11,345	16,266	38	53,384	61,162	70,703
4	9,488	13,277	18,467	39	54,572	62,428	72,055
5	11,070	15,086	20,515	40	55,758	63,691	73,402
6	12,592	16,812	22,458	41	56,942	64,950	74,745
7	14,067	18,475	24,322	42	58,124	66,206	76,084
8	15,507	20,090	26,124	43	59,304	67,459	77,419
9	16,919	21,666	27,877	44	60,481	68,710	78,750
10	18,307	23,209	29,588	45	61,656	69,957	80,077
11	19,675	24,725	31,264	46	62,830	71,201	81,400
12	21,026	26,217	32,909	47	64,001	72,443	82,720
13	22,362	27,688	34,528	48	65,171	73,683	84,037
14	23,685	29,141	36,123	49	66,339	74,919	85,351
15	24,996	30,578	37,697	50	67,505	76,154	86,661
16	26,296	32,000	39,252	51	68,669	77,386	87,968
17	27,587	33,409	40,790	52	69,832	78,616	89,272
18	28,869	34,805	42,312	53	70,993	79,843	90,573
19	30,144	36,191	43,820	54	72,153	81,069	91,872
20	31,410	37,566	45,315	55	73,311	82,292	93,168
21	32,671	38,932	46,797	56	74,468	83,513	94,461
22	33,924	40,289	48,268	57	75,624	84,733	95,751
23	35,172	41,638	49,728	58	76,778	85,950	97,039
24	36,415	42,980	51,179	59	77,931	87,166	98,324
25	37,652	44,314	52,620	60	79,082	88,379	99,607
26	38,885	45,642	54,052	61	80,232	89,591	100,888
27	40,113	46,963	55,476	62	81,381	90,802	102,166
28	41,337	48,278	56,892	63	82,529	92,010	103,442
29	42,557	49,588	58,301	64	83,675	93,217	104,716
30	43,773	50,892	59,703	65	84,821	94,422	105,988
31	44,985	52,191	61,098	66	85,965	95,626	107,258
32	46,194	53,486	62,487	67	87,108	96,828	108,526
33	47,400	54,776	63,870	68	88,250	98,028	109,791
34	48,602	56,061	65,247	69	89,391	99,228	111,055
35	49,802	57,342	66,619	70	90,531	100,425	112,317

Tabelle 4

χ^2-Tabelle

df	$p = 0,05$	$p = 0,01$	$p = 0,001$	df	$p = 0,05$	$p = 0,01$	$p = 0,001$
71	91,670	101,621	113,577	106	131,031	142,780	156,740
72	92,808	102,816	114,835	107	132,144	143,940	157,952
73	93,945	104,010	116,092	108	133,257	145,099	159,162
74	95,081	105,202	117,346	109	134,369	146,257	160,372
75	96,217	106,393	118,599	110	135,480	147,414	161,581
76	97,351	107,583	119,850	111	136,591	148,571	162,788
77	98,484	108,771	121,100	112	137,701	149,727	163,995
78	99,617	109,958	122,348	113	138,811	150,882	165,201
79	100,749	111,144	123,594	114	139,921	152,037	166,406
80	101,879	112,329	124,839	115	141,030	153,191	167,610
81	103,010	113,512	126,083	116	142,138	154,344	168,813
82	104,139	114,695	127,324	117	143,246	155,496	170,016
83	105,267	115,876	128,565	118	144,354	156,648	171,217
84	106,395	117,057	129,804	119	145,461	157,800	172,418
85	107,522	118,236	131,041	120	146,567	158,950	173,617
86	108,648	119,414	132,277	121	147,674	160,100	174,816
87	109,773	120,591	133,512	122	148,779	161,250	176,014
88	110,898	121,767	134,745	123	149,885	162,398	177,212
89	112,022	122,942	135,978	124	150,989	163,546	178,408
90	113,145	124,116	137,208	125	152,094	164,694	179,604
91	114,268	125,289	138,438	126	153,198	165,841	180,799
92	115,390	126,462	139,666	127	154,302	166,987	181,993
93	116,511	127,633	140,893	128	155,405	168,133	183,186
94	117,632	128,803	142,119	129	156,508	169,278	184,379
95	118,752	129,973	143,344	130	157,610	170,423	185,571
96	119,871	131,141	144,567	131	158,712	171,567	186,762
97	120,990	132,309	145,789	132	159,814	172,711	187,953
98	122,108	133,476	147,010	133	160,915	173,854	189,142
99	123,225	134,642	148,230	134	162,016	174,996	190,331
100	124,342	135,807	149,449	135	163,116	176,138	191,520
101	125,458	136,971	150,667	136	164,216	177,280	192,707
102	126,574	138,134	151,884	137	165,316	178,421	193,894
103	127,689	139,297	153,099	138	166,415	179,561	195,080
104	128,804	140,459	154,314	139	167,514	180,701	196,266
105	129,918	141,620	155,528	140	168,613	181,840	197,451

Tabelle 4

χ^2-Tabelle

df	$p = 0{,}05$	$p = 0{,}01$	$p = 0{,}001$	df	$p = 0{,}05$	$p = 0{,}01$	$p = 0{,}001$
141	169,711	182,979	198,635	171	202,513	216,938	233,887
142	170,809	184,118	199,819	172	203,602	218,063	235,053
143	171,907	185,256	201,002	173	204,690	219,189	236,220
144	173,004	186,393	202,184	174	205,779	220,314	237,385
145	174,101	187,530	203,366	175	206,867	221,438	238,551
146	175,198	188,666	204,547	176	207,955	222,563	239,716
147	176,294	189,802	205,727	177	209,042	223,687	240,880
148	177,390	190,938	206,907	178	210,130	224,810	242,044
149	178,485	192,073	208,086	179	211,217	225,933	243,207
150	179,581	193,208	209,265	180	212,304	227,056	244,370
151	180,676	194,342	210,443	181	213,391	228,179	245,533
152	181,770	195,476	211,620	182	214,477	229,301	246,695
153	182,865	196,609	212,797	183	215,563	230,423	247,857
154	183,959	197,742	213,973	184	216,649	231,544	249,018
155	185,052	198,874	215,149	185	217,735	232,665	250,179
156	186,146	200,006	216,324	186	218,820	233,786	251,339
157	187,239	201,138	217,499	187	219,906	234,907	252,499
158	188,332	202,269	218,673	188	220,991	236,027	253,659
159	189,424	203,400	219,846	189	222,076	237,147	254,818
160	190,516	204,530	221,019	190	223,160	238,266	255,976
161	191,608	205,660	222,191	191	224,245	239,386	257,135
162	192,700	206,790	223,363	192	225,329	240,505	258,292
163	193,791	207,919	224,535	193	226,413	241,623	259,450
164	194,883	209,047	225,705	194	227,496	242,742	260,607
165	195,973	210,176	226,876	195	228,580	243,860	261,763
166	197,064	211,304	228,045	196	229,663	244,977	262,920
167	198,154	212,431	229,215	197	230,746	246,095	264,075
168	199,244	213,558	230,383	198	231,829	247,212	265,231
169	200,334	214,685	231,552	199	232,912	248,329	266,386
170	201,423	215,812	232,719	200	233,994	249,445	267,541

Tabelle 5

U-Tabelle für $p = 0{,}05$

$n2$	$n1$ 2	3	4	5	6	7	8	9	10
4			0						
5		0	1	2					
6		1	2	3	5				
7		1	3	5	6	8			
8	0	2	4	6	8	10	13		
9	0	2	4	7	10	12	15	17	
10	0	3	5	8	11	14	17	20	23
11	0	3	6	9	13	16	19	23	26
12	1	4	7	11	14	18	22	26	29
13	1	4	8	12	16	20	24	28	33
14	1	5	9	13	17	22	26	31	36
15	1	5	10	14	19	24	29	34	39
16	1	6	11	15	21	26	31	37	42
17	2	6	11	17	22	28	34	39	45
18	2	7	12	18	24	30	36	42	48
19	2	7	13	19	26	32	38	45	52
20	2	8	14	20	27	34	41	48	55

$n2$	$n1$ 11	12	13	14	15	16	17	18	19	20
11	30									
12	33	37								
13	37	41	45							
14	40	45	50	55						
15	44	49	54	59	64					
16	47	53	59	64	70	75				
17	51	57	63	69	75	81	87			
18	55	61	67	74	80	86	93	99		
19	58	65	72	78	85	92	99	106	113	
20	62	69	76	83	90	98	105	112	119	127

Tabelle 5

U-Tabelle für $p = 0{,}01$

	$n1$								
$n2$	2	3	4	5	6	7	8	9	10
5					0				
6			0	1	2				
7			0	1	3	4			
8			1	2	4	6	7		
9		0	1	3	5	7	9	11	
10		0	2	4	6	9	11	13	16
11		0	2	5	7	10	13	16	18
12		1	3	6	9	12	15	18	21
13		1	3	7	10	13	17	20	24
14		1	4	7	11	15	18	22	26
15		2	5	8	12	16	20	24	29
16		2	5	9	13	18	22	27	31
17		2	6	10	15	19	24	29	34
18		2	6	11	16	21	26	31	37
19	0	3	7	12	17	22	28	33	39
20	0	3	8	13	18	24	30	36	42

	$n1$									
$n2$	11	12	13	14	15	16	17	18	19	20
11	21									
12	24	27								
13	27	31	34							
14	30	34	38	42						
15	33	37	42	46	51					
16	36	41	45	50	55	60				
17	39	44	49	54	60	65	70			
18	42	47	53	58	64	70	75	81		
19	45	51	57	63	69	74	81	87	93	
20	48	54	60	67	73	79	86	92	99	105

Tabelle 5

U-Tabelle für $p = 0{,}001$

$n2$	n1 2	3	4	5	6	7	8	9	10

$n2$	2	3	4	5	6	7	8	9	10
7						0			
8					0	1	2		
9				0	1	2	4	5	
10				0	2	3	5	7	8
11				1	2	4	6	8	10
12				1	3	5	7	10	12
13			0	2	4	6	9	11	14
14			0	2	5	7	10	13	16
15			0	3	5	8	11	15	18
16			1	3	6	9	13	16	20
17			1	4	7	10	14	18	22
18			1	4	8	11	15	20	24
19			2	5	8	13	17	21	26
20			2	5	9	14	18	23	28

$n2$	$n1$ 11	12	13	14	15	16	17	18	19	20
11	12									
12	15	18								
13	17	20	23							
14	19	22	25	29						
15	21	25	28	32	36					
16	24	27	31	35	39	43				
17	26	30	34	39	43	47	51			
18	28	33	37	42	46	51	56	61		
19	31	35	40	45	50	55	60	65	70	
20	33	38	43	49	54	59	65	70	76	81

Tabelle 6

Kritische T-Werte für den Wilcoxon-Test

n	$p = 0{,}05$	$p = 0{,}01$	$p = 0{,}001$
6	0		
7	2		
8	3	0	
9	5	1	
10	8	3	
11	10	5	0
12	13	7	1
13	17	9	2
14	21	12	4
15	25	15	6
16	29	19	8
17	34	23	11
18	40	27	14
19	46	32	18
20	52	37	21
21	58	42	25
22	65	48	30
23	73	54	35
24	81	61	40
25	89	68	45

Tabelle 7

Kritische *H*-Werte für den Kruskal-Wallis-Test

n_1	n_2	n_3	$p = 0{,}05$	$p = 0{,}01$
3	2	2	4,69	
3	3	2	5,22	
3	3	3	5,60	6,59
4	2	2	5,15	
4	3	2	5,41	6,35
4	3	3	5,73	6,75
4	4	2	5,31	6,91
4	4	3	5,59	7,14
4	4	4	5,68	7,58
5	2	2	5,07	6,37
5	3	2	5,20	6,82
5	3	3	5,58	7,03
5	4	2	5,27	7,12
5	4	3	5,63	7,45
5	4	4	5,62	7,75
5	5	2	5,27	7,30
5	5	3	5,64	7,56
5	5	4	5,64	7,81
5	5	5	5,72	7,98

Tabelle 8

Kritische Werte für den Friedman-Test

k	n	$p = 0{,}05$	$p = 0{,}01$	$p = 0{,}001$
3	3	5,8		
3	4	6,4	7,8	
3	5	6,2	8,3	10,0
3	6	6,4	8,7	11,1
3	7	6,1	8,7	11,4
3	8	6,2	9,0	12,1
3	9	6,2	8,7	12,1
4	2	6,0		
4	3	7,1	8,6	
4	4	7,5	9,4	11,1

Tabelle 9

Kritische Werte für den Kolmogorov-Smirnow-Test

n		n	
3	0,708	20	0,294
4	0,624	21	0,287
5	0,563	22	0,281
6	0,519	23	0,275
7	0,483	24	0,269
8	0,454	25	0,264
9	0,430	26	0,259
10	0,409	27	0,254
11	0,391	28	0,250
12	0,375	29	0,246
13	0,361	30	0,242
14	0,349	31	0,238
15	0,338	32	0,234
16	0,327	33	0,231
17	0,318	34	0,227
18	0,309	35	0,224
19	0,301		

Tabelle 10

95 %-Konfidenzintervalle für prozentuale Häufigkeiten

n	10 %	20 %	30 %	40 %	50 %	60 %	70 %	80 %	90 %
10	0,5	3,7	8,7	15,0	22,2	30,4	39,3	49,3	60,6
	39,4	50,7	60,7	69,6	77,8	85,0	91,3	96,3	99,5
20	1,8	7,1	14,0	21,7	30,2	39,4	49,2	59,9	71,7
	28,3	40,1	50,8	60,6	69,8	78,3	86,0	92,9	98,2
30	2,8	9,1	16,6	25,0	33,9	43,4	53,5	64,3	76,1
	23,9	35,7	46,5	56,6	66,1	75,0	83,4	90,9	97,2
40	3,5	10,4	18,3	26,9	36,1	45,8	56,0	66,8	78,6
	21,4	33,2	44,0	54,2	63,9	73,1	81,7	89,6	96,5
50	4,0	11,3	19,5	28,3	37,6	47,4	57,6	68,4	80,1
	19,9	31,6	42,4	52,6	62,4	71,7	80,5	88,7	96,0
60	4,4	12,0	20,4	29,3	38,7	48,6	58,8	69,6	81,2
	18,8	30,4	41,2	51,4	61,3	70,7	79,6	88,0	95,6
70	4,8	12,5	21,1	30,1	39,6	49,5	59,7	70,5	82,0
	18,0	29,5	40,3	50,5	60,4	69,9	78,9	87,5	95,2
80	5,1	13,0	21,6	30,8	40,3	50,2	60,5	71,2	82,7
	17,3	28,8	39,5	49,8	59,7	69,2	78,4	87,0	94,9
90	5,3	13,3	22,1	31,3	40,9	50,8	61,1	71,8	83,2
	16,8	28,2	38,9	49,2	59,1	68,7	77,9	86,7	94,7
100	5,5	13,7	22,5	31,8	41,4	51,3	61,6	72,3	83,6
	16,4	27,7	38,4	48,7	58,6	68,2	77,5	86,3	94,5
200	6,7	15,5	24,7	34,2	44,0	54,0	64,2	74,8	85,8
	14,2	25,2	35,8	46,0	56,0	65,8	75,3	84,5	93,3
300	7,3	16,3	25,6	35,3	45,1	55,1	65,3	75,8	86,7
	13,3	24,2	34,7	44,9	54,9	64,7	74,4	83,7	92,7
400	7,6	16,8	26,2	35,9	45,8	55,8	66,0	76,4	87,2
	12,8	23,6	34,0	44,2	54,2	64,1	73,8	83,2	92,4
500	7,9	17,1	26,6	36,3	46,2	56,3	66,4	76,8	87,5
	12,5	23,2	33,6	43,7	53,8	63,7	73,4	82,9	92,1
1000	8,5	17,9	27,6	37,4	47,4	57,4	67,5	77,8	88,3
	11,7	22,2	32,5	42,6	52,6	62,6	72,4	82,1	91,5
5000	9,3	19,1	28,9	38,9	48,8	58,8	68,9	79,0	89,3
	10,7	21,0	31,1	41,2	51,2	61,1	71,1	80,9	90,7
10000	9,5	19,3	29,2	39,2	49,2	59,2	69,2	79,3	89,5
	10,5	20,7	30,8	40,8	50,8	60,8	70,8	80,7	90,5

Tabelle 10

99 %-Konfidenzintervalle für prozentuale Häufigkeiten

n	10 %	20 %	30 %	40 %	50 %	60 %	70 %	80 %	90 %
10	0,1	1,6	4,8	9,3	15,0	21,8	29,7	38,8	49,6
	50,4	61,2	70,3	78,2	85,0	90,7	95,2	98,4	99,9
20	0,8	4,4	9,8	16,3	23,9	32,3	41,7	52,2	64,2
	35,8	47,8	58,3	67,7	76,1	83,7	90,2	95,6	99,2
30	1,5	6,3	12,7	20,1	28,4	37,4	47,3	58,0	70,2
	29,8	42,0	52,7	62,6	71,6	79,9	87,3	93,7	98,5
40	2,1	7,7	14,7	22,6	31,2	40,5	50,6	61,5	73,6
	26,4	38,5	49,4	59,5	68,8	77,4	85,3	92,3	97,9
50	2,6	8,7	16,1	24,3	33,1	42,6	52,8	63,7	75,8
	24,2	36,3	47,2	57,4	66,9	75,7	83,9	91,3	97,4
60	3,1	9,5	17,2	25,6	34,6	44,2	54,4	65,4	77,4
	22,6	34,6	45,6	55,8	65,4	74,4	82,8	90,5	96,9
70	3,4	10,2	18,0	26,6	35,7	45,4	55,7	66,6	78,6
	21,4	33,4	44,3	54,6	64,3	73,4	82,0	89,8	96,6
80	3,7	10,7	18,7	27,4	36,7	46,4	56,7	67,6	79,5
	20,5	32,4	43,3	53,6	63,3	72,6	81,3	89,3	96,3
90	4,0	11,2	19,3	28,1	37,4	47,2	57,5	68,4	80,3
	19,7	31,6	42,5	52,8	62,6	71,9	80,7	88,8	96,0
100	4,2	11,6	19,8	28,7	38,1	47,9	58,2	69,1	80,9
	19,1	30,9	41,8	52,1	61,9	71,3	80,2	88,4	95,8
200	5,7	13,8	22,7	32,0	41,6	51,6	61,9	72,6	84,0
	16,0	27,4	38,1	48,4	58,4	68,0	77,3	86,2	94,3
300	6,4	14,9	24,0	33,4	43,2	53,2	63,4	74,1	85,3
	14,7	25,9	36,6	46,8	56,8	66,6	76,0	85,1	93,6
400	6,8	15,5	24,8	34,3	44,1	54,1	64,4	74,9	86,0
	14,0	25,1	35,6	45,9	55,9	65,7	75,2	84,5	93,2
500	7,1	16,0	25,3	34,9	44,7	54,7	65,0	75,5	86,5
	13,5	24,5	35,0	45,3	55,3	65,1	74,7	84,0	92,9
1000	7,9	17,1	26,7	36,4	46,3	56,3	66,5	76,9	87,6
	12,4	23,1	33,5	43,7	53,7	63,6	73,3	82,9	92,1
5000	9,0	18,7	28,5	38,4	48,3	58,4	68,5	78,7	89,0
	11,0	21,3	31,5	41,6	51,7	61,6	71,5	81,3	91,0
10000	9,3	19,1	28,9	38,9	48,8	58,9	68,9	79,1	89,3
	10,7	20,9	31,1	41,1	51,2	61,1	71,1	80,9	90,7

Fachausdrücke
deutsch — englisch

allgemeines lineares Modell	general linear model
Alternativhypothese	alternative hypothesis
analytische Statistik	inferential statistics
Ausreißer	outliers
Balkendiagramm	bar chart
Bartlett-Test	Bartlett's test
Bestimmtheitsmaß	coefficient of determination
Binomialkoeffizient	binomial coefficient
Boxplot	boxplot
Chiquadrat-Mehrfeldertest	Pearson's chi-square test
Chiquadrat-Test	chi-square test
Chiquadrat-Test nach McNemar	McNemar's test
Chiquadrat-Verteilung	chi-square distribution
Chiquadrat-Vierfeldertest	chi-square fourfold test
Cluster	cluster
Clusteranalyse	cluster analysis
hierarchische	hierarchical cluster analysis
Clusterprofil	cluster profile
Clusterzentrum	cluster center
Clusterzugehörigkeit	cluster membership
Cochrans Q	Cochran's Q
Cohens Kappa	Cohen's kappa
Cramers Phi-Koeffizient	Cramer's phi
Cramers V	Cramer's V
Cronbachs Alpha	Cronbach's alpha
deskriptive Statistik	descriptive statistics
Diagramm	chart
Diskriminanzanalyse	discriminant analysis
Diskriminanzfunktion	discriminant function
Dispersionsparameter	measures of dispersion
Eigenvektor	eigenvector
Eigenwert	eigenvalue
Empfindlichkeit	sensitivity
Ereignis	event
komplementäres	complementary event
sicheres	certain event
unmögliches	impossible event
zufälliges	random event
Euklidischer Abstand	Euclidean distance
exakter Test nach Fisher und Yates	Fisher's exact test
F-Tabelle	F-distribution table

F-Verteilung	F-distribution
Faktor	factor
Faktorenanalyse	factor analysis
Faktorladung	factor loading
Faktorrotation	factor rotation
Faktorwert	factor score
Fall	case
Fallzahl	number of cases
Fehler erster Art	alpha error
Fehler zweiter Art	beta error
Freiheitsgrade	degrees of freedom
Friedman-Test	Friedman's test
Gesamtvarianz	total variance
gleiche Ränge	tied ranks
Grundgesamtheit	population
H-Test nach Kruskal und Wallis	Kruskal-Wallis test
Hartley-Test	Hartley's test
Häufigkeit	frequency
beobachtete	observed frequency
erwartete	expected frequency
kumulierte	cumulative frequency
prozentuale	percental frequency
relative	relative frequency
Häufigkeitstabelle	frequency table
Häufigkeitsverteilung	frequency distribution
Histogramm	histogram
Intervallniveau	interval scale
Irrtumswahrscheinlichkeit	probability of error
Kategorie	category
Klasse	class
Klassenbreite	class interval size
Klassenhäufigkeit	class frequency
Klassenmitte	class midpoint
Klassenzusammenfassung	pooling of classes
Kolmogorov-Smirnov-Test	Kolmogorov-Smirnov test
Konfidenzintervall	confidence interval
Konsumentenrisiko	consumer's risk
Kontingenzkoeffizient	contingency coefficient
Korrelation	correlation
partielle	partial correlation
punktbiseriale	point-biserial correlation
Korrelationskoeffizient	correlation coefficient
Kovarianzanalyse	analysis of covariance
Kreisdiagramm	pie chart
Kreuztabelle	two-way table
kritischer Wert	critical value
Levene-Test	Levene's test
Liniendiagramm	line chart
logit-loglineares Modell	logit loglinear model
loglineares Modell	loglinear model

Lokalisationsparameter	measures of location
Median	median
Messniveau	measurement level
Messwerte	data
Messwiederholung	repeated measures
Mittelwert	mean
Modalwert	mode
multivariat	multivariate
Nominalniveau	nominal scale
normalverteilt	normally distributed
Normalverteilung	normal distribution
Nullhypothese	null hypothesis
Ordinalniveau	ordinal scale
paarweise Vergleiche	paired comparisons
Perzentil	percentile
Post-hoc-Test	a posteriori test
Produkt-Moment-Korrelation	Pearson's correlation
Produzentenrisiko	producer's risk
Prozent	percent
Prüfgröße	test statistic
Q1	lower quartile
Q3	upper quartile
Quadratsumme	sum of squares
Quadratsumme (gesamt)	total sum of squares
Quadratsumme (innerhalb)	sum of squares within groups
Quadratsumme (zwischen)	sum of squares between groups
Quartil	quartile
Quartilabstand	interquartile range
halber	semi-interquartile range
Rangkorrelation nach Kendall	Kendall's tau
Rangkorrelation nach Spearman	Spearman's rank correlation
Rangplatz	rank
Regression	regression
lineare	linear regression
logistische	logistic regression
multiple lineare	multiple linear regression
nichtlineare	nonlinear regression
Regressionsgerade	regression line
Regressionskoeffizient	regression coefficient
relatives Risiko	relative risk
Reliabilitätsanalyse	reliability analysis
ROC-Kurve	ROC curve
Scheffé-Test	Scheffé's test
Scheinkorrelation	nonsense correlation
Schiefe	skewness
Schluss von der Stichprobe	statistical inference
Schwierigkeitsindex	item difficulty
Sensitivität	sensitivity

signifikant	significant
höchst	highly significant
sehr	very significant
Signifikanz	significance
Signifikanzniveau	significance level
Signifikanztest	significance test
Skalenniveau	measurement level
Spalte	column
Spaltenprozentuierung	column percentage
Spezifität	specificity
Standardabweichung	standard deviation
Standardfehler	standard error
standardisiertes Residuum	standardized deviate
Standardnormalverteilung	standard normal distribution
Stichproben	samples
abhängige	paired samples
unabhängige	independent samples
Streudiagramm	scatterplot
Streuung	dispersion
t-Tabelle	Student's t table
t-Test für abhängige Stichproben	paired t-test
t-Test nach Student	Student's t-test
t-Verteilung	Student's t-distribution
Test	
einseitiger	one-tailed test
parameterfreier	nonparametric test
zweiseitiger	two-tailed test
Teststärke	power
Trennschärfenkoeffizient	item-test correlation
U-Test von Mann und Whitney	Mann-Whitney test
Variable	variable
abhängige	dependent variable
unabhängige	independent variable
Varianz	variance
Varianz innerhalb der Gruppen	variance within groups
Varianz zwischen den Gruppen	variance between groups
Varianzanalyse	analysis of variance
einfaktorielle	one-way analysis of variance
Varianzenheterogenität	heterogenity of variances
Varianzenhomogenität	homogenity of variances
Variationskoeffizient	coefficient of variation
Varimax-Methode	varimax method
Verhältnisniveau	ratio scale
Verteilung	distribution
Verteilungsfunktion	cumulative distribution function
Vierfelderkorrelation	fourfold-point correlation
Vierfeldertafel	fourfold table
Wahrscheinlichkeit	probability
Wechselwirkung	interaction
Wilcoxon-Test	Wilcoxon's test

z-Transformation	z-transformation
Zeile	row
Zeilenprozentuierung	row percentage
Zellenhäufigkeit	cell frequency
Zielvariable	response variable
Zufallsstichprobe	random sample
Zufallszahlen	random numbers
zweigipflig	bimodal

Literaturverzeichnis

In dieses Literaturverzeichnis wurde, von wenigen Ausnahmen abgesehen, nur deutschsprachige Literatur aufgenommen. Englischsprachige Literatur ist genannt, wenn es keine entsprechende deutschsprachige gibt oder wenn es Bücher von herausragender Bedeutung sind.

Insbesondere in letzter Zeit sind sehr viele allgemeine Bücher über Statistik erschienen. Die im Folgenden getroffene Auswahl berücksichtigt hauptsächlich Ausgaben der letzten Jahre, daneben aber auch einige bekannte Klassiker. Bücher, die sich ausschließlich mit multivariaten Methoden beschäftigen, und Bücher zu den einzelnen Computerprogrammen wurden gesondert zusammengestellt.

Kapitel 2 – 10

Assenmacher, W.: Deskriptive Statistik. Springer, Berlin 1998

Bamberg, G., Baur, F.: Statistik. Oldenbourg, München 1998

Benninghaus, H.: Einführung in die sozialwissenschaftliche Datenanalyse. Oldenbourg, München 1998

Beyer, O., Hackel, H., Pieper, V.: Wahrscheinlichkeitsrechnung und mathematische Statistik. Teubner, Leipzig 1999

Bol, G.: Deskriptive Statistik. Lehr- und Arbeitsbuch. Oldenbourg, München 1998

Bortz, J.: Statistik für Sozialwissenschaftler. Springer, Berlin 1999

Bortz, J., Lienert, G. A., Boehnke, K.: Verteilungsfreie Methoden in der Biostatistik. Springer, Berlin 2000

Bosch, K.: Großes Lehrbuch der Statistik. Oldenbourg, München 1996

Bourier, G.: Wahrscheinlichkeitsrechnung und schließende Statistik. Gabler, Wiesbaden 1999

Büning, H., Trenkler, G.: Nichtparametrische statistische Methoden. de Gruyter, Berlin 1994

Clauß, G., Finze, F.-R., Partzsch, L.: Statistik für Soziologen, Pädagogen, Psychologen und Mediziner. Bd 1: Grundlagen. Deutsch, Frankfurt 1999

Diehl, J. M., Kohr, H.-U.: Deskriptive Statistik. Klotz, Eschborn 1999

Eckey, H.-F.: Statistik. Grundlagen – Methoden – Beispiele. Gabler, Wiesbaden 2000

Fassl, H.: Einführung in die Medizinische Statistik. UTB, Stuttgart 1999

Gottwald, W.: Statistik für Anwender. Weinheim 1999

Hartung, J., Elpelt, B., Klösener, K.-H.: Statistik. Lehr- und Handbuch der angewandten Statistik. Oldenbourg, München 1999

Holland, H., Scharnbacher, K.: Grundlagen der Statistik. Gabler, Wiesbaden 2000

Kesel, A. B., Junge, M. M., Nachtigall, W.: Einführung in die angewandte Statistik für Biowissenschaftler. Birkhäuser, Biel 1999

Krämer, W.: Denkste. Trugschlüsse aus der Welt der Zahlen und des Zufalls. Piper, München 1998

Krämer, W.: So lügt man mit Statistik. Piper, München 2000

Kreyszig, E.: Statistische Methoden und ihre Anwendungen. Vandenhoeck und Ruprecht, Göttingen 1991

Lehn, J., Müller-Gronbach, G., Rettig, S.: Einführung in die Deskriptive Statistik. Teubner, Stuttgart 2000

Lehn, J., Wegmann, H.: Einführung in die Statistik. Teubner, Stuttgart 2000

Leiner, B.: Einführung in die Statistik. Oldenbourg, München 2000

Lippe, P. v. d.: Deskriptive Statistik. Oldenbourg, München 1999

Lozan, J. L.: Angewandte Statistik für Naturwissenschaftler. Blackwell, Berlin 1998

Sachs, L.: Angewandte Statistik. Anwendung statistischer Methoden. Springer, Berlin 1999

Schlittgen, R.: Einführung in die Statistik. Analyse und Modellierung von Daten. Oldenbourg, München 2000

Schöffel, C.: Deskriptive Statistik. Dresden 1997

Schulze, P. M.: Beschreibende Statistik. Oldenbourg, München 2000

Siegel, S.: Nichtparametrische statistische Methoden. Klotz, Eschborn 1997

Spiegel, M. R., Stephans, L. J.: Statistik. McGraw-Hill, Frankfurt 1999

Strick, H. K.: Einführung in die Beurteilende Statistik. Schroedel, Hannover 1998

Trampisch, H.-J., Windeler, J.: Medizinische Statistik. Springer, Berlin 2000

Unger, F., Stiehr, J.-U.: Intensivtraining Statistik. Gabler, Wiesbaden 1999

Vogel, F.: Beschreibende und schließende Statistik. Oldenbourg, München 1999

Weber, E.: Grundriss der biologischen Statistik. Gustav Fischer, Jena 1986

Wernecke, K.-D.: Angewandte Statistik für die Praxis. Addison-Wesley, Bonn 1995

Zöfel, P.: Statistik in der Praxis. UTB, Stuttgart 1992

Kapitel 10

Afifi, A. A., Clark, V.: Computer-Aided Multivariate Analysis. Van Nostrand Reinhold, New York 1990

Andreß, H.-J., Hagenaars, J. A., Kühnel, S.: Analyse von Tabellen und kategorialen Daten. Springer, Berlin 1997

Bacher, J.: Clusteranalyse. Anwendungsorientierte Einführung. Oldenbourg, München 1996

Backhaus, K., Erichson, B., Plinke, W.: Multivariate Analysemethoden. Eine anwendungsorientierte Einführung. Springer, Berlin 2000

Bahrenberg, G., Giese, E., Nipper, J.: Statistische Methoden in der Geographie, Bd. 2. Multivariate Statistik. Teubner, Stuttgart 1992

Deichsel, G., Trampisch, H. J.: Clusteranalyse und Diskriminanzanalyse. Gustav Fischer, Stuttgart 1985

Fahrmeir, L., Hamerle, A.: Multivariate statistische Verfahren. de Gruyter, Berlin 1996

Flury, B., Riedwyl, H.: Angewandte multivariate Statistik. Gustav Fischer, Stuttgart 1983

Hartung, J., Elpelt, B.: Multivariate Statistik. Lehr- und Handbuch der angewandten Statistik. Oldenbourg, München 1999

Hochstätter, D., Kaiser, U.: Varianz- und Kovarianzanalyse. Deutsch, Frankfurt 1988

Jahnke, H.: Clusteranalyse als Verfahren der schließenden Statistik. Vandenhoeck und Ruprecht, Göttingen 1997

Kirk, R. E.: Experimental Design. Procedures for the Behavioral Sciences. Brooks/Cole, Pacific Grove 1982

Litz, H. P.: Multivariate Statistische Methoden. Ihre Anwendung in den Wirtschafts- und Sozialwissenschaften. Oldenbourg, München 2000

Pokropp, F.: Lineare Regression und Varianzanalyse. Oldenbourg, München 1994

Riedwyl, H.: Lineare Regression und Verwandtes. Birkhäuser, Biel 1997

Rinne, H.: Statistische Analyse multivariater Daten. Oldenbourg, München 2000

Steinhausen, D., Langer, K.: Clusteranalysen. de Gruyter, Berlin 1977

Tabachnick, B. G., Fidell, L. S.: Using Multivariate Statistics. Harper Collins, New York 1996

Überla, K.: Faktorenanalyse. Springer, Berlin 1972

Weber, E.: Einführung in die Faktorenanalyse. Gustav Fischer, Stuttgart 1974

Werner, J.: Lineare Statistik. Das Allgemeine Lineare Modell. Weinheim 1997

Winer, B. J.: Statistical Principles in Experimental Design. McGraw-Hill, London 1991

Zöfel, P.: Univariate Varianzanalyse. UTB, Stuttgart 1992

Kapitel 11

Lienert, G. A., Raatz, U.: Testaufbau und Testanalyse. Weinheim 1998

Kapitel 13.1

Bellgardt, E.: Statistik mit SPSS. Ausgewählte Verfahren für Wirtschaftswissenschaftler. Vahlen, München 1997

Brosius, F.: SPSS 8. Professionelle Statistik unter Windows. MITP, Bonn 1998

Bühl, A., Zöfel, P.: SPSS Version 10. Einführung in die moderne Datenanalyse unter Windows. Addison-Wesley, München 2000

Bühl, A., Zöfel, P.: SPSS. Methoden für die Markt- und Meinungsforschung. Addison-Wesley München, 2000

Eckstein, P. P.: Angewandte Statistik mit SPSS. Praktische Einführung für Wirtschaftswissenschaftler. Gabler, Wiesbaden 2000

Janssen, J., Laatz, W.: Statistische Datenanalyse mit SPSS für Windows. Eine anwendungsorientierte Einführung in das Basissystem Version 8 und das Modul Exakte Tests. Springer, Berlin 1999

Kähler, W.-M.: SPSS für Windows Version 8. Vieweg, Wiesbaden 1998

Lehnert, U.: Datenanalysesystem SPSS für Windows. Oldenbourg, München 2000

Martens, J.: Statistische Datenanalyse mit SPSS für Windows. Oldenbourg, München 1999

Pfeifer, A., Schuchmann, M.: Datenanalyse mit SPSS für Windows. Oldenbourg, München 1996

Toutenburg, H.: Induktive Statistik. Eine Einführung mit SPSS für Windows. Springer, Berlin 1999

Voß, W.: Praktische Statistik mit SPSS. Carl Hanser, München 2000

Wittenberg, R., Cramer, H.: Handbuch für computerunterstützte Datenanalyse Bd. 9. Datenanalyse mit SPSS für Windows 95/NT. UTB, Stuttgart 2000

Zwerenz, K.: Statistik. Datenanalyse mit EXCEL und SPSS. Oldenbourg, München 1999

Kapitel 13.2

Batz, W.-D.: Das SAS Survival-Handbuch. Eine praxisorientierte Einführung. Springer, Berlin 1995

Behr, A.: SAS für Ökonomen. Oldenbourg, München 1999

Dufner, J., Jensen, U., Schumacher, E.: Statistik mit SAS. Teubner, Stuttart 1992

Falk, M.: Angewandte Statistik mit SAS. Springer, Wien 1995

Gogolok, J., Schuemer, R., Ströhlein, G.: Datenverarbeitung und statistische Auswertung mit SAS, 2 Bände. Lucius und Lucius, Stuttgart 1992

Graf, A.: Effektives Arbeiten mit SAS. Grundlagen und Programmierung. Spektrum, Heidelberg 1993

Graf, A., Ortseifen, C.: Statistische und grafische Datenanalyse mit SAS. Spektrum, Heidelberg 1995

Multrus, F., Bleicher, M.: SAS System. Eine praxisbezogene Einführung. Hüthig, Heidelberg 1992

Nagl, W.: Statistische Datenanalyse mit SAS. Campus Verlag 1992

Oerthel, F., Tuschl, S.: Statistische Datenanalyse mit dem Programmpaket SAS. Oldenbourg, München 1995

Pfeifer, A., Schuchmann, M.: Statistik mit SAS. Oldenbourg, München 1997

Schuchmann, M., Sanns, W.: Statistik transparent mit SAS, SPSS, Mathematica. Oldenbourg, München 1999

Weitkunat, R.: Deskriptive Statistik in SAS. Lucius und Lucius, Stuttgart 1994

Kapitel 13.3

Hamilton, L. C.: Statistics with Stata 5. Duxbury Press 1997

Newton, H.-J., Harvill, J. L.: StatConcepts. Duxbury Press 1997

Rabe-Hesketh, S., Everitt, B.: Statistical Analyses using Stata. Capman and Hall, Boca Raton 2000

Kapitel 13.5

Böker, F.: S-Plus. Lucius und Lucius, Stuttgart 1997

Krause, A.: Einführung in S und S-Plus. Mit Aufgaben und vollständigen Lösungen. Springer, Wien 1997

Scheffner, A., Krahnke, T.: S-Plus 4.0 unter Windows. Einführung und Leitfaden. MITP, Bonn 1998

Süselbeck, B.: S und S-Plus. Lucius und Lucius, Stuttgart 1993

Kapitel 13.6

Pinnekamp, H.-J., Siegmann, F.: Deskriptive Statistik. Mit einer Einführung in das Programmpaket Statgraphics. Oldenbourg, München 1993

Schäfer, B., Meinhardt, H.: Das Statgraphics Arbeitsbuch. Mit vielen Hinweisen für die Praxis. Antiquariat Schäfer 1992

Kapitel 13.7

Multrus, F., Lucyga, D.: STATISTICA/w. Lucius und Lucius, Stuttgart 1996

Kapitel 13.8

Blankenberger, S.: Student SYSTAT. Statistik unter Windows. MITP, Bonn 1995

Blankenberger, S.: SYSTAT für Windows. Eine Einführung. Lucius und Lucius, Stuttgart 1994

Eine kleine Bibliografie

Ehre, wem Ehre gebührt! So viel Platz sollte sein, einige Großmeister der Statistik in alphabetischer Reihenfolge etwas näher vorzustellen. So lesen Sie von einem, der Bier braute, von einem, der seine Lehrer zur Verzweiflung brachte, und von einem, der einen bekannten Test anlässlich einer wichtigen britischen Beschäftigung, dem Teetrinken, entwickelte.

Fisher, Sir Ronald Aylmer

* 17.2. 1890 (London), † 29.7. 1962 (Adelaide/Australien)

Fisher gilt als der bedeutendste Statistiker des 20. Jahrhunderts. In über dreihundert Arbeiten entwickelte er Methoden zur Weiterentwicklung der mathematischen Statistik, wie zum Beispiel die Varianzanalyse, die Diskriminanzanalyse oder den Fisher-Yates-Test. Mit seinem Anfangsbuchstaben F sind viele Begriffe verbunden, wie etwa die F-Verteilung oder der F-Test.

Er studierte Mathematik und theoretische Physik in Cambridge und promovierte im Jahre 1912. Er arbeitete zunächst als Statistiker, dann ab 1933 als Professor in London und ab 1943 als Professor für Genetik an der Universität Cambridge.

Angeblich entwickelte Fisher den exakten Test nach Fisher und Yates anlässlich der Wette einer Bekannten, die behauptet hatte, sie könne es einer Tasse Tee ansehen, ob zuerst der Tee oder zuerst die Milch eingegossen worden sei. Fisher setzte ihr daraufhin acht Tassen Tee mit Milch vor, von denen vier zuerst mit Tee und vier zuerst mit Milch gefüllt waren. Die Bekannte landete jeweils drei Treffer und lag einmal daneben, was nach den Berechnungen Fishers eine nicht signifikante Trefferquote war.

Gauß, Carl Friedrich

* 30.4. 1777 (Braunschweig), † 23.2. 1855 (Göttingen)

Gauß gilt als bedeutendster Mathematiker der Neuzeit mit grundlegenden Ergebnissen auf fast allen Gebieten der Mathematik. Gleichzeitig war er auch ein bedeutender Astronom und Physiker. Sein wichtigster Beitrag zur Statistik ist sicherlich die Gaußsche Normalverteilung, die auch auf unseren Zehn-Mark-Scheinen verewigt wurde.

Die mathematische Begabung von Gauß wurde schon sehr früh von seinen Lehrern erkannt und gefördert. So übernahm der Herzog von Braunschweig die Kosten der Ausbildung des jungen Gauß, der selbst aus einfachen Verhältnissen stammte. Er promovierte im Jahre 1799 und war ab 1807 Direktor der Sternwarte in Göttingen und dort auch Professor für Astronomie. Trotz zahlreicher Angebote anderer Universitäten blieb er in Göttingen bis zu seinem Tode.

Eine hübsche Anekdote zeigt die frühe mathematische Begabung von Gauß. Da er allen anderen Schülern haushoch überlegen und daher zeitweilig unaufmerksam war und den

Unterricht störte, wollte ihn sein Lehrer mit der Strafarbeit, die Zahlen von 1 bis 100 zu addieren, für eine Weile ruhig stellen. Doch die Antwort kam wie aus der Pistole geschossen: 5050! Sicherlich finden auch Sie den Trick des jungen Carl Friedrich …

Gosset, William Sealy

* 13.6. 1876 (Canterbury), † 16.10. 1935 (London)

Kein Mensch kennt den bedeutenden englischen Statistiker unter diesem Namen, er veröffentlichte nämlich unter dem Pseudonym „Student". Der wohl bekannteste statistische Test, der t-Test nach Student, und die t-Verteilung gehen auf ihn zurück. Gosset arbeitete sympathischerweise vorwiegend im Brauereiwesen und entwickelte den t-Test, als er bei der Guiness-Brauerei Bierproben analysierte.

Kendall, Sir Maurice George

* 6.9. 1907, † 29.3. 1983

Kendall war ein bedeutender englischer Statistiker; auf ihn geht z. B. der Korrelationskoeffizient Kendalls Tau zurück.

Kolmogorov, Andrej Nicolajewitsch

* 25.4. 1903 (Tambov), † 20.10. 1987 (Moskau)

Kolmogorov war ein bedeutender sowjetischer Wahrscheinlichkeitstheoretiker; mit seinem Namen verbunden ist z. B. der Kolmogorov-Smirnov-Test, der meist zur Überprüfung auf Normalverteilung eingesetzt wird.

Pascal, Blaise

* 19.6. 1623 (Clermont-Ferrand), † 19.8. 1662 (Paris)

Pascal war ein herausragender französischer Mathematiker, Physiker und Philosoph des 17. Jahrhunderts, der sich u. a. mit der Wahrscheinlichkeitsrechnung befasste.

Pearson, Karl

* 27.3. 1857 (London), † 24.4. 1936 (Coldharbour)

Pearson war ein Allround-Genie; so studierte er Mathematik (in Cambridge), Physik, Biologie und Philosophie (in Heidelberg und Berlin) und Rechtswissenschaften (in London). Seit 1884 war er Professor für angewandte Mathematik in London und seit 1911 Professor für Eugenik. Auf ihn gehen u. a. die χ^2-Verteilung und der χ^2-Test zurück; mit seinem Namen verbunden ist z. B. die Produkt-Moment-Korrelation nach Pearson.

Smirnov, Nikolai Wassiljewitsch

* 17.10. 1900 (Moskau), † 2.6. 1966 (Moskau)

Smirnov war ein sowjetischer Mathematiker; mit seinem Namen verbunden ist der Kolmogorov-Smirnov-Test.

Spearman, Charles Edward

* 10.9. 1863 (London), † 17.9. 1945 (London)

Spearman war ein englischer Psychologe; bekannt ist der Rangkorrelationskoeffizient nach Spearman.

Simpsons Paradox

oder

Die Geheimnisse der Prozentrechnung

Nach dem eifrigen Studium dieses Buches, liebe Leserin, lieber Leser, werden Sie nun gewappnet sein gegen die Anfordernisse, die das wissenschaftliche Leben hin und wieder in Form von statistischem Grundwissen stellt. Die Scheu vor dieser angeblich so trockenen Wissenschaft ist hoffentlich weitgehend verflogen, und die Vorurteile, die Statistik sei eine besonders hinterhältige Form der Lüge, hoffentlich auch.

So können Sie den Behauptungen mancher Zeitgenossen, mit der Statistik könne man alles beweisen, ganz nach dem, wie es uns in den Kram passt, entschieden entgegentreten. In einer Zeit, wo nach einer neueren Untersuchung des Fachbereichs Mathematik einer bekannten hessischen Universität 130 % der Deutschen Schwierigkeiten mit der Prozentrechnung haben, werden Sie ob Ihrer Kenntnisse glänzen.

Und doch: Ein Rest an Geheimnisvollem umgibt die Statistik dennoch. Lassen Sie mich daher am Ende dieses Buches eine kleine Geschichte erzählen.

Die ersten kräftigen Strahlen der Frühlingssonne schienen in mein Büro, und Olga hatte sich angemeldet, die ebenso kluge wie charmante Doktorandin der Zahnmedizin aus Griechenland. Diese hatte aus den Jahren 1988 und 1998 die Daten zahlreicher Patienten der Zahnklinik durchgewühlt, und zwar von 930 Patienten im Jahr 1988 und von 900 Patienten im Jahr 1998. Und sie hatte dabei unter anderem festgehalten, wie viele fehlende Zähne diese Patienten jeweils hatten. Unter Berücksichtigung der Tatsache, dass ein Mensch zweiunddreißig Zähne hat, ergaben sich dabei die Zahlen der Tabelle 1.

Jahr	fehlend	vorhanden
1988	8431	21329
	28,3 %	71,7 %
1998	8549	20251
	29,7 %	70,3 %

Tabelle 1: Fehlende Zähne

Eine kleine Wolke schob sich vor die Sonne, und Olgas große dunkle Augen blickten leicht betrübt. Der prozentuale Anteil der fehlenden Zähne war im Laufe von zehn Jahren angestiegen (von 28,3 auf 29,7 Prozent), was den Direktor der Zahnklinik und Doktorvater nicht besonders erfreut haben dürfte, weil es nicht gerade für eine verbesserte Patientenversorgung durch die Zahnklinik sprach. Zu allem Überfluss erwies sich dieser Anstieg nach dem Chiquadrat-Vierfeldertest als höchst signifikant.

Da bekanntlich schon in der Antike die Überbringer schlechter Nachrichten nicht sonderlich freundlich behandelt wurden, war nun der erfahrene Statistiker gefragt. Ich erin-
nerte mich, dass Olga die Patienten in zwei Altersgruppen (bis 65 Jahre — über 65 Jahre)
eingeteilt hatte, bemühte mich um einen entschlossenen Gesichtausdruck der Art „ein
brillanter Statistiker hat solche Kleinigkeiten immer im Griff" und wiederholte die Analyse für die Patienten der Altersgruppe bis 65 Jahre (823 Patienten in 1988, 749 Patienten
in 1998). Deren Ergebnisse sind in Tabelle 2 festgehalten.

Jahr	fehlend	vorhanden
1988	5947	20389
	22,6 %	77,4 %
1998	5143	18825
	21,5 %	78,5 %

Tabelle 2: Fehlende Zähne beim Alter bis 65 Jahre

Die Wolke hatte sich an der Sonne vorbeigeschoben, und Olgas Augen blickten immer
noch dunkel, aber nicht mehr ganz so traurig. Der Chiquadrat-Vierfeldertest zeigte ein
sehr signifikantes Ergebnis ($p = 0,002$), und ich verkündete zufrieden eine kleine Er-
folgsmeldung: „In der Altersgruppe bis 65 Jahre ist der prozentuale Anteil der fehlenden
Zähne im Laufe der letzten Jahre höchst signifikant *zurückgegangen!*"

Ein kühler Wind blies ins Zimmer, und ich schloss das Fenster. Olga, die scharfsinnige,
blickte bedrückter denn je. „Aber wir können die älteren Patienten doch nicht einfach
unterschlagen, denen muss es in den letzten Jahren dann umso schlimmer ergangen sein.
Reihenweise sind ihnen offensichtlich die Zähne ausgefallen!"

Ich zupfte mein Hemd zurecht und fühlte mich endgültig wie ein Zauberer, der nach
laschen Eröffnungstricks das Publikum unerwartet mit dem finalen Supergag begeistert.
Ich knöpfte mir die Restgruppe vor, also die über 65 Jahre alten Patienten (107 Patienten
in 1988, 151 Patienten in 1998). Die Ergebnisse können Sie Tabelle 3 entnehmen.

Jahr	fehlend	vorhanden
1988	2484	940
	72,5 %	27,5 %
1998	3406	1426
	70,5 %	29,5 %

Tabelle 3: Fehlende Zähne beim Alter über 65 Jahre

Wieder einmal hatte ich das Gefühl, einen hervorragenden Job gemacht zu haben: „Auch
in der Gruppe der älteren Patienten haben wir einen prozentualen Rückgang der fehlenden Zähne". Überflüssig zu erwähnen, dass auch dieser Rückgang signifikant war ($p = 0,043$).

Die Sonne hatte sich verzogen, und in der Ferne war ein leichtes Donnergrollen zu vernehmen. Auch Olgas Miene hatte sich verdüstert: „Wem wollen Sie das erzählen?" fauchte sie. *„In beiden Altersgruppen ein signifikanter Rückgang der fehlenden Zähne, und in der Gesamtgruppe ein signifikanter Anstieg? Ja, was denn nun?"*

„Suchen Sie sich das Ergebnis aus, das Ihnen besser gefällt", blaffte ich zurück, der für seinen genialen Zahlenzaubertrick eigentlich ein Lob erwartet hatte. Und waren es schließlich nicht gerade die Griechen, Leute wie Archimedes, Pythagoras oder Euklid, die uns diese merkwürdige Wissenschaft der Mathematik eingebrockt haben?

In der Tat, liebe Leserin, lieber Leser, ist das Gebäude der Mathematik hier zusammengebrochen, ist es unfähig, die Dinge des täglichen Lebens korrekt zu erfassen? Ihnen zum Trost sei gesagt, dass es wenigstens einen Namen für diesen paradoxen Effekt gibt: Simpsons Paradox. Es ist das Phänomen, dass das Zusammenlegen von Teilmengen die Präferenzen umkehren kann. Mehr darüber können Sie dem unterhaltsamen Taschenbuch „Denkste!" von Walter Krämer entnehmen.

Dennoch bleibt natürlich ein Unbehagen. Wären wir in diesem Beispiel von der Gesamtmenge der Patienten ausgegangen und hätten wir diese nicht aufgeschlüsselt, hätten wir einen Anstieg des prozentualen Anteils der fehlenden Zähne festgestellt. Wären wir hingegen von den beiden Teilmengen ausgegangen und hätten sie nicht zusammengeworfen, hätten wir einen Rückgang des Prozentanteils der fehlenden Zähne herausgefunden. Abseits von allen möglicherweise versuchten mathematischen Erklärungen ist dies ein beunruhigender Gedanke. Oder was würden Sie zu Ihrem Tennispartner sagen, den Sie zwar zweimal geschlagen haben, der sich aber trotzdem zum Gesamtsieger erklärt?

So gibt es einen Rest Geheimnisvolles in der Wissenschaft der Statistik, und zwar dort, wo sie am einfachsten erscheint, in der Prozentrechnung. Mir selbst war das geschilderte Paradoxon in über dreißigjähriger Tätigkeit in der Statistik bisher nicht untergekommen; bitte behalten Sie es trotzdem im Auge, wenn Sie, wie in diesem Beispiel geschildert, Teilmengen zu einer Gesamtmenge vereinigen. Und: Wer behauptet da noch, die Statistik sei eine trockene Wissenschaft?

Stichwortverzeichnis

	Variablenlabel	Wertelabels	Fehlende Wert	Spalten	Ausrichtung
1	Id.-No.	Kein	Kein	13	Links
2	rough_with cut	{1, yes}...	Kein	8	Rechts
3	rough_with cut	{1, yes}...	Kein	8	Rechts
4	rough_with cut	{1, yes}...	Kein	8	Rechts
5	rough_with cut	{1, yes}...	Kein	8	Rechts
6	rough_with cut	{1, yes}...	Kein	8	Rechts
7	rough_with cut	{1, yes}...	Kein	8	Rechts
8	rough_with cut	{1, yes}...	Kein	8	Rechts
9	rough_with cut	{1, yes}...	Kein	8	Rechts
10	rough_with cut	{1, yes}...	Kein	8	Rechts
11	rough_with cut	{1, yes}...	Kein	8	Rechts
12	rough_with cut	{1, yes}...	Kein	8	Rechts
13	rough_with glo	{1, yes}...	Kein	8	Rechts
14	rough_with glo	{1, yes}...	Kein	8	Rechts
15	rough_with glo	{1, yes}...	Kein	8	Rechts
16	rough_with glo	{1, yes}...	Kein	8	Rechts
17	rough_with glo	{1, yes}...	Kein	8	Rechts
18	rough_with glo	{1, yes}...	Kein	8	Rechts
19	rough_with glo	{1, yes}...	Kein	8	Rechts
20	rough_with glo	{1, yes}...	Kein	8	Rechts
21	rough_with glo	{1, yes}...	Kein	8	Rechts
22	rough_with glo	{1, yes}...	Kein	8	Rechts
23	rough_with glo	{1, yes}...	Kein	8	Rechts
24	rough_with ha	{1, yes}...	Kein	8	Rechts
25	rough_with ha	{1, yes}...	Kein	8	Rechts
26	rough_with ha	{1, yes}...	Kein	8	Rechts
27	rough_with ha	{1, yes}...	Kein	8	Rechts
28	rough_with ha	{1, yes}...	Kein	8	Rechts
29	rough_with ha	{1, yes}...	Kein	8	Rechts
30	rough_with ha	{1, yes}...	Kein	8	Rechts
31	rough_with ha	{1, yes}...	Kein	8	Rechts
32	rough_with ha	{1, yes}...	Kein	8	Rechts
33	rough_with ha	{1, yes}...	Kein	8	Rechts
34	rough_with ha	{1, yes}...	Kein	8	Rechts
35	rough_with run	{1, yes}...	Kein	8	Rechts
36	rough_with run	{1, yes}...	Kein	8	Rechts
37	rough_with run	{1, yes}...	Kein	8	Rechts
38	rough_with run	{1, yes}...	Kein	8	Rechts
39	rough_with run	{1, yes}...	Kein	8	Rechts
40	rough_with run	{1, yes}...	Kein	8	Rechts
41	rough_with run	{1, yes}...	Kein	8	Rechts
42	rough_with run	{1, yes}...	Kein	8	Rechts
43	rough_with run	{1, yes}...	Kein	8	Rechts
44	rough_with run	{1, yes}...	Kein	8	Rechts
45	rough_with run	{1, yes}...	Kein	8	Rechts
46	soak_sink_wit	{1, yes}...	Kein	8	Rechts
47	soak_sink_wit	{1, yes}...	Kein	8	Rechts
48	soak_sink_wit	{1, yes}...	Kein	8	Rechts

SPSS

Normalverteilung (Test)

A → Wasserverbrauch (metrisch)

1) Histogramm: → nicht normalverteilt
2) K-S-Test über „Analysieren – Nichtparametr. Tests – K-S-Stichprobe"
   → normalverteilt
3) Test auf Normalverteilung: „Analysieren – ~~Explorative~~ Deskriptive Statistiken – Explorative Datenanalyse", unter Optionen: Diagramme, Normalverteilungsdiagramm mit Test" auswählen
   → nicht normalverteilt

B → Anzahl ~~auf im~~ Fließend-Wasser-Spülen beim Hauptspülen nach Geschirrart (11) (ordinal) (V18_1)

1) Histogramm: nicht normalverteilt
2) K-S- Test : → normalverteilt
3) s.o. :→ nicht normalverteilt

C → Korrelation

a) nichtparametr. Korrelation : Gesamtwasser (metrisch) / Anzahl Fließend-Wasser (V18_1)
   · Kendall - Tau - b $\tau = 0{,}532$ ⎫
   · Spearman● - Rho $\tau = 0{,}699$ ⎬ mittlere Korrelation
                                                       ⎭

b) punktbiseriale Korrelation :

Fließend :   1 = Ja   Wasserverbrauch (metrisch)
(nominal)   2 = Nein

$$\tau = \frac{\overline{X_1} - \overline{X_2}}{(n_1 + n_2) \cdot S} \cdot \sqrt{n_1 \cdot n_2}$$

$\overline{X_1}$: Wasserverbrauch bei Ja : 205,7450
$\overline{X_2}$:   "   " Nein: 78,1426
S : gemeinsame Standardabweichung 76,87125
n_1 : Anzahl Ja : 20
n_2 : Anzahl Nein: 57

$\tau = 0{,}728$ → hohe Korrelation

Statistische Absicherung von τ gegen Null ergibt.
$$t = |\tau| \cdot \frac{\sqrt{n_1 + n_2 - 2}}{1 - \tau^2} = 9{,}196$$ ⎱ bei 75 FG (df) ist t ein höchst signifikanter Wert $(p < 0{,}001)$

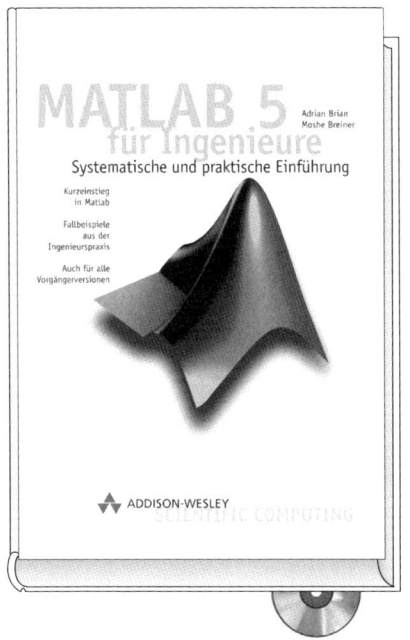

Matlab 5 für Ingenieure

Systematische und praktische Einführung

Adrian Biran, Moshe Breiner

Der erste Teil dieses Buches ist eine kompakte
Einführung in die Grundlagen vom Matlab. Im
zweiten Teil wird gezeigt, wie Ingenieurs-
probleme mit Matlab gelöst werden können,
und es werden dessen Fähigkeiten in den
Bereichen Systemmodellierung, Regelungs-
technik und Signalverarbeitung demonstriert.
Die dritte Auflage dieses mittlerweile beliebten
Standardwerkes wurde komplett überarbeitet
und mit Hinweisen zur Version 5 ergänzt.

Scientific Computing

552 Seiten, 1 CD-ROM, 2. Auflage
€ 39,95 [D] / € 41,10 [A]
ISBN 3-8273-1416-X

www.addison-wesley.de